北京市公共交通行业职业技能等级培训指导教材

Gonggong Qidianche Chengwuyuan

公共汽电车乘务员

Jineng Dengji Peixun Jiaocai

技能等级培训教材

（2011年版）

北京公共交通控股（集团）有限公司 编

人民交通出版社
China Communications Press

内 容 提 要

本书共分为初级、中级、高级三部分。从基础知识、相关知识和基本业务技能入手，重点介绍了乘务语言、票务制度、正确处理乘务矛盾、乘务心理与行为等内容。

本书是城市公共交通企业员工岗位培训的专用教材，也可作为客运服务工作人员技能等级培训或继续教育的参考用书。

图书在版编目(CIP)数据

公共汽电车乘务员技能等级培训教材/北京公共交通控股(集团)有限公司编. —北京：人民交通出版社，2011.4

ISBN 978-7-114-09011-0

Ⅰ.①公… Ⅱ.①北… Ⅲ.①公路运输—旅客运输—乘务人员—技术培训—教材 Ⅳ.①U492.4

中国版本图书馆CIP数据核字(2011)第059023号

书 名：公共汽电车乘务员技能等级培训教材
著 作 者：北京公共交通控股(集团)有限公司
责任编辑：沈鸿雁 曲 乐 韩亚楠
出版发行：人民交通出版社
地 址：(100011)北京市朝阳区安定门外外馆斜街3号
网 址：http://www.ccpress.com.cn
销售电话：(010)59757969、59757973
总 经 销：人民交通出版社发行部
经 销：各地新华书店
印 刷：北京公交印刷有限公司
开 本：850×1168 1/32
印 张：14.75
字 数：400千
版 次：2011年4月第1版
印 次：2011年4月第1次印刷
书 号：ISBN 978-7-114-09011-0
定 价：36.00

编写委员会

主　　任：石曙光

副 主 任：周志琦　李素丽　杨　坤

成　　员：马从仁　金　江　洪小春

刘玉岐　王有琛　杨立柱

王万雄　曹景泰　刘世杰

柯　明　苏宏颖　初建新

主　　编：周志琦　李素丽　杨　坤

编撰人员：（按姓氏笔画排序）

马从仁　冯　林　李　军

李素丽　曲　闰　杨　坤

金　江　曹灵芝　崔　剑

项目负责：毛　燕

前　言

公共交通是城市发展的基础，是与城市经济和社会发展密切相关的重要因素，直接关系到民生大计。公共交通为普通百姓的生产、工作、学习及生活提供安全、便利、舒适、快捷、经济的出行服务，是公众安全快捷出行的保障。

随着城市公共交通公益性行业的定位，公交企业的发展面临新的机遇和挑战，为了适应公共交通事业迅速发展和职工培训的需要，我们编写了这本《公共汽电车乘务员技能等级培训教材》(2011年版)，本书依据中华人民共和国人力资源和社会保障部、中华人民共和国交通运输部制定的国家职业标准《汽车客运服务员》(乘务员)的相关要求，以城市公共交通客运服务为重点，以北京市公共交通客运服务规范为实例，结合城市公共交通行业特点编写修订了此教材。分为"初级乘务员"、"中级乘务员"和"高级乘务员"三个部分，主要介绍了公共汽电车乘务员应当学习和掌握的基本知识和专业技能，具有理论性、系统性、知识性和适用性等特点。本书是对《公共电、汽车乘务员技能等级培训教材》(中国言实出版社)初、中级技能部分的修订，并增加了高级技能部分，经过调整和充实，更加适应新时期公交乘务员职业培训的需求。

本书在编写过程中得到了北京公交集团安全部、运营处、技术部门的相关领导、专业人员的大力支持和帮助，编写人员付出了辛勤的努力，再次一并表示真诚的感谢！希望这本教材能够在今后的职工教育培训中发挥重要作用。

由于时间仓促和水平有限，书中难免有疏漏或不当之处，恳请广大读者和公交同仁给予批评指正。

编　者

2011年2月14日

目录

第一篇　初级乘务员

第二篇　中级乘务员

第三篇　高级乘务员

第一篇　初级乘务员

第一章

初级乘务员客运基础知识

第一节　公共汽车、电车车辆简介

公共汽车、电车是城市公共交通运营的主要工具，也是乘务员为乘客提供服务的空间和场所，作为公交的乘务员应当掌握了解公交运营车辆的基本知识。本节仅就目前北京公交在用公共汽车、电车的基本构造、车型种类和服务设施标志等进行简要介绍。

一、公共汽车、电车基本构造

城市公交车辆的主要构成是以内燃机为动力装置的公共汽车，并辅以一定数量的无轨电车。近年来，各种电动公交车也相继投入示范运行和批量应用。城市公交车辆的基本构造主要有四部分，即动力装置、底盘、车身和电气设备。

（一）动力装置

城市公交车辆的动力装置是将化石燃料的化学能或电能转化为驱动公交车辆所需机械能的装置。

公共汽车的动力装置是内燃发动机，其能源既可以是汽油、柴油等传统化石燃料，也可以是天然气等代用燃料。为了满足公共汽车大型化、快速化的发展要求，目前北京市多使用车长为 12 米及以上的公共汽车，这就要求其动力装置有足够的功率和转矩，通常首选柴油发动机作为动力装置。随着环保要求越来越高，目前北京公交车动力装置已采用满足国Ⅲ、国Ⅳ甚至国Ⅴ排放标准的柴油机。与此同时，北京的公共汽车还采用了相当数量的天然气发动机作为动力装置，其燃料形式主要是压缩天然气（CNG）。

无轨电车的动力装置为牵引电动机，它的电源是通过集电器由载有 600V 直流电压的架空线网上引进的。由于运行条件的限制，无轨电车的牵引电动机必须具备调速性能好、启动转矩大等特性，并具有防潮、防振和一定的过载能力。为了使无轨电车能够短距离脱网行驶，以适应北京一些特定的道路条件，目前北京的无轨电车都采用双动力电源无轨电车，即除了通过线网供电外，还可以用车辆自带的动力电池在一定的时间内提供电源，使电车能够脱网行驶，并在在网行驶时对动力电池充电。

电动汽车主要分为纯电动汽车、混合动力电动汽车和燃料电池电动汽车三种形式。电动汽车的动力装置为驱动电机，或由驱动电机与其他动力装置共同驱动。纯电动汽车由动力电池提供能源，通过充电站进行充电；混合动力电动汽车由动力电池和内燃机共同提供能源，一般不用外充电；燃料电池电动汽车则由氢燃料电池堆提供能源，采用氢气作为燃料。

（二）底盘

底盘是城市公交车辆的基础平台，在它上面布置和搭载了驱动和操纵车辆正常行驶的各种装置，它把动力装置所产生的机械能转变成车辆行驶的驱动力，又能操控车辆正常、安全运行。底盘主要由传动系、行驶系、转向系和制动系组成。

传动系是把动力装置的机械动力按照一定的转速、转矩和运动方向传给驱动车轮的系统，主要包括离合器、变速器、万向传动装置和驱动桥。目前，北京的城市公共汽车大部分采用液力自动变速器（AT），它通过液力变矩器和机械变速装置实现自动变速、变矩和换挡，大大降低了驾驶员的劳动强度，减少了传动系的故障，还具有很好的抗过载能力和辅助制动功能（缓速器）。在电动公交车上，多采用自动机械变速器（AMT）。城郊公共汽车多采用传统的手动变速器。

行驶系主要是把车桥、车轮、悬架等总成与车辆底架连成一个整体，支撑全车并保证车辆正常行驶。车桥分为转向桥、驱动桥、支撑桥、随动桥等，对低地板公交车辆还需采用低地板专用车桥。近几年，北京公交车已广泛采用无内胎子午线轮胎，使轮胎的寿命更长，性能更好，且有节油效果。北京公交车的悬架已由普通多片钢板弹簧、少片变截面钢板弹簧逐步发展到空气悬架，空气悬架可以自动控制和调节车身高度，大大提高了乘坐舒适性。

转向系由方向盘、转向器和转向传动装置组成，其作用是根据车辆按驾驶员意愿控制车辆的行驶方向。由于公交车辆转向桥的负荷较大，因此在公交车上广泛采用液压动力转向装置，使驾驶员操纵方向盘轻便省力。

制动系由车轮制动器和制动传动装置组成，其作用是迅速降低车辆行驶速度直至停车。公交车辆普遍采用气压制动系统，即利用压缩空气控制车轮制动器产生制动力。传统公交车多采用鼓式车轮制动器，其热稳定性不好，易产生制动噪声。北京公交车现已普遍采用盘式车轮制动器，其制动效能高，热稳定性好，使制动噪声明显降低。为了减少车轮制动器磨损，很多车上还安装了缓速器，在制动初始阶段缓速器起辅助减速作用。缓速器大多与自动变速器组合在一起，以液力方式工作，也有单独安装电涡流缓速器的。

（三）车身

城市公交车辆的车身是一个箱体结构。车厢内设有驾驶员和乘务员的专用工作区域，对无人售票车，只设置驾驶区。车厢的主要功能是运载乘客，在车厢内设置乘客座椅和扶手杠、扶手柱，并有乘客站立区域，为乘客提供舒适、安全的乘车环境。车厢通常设有2~3个乘客门，乘客门一般设在车身右侧，对于快速公交系统（BRT）所用的专用车辆，也可根据站台的设置方式把乘客门设在车身左侧。在条件允许的范围内，车厢要尽量宽敞、明亮、视野好，座位舒适，便于乘客上、下车。低地板客车技术使公共汽车消除了传统的多级踏步，使乘客能够一步踏入车厢。车厢内设置轮椅停放区域，在相应的乘客门下部设有轮椅导板，为残障人士乘坐公共汽车提供了方便。为了给乘客提供更加舒适的乘车环境，现在很多公交车上都安装了空调装置，夏季可以给车厢提供冷气，冬天可以供给暖风，还能进行车厢换气，使车厢保持适宜的温度和清新的空气。

（四）电气设备

公共汽车的电气设备由电源（蓄电池、发电机）、发动机起动系、汽油车和天然气车的点火系统以及照明、信号和仪表等组成，无轨电车电气设备由牵引电机、辅助电机、集电器、高压开关等将600V线网电压转换为车辆驱动力的高压电气系统以及照明、信号和仪表等低压电气系统组成。随着城市公交车辆上电控装置越来越多，为使资源共享，实现各电控单元在同一通信协议下进行信息互换，北京公交车上已广泛采用CAN总线（控制器局域网）技术，从而实现控制数据的快速传输与应用。另外，为了提高服务水平，在公交车辆上大量应用电子信息服务系统，如电子路牌、车厢电子显示屏及报站器、公交IC卡自动收费系统、移动电视、乘客门及倒车监控系统等，很多车还安装有全球卫星定位系统（GPS），为公交运营调度和信息化管理提供了有力的技术手段。

二、公共汽车、电车的种类

城市公共交通具有客流量大、乘客交替频繁、道路交通情况复杂、环保要求高等特点，要求作为城市公共交通主要运输工具的城市公交车辆应具有良好的动力性、经济性、操纵性、安全性、方便性、舒适性、可靠性和环保性。公交车既要能够充分体现“以人为本”的车辆设计理念，又要能够安全、快捷、准时、方便地满足乘客出行需求。根据以上要求的不同侧重点，城市公交车辆有不同的车型种类。

（一）按车辆的结构特点分类

1.单机车

单机公共汽车一般有前、后两套车轴，前轴为转向桥，后轴为驱动桥，传统驱动形式是发动机前置、后轴驱动。为了降低地板高度，便于车厢布置，减少车内噪声，现在越来越多的公共汽车采用发动机后置、后驱动的形式。低地板客车技术充分体现了现代科技的发展水平，大落差或独立悬架前桥、门式驱动桥、带电控高度阀的空气悬架、高扁平比的无内胎子午线轮胎等技术的采用，使车厢地板已降低到乘客一步即可迈入车厢的程度。单机公共汽车通常有两个乘客门，也有设置三个乘客门的。一般要求城市公共汽车乘客门设计的比较宽大，以方便乘客上下车。后置发动机车辆的前客门可以很容易地布置在前轴前面，有利于实行无人售票方式。车厢内一般设有售票台、售票通道和投币机。

随着国家汽车标准对单机车车长的放宽和车辆技术的不断进步，现在单机车车长最大可以做到13.7m。为了提高这种特大型单机车的承载能力，通常要在其驱动桥后面再增加一套支撑桥，现在支撑桥一般做成随动桥形式，以减少转向时轮胎的磨损。单机公共汽车长度一般在8~13.7m，车长越短，轴距就越短，车越机动灵活，适合在道路交通条件差的地区行驶，便于公交线网向城郊新建区域扩展辐射。而大车长的公共汽车载客多，运量大，是公交运输的主要力量。

北京公交集团新型单机车主要车型见表1-1-1。

新型单机车主要车型　　表1-1-1

品牌	型　　号	车长级别(m)	发动机及布置形式	变速器	地板形式	空调	最大乘员数(人)
京华	BK6129K	12	国Ⅳ柴油机,后置	AT	低地板	有	80
宇通	ZK6126HGC	12	国Ⅳ柴油机,后置	AT	低地板	有	81
青年	JNP6137GB	13.7	国Ⅳ柴油机,后置	AT	两级踏步	有	139
金龙	XMQ6140G	13.7	国Ⅳ柴油机,后置	AT	两级踏步	有	132

2.铰接车

目前使用的铰接式公共汽车为单铰接式，由前车和后车组成，前、后车之间通过铰接机构连接，并用伸缩篷把前后车厢连通，因此俗称通道车。铰接车一般有前、中、后三套车轴，以往的驱动形式是发动机前置、中轴驱动，而发动机后置、后轴驱动的推动式铰接车已成为主流技术，此外还有发动机中置（卧式）、中轴驱动的形式。现在，北京的铰接车大多为发动机后置、后轴驱动，使车厢布置更方便，还可降低地板高度。由于是推动方式的铰接车，需采用电控铰接盘，以满足其运动规律要求。因车辆较长，车厢至少应开设3个乘客门，并在车厢内前后分别设置售票台，以方便乘务工作。

铰接式公共汽车长度一般为14~18m，车的容量大，载客多，其运送单位乘客的排放污染、燃料消耗、道路资源占用低，并且交通事故也很低，是比较理想的城市公交车辆。但相比之下铰接车的机动性略差，绝对占路面积大，尤其是车辆转向时，其通过宽度较大，对道路交通环境有影响，不适于在交通条件差的道路上运行。

北京公交集团新型铰接车主要车型见表1-1-2。

新型铰接车主要车型 表1-1-2

品牌	型　　号	车长级别(m)	发动机及布置形式	变速器	地板形式	空调	最大乘员数(人)
黄海	DD6141S02	14	国Ⅳ柴油机，后置	AT	两级踏步	无	124
京华	BK6160K2	16	国Ⅳ柴油机，后置	AT	两级踏步	无	140
黄海	DD6181S05	18	国Ⅳ柴油机，后置	AT	两级踏步	无	170
青年	JNP6180G-1	18	国Ⅳ柴油机，后置	AT	低地板	有	163

3.双层车

顾名思义，双层公共汽车的乘客区分为上下两层，乘客通过楼梯可以方便地进入上层车厢。双层车车长为10~12m，也允许做到13.7m。对定线行驶的双层车，车高不得超过4.2m（北京要求不超过4m）。与单机公交车相同，双层公交车设置两个乘客门。在占路面积与单机车相仿的情况下，乘客座席可大幅度提高。由于双层车的观光旅游特性，要求其载客量一般不超过座位数。依据载荷的需要，双层车可采用驱动桥加随动桥结构，以增大承载能力。

北京公交集团使用的双层车主要车型见表1-1-3。

双层车主要车型 表1-1-3

品牌	型　号	车长级别(m)	发动机及布置形式	变速器	地板形式	空调	最大乘员数(人)
亚星	JS6130SHJ	13	国Ⅳ柴油机,后置	AT	低地板	有	127
京华	BK6126S1	12	国Ⅳ柴油机,后置	AT	低地板	有	100
金陵	JLY6120SCK	12	国Ⅳ柴油机,后置	AT	低地板	有	100

（二）按车辆使用的能源分类

1.汽油车

汽油公共汽车以汽油发动机作为动力。由于汽油机的功率、扭矩不可能很大，因此，汽油车的车长一般不宜超过10m。随着对发动机排放限制越来越严格，传统的化油器式汽油机已经逐步淘汰，只有采用电喷汽油机才能满足环保和性能要求。

2.柴油车

柴油发动机具有大功率、大扭矩特别是低速大扭矩、低运行费用的特点，是公共汽车尤其是大型、特大型公共汽车的理想动力，但因发动机本身的技术性能、柴油的品质以及维修不到位等种种原因，使老旧柴油车普遍存在着冒黑烟问题，污染环境，导致人们的反感。自1992年以来，北京公交集团已广泛使用达到国Ⅲ、国Ⅳ乃至国Ⅴ排放标准的国产和进口的高性能电控柴油机，配套使用高品质低硫柴油，加之对车辆的合理使用、维护与管理，使新型柴油车已经达到了较高的技术性能和排放水平。

北京公交集团柴油公共汽车主要车型，见表1-1-1、表1-1-2和表1-1-3。

3 压缩天然气车

天然气是以甲烷为主要成分的一种气体燃料，将其以20MPa压力压缩储存于高压容器中，就形成了压缩天然气（CNG）燃料，也可将其深冷液化，以低温液态形式储存于专用的绝热性能良好的储罐内，形成液化天然气（LNG）燃料。天然气是传统化石燃料的一种代用燃料，具有良好的环保性能，而且我国的天然气资源十分丰富，其应用前景非常广阔。

目前北京公交集团使用的天然气车均为单一燃料车。天然气车总量最多时达到4 000余辆，已形成世界上最大的单一天然气燃料公交车队。天然气车中有50辆LNG车，其余均为CNG车。北京公交集团新型天然气车主要车型见表1-1-4。

新型天然气车主要车型 表1-1-4

品牌	型号	车长级别(m)	发动机及布置形式	变速器	地板形式	空调	最大乘员数(人)
京华	BK6120N1	12	天然气机,后置	AT	低地板	有	70
黄海	DD6129S05	12	天然气机,后置	AT	低地板	有	78
金龙	XMQ6125G1	12	天然气机,后置	AT	低地板	有	95
青年	JNP6120GC	12	天然气机,后置	AT	低地板	有	91

4.无轨电车

无轨电车使用架空线网提供的电源作为车辆动力能源。电车本身可以达到零排放，且噪声低，运行平稳，加速性强，具有很好的环保性能和动力性能，但由于车辆运行受线网所制，超车困难，车速也不能太高，而且纷乱的线网有碍市容美观，因此在城市主要街道、路口不宜设置无轨电车线网。为了解决无轨电车短期脱网行驶(如通过长安街路口）的问题，出现了双动力电源无轨电车，即在普通无轨电车上增加一套蓄电、控制及集电杆自动升降装置，车辆需要脱网运行时，驾驶员通过仪表台上的开关操控集电器气动升降装置，使集电杆降下对中并锁好车辆由蓄电装置提供的电源继续行驶，提高了无轨电车的机动性。需要搭杆触线时，车辆要停在指定位置，集电杆在驾驶员操控下通过引导器顺利搭杆，投入传统的触网运行。此时，根据需要通过线网对蓄电装置补充电能，以备再次脱网运行时提供电能。

北京公交集团使用的无轨电车主要车型见表 1-1-5。

双源无轨电车主要车型 表 1-1-5

品牌	型　　号	车长级别(m)	动力装置及布置形式	动力电池	地板形式	空调	最大乘员数(人)
华宇	BJD-W G160B	16	牵引电机,后置	铅酸	两级踏步	无	140
华宇	BJD-W G120EK	12	牵引电机,后置	铅酸	两级踏步	无	68
华宇	BJD-W G120N	12	牵引电机,后置	铅酸	低地板	有	71

5.电动汽车

随着科学技术水平的进步和发展，各种电动汽车相继问世，在城市公共交通中示范运行，并开始大规模推广应用。电动汽车是新能源汽车的重要组成部分，如前所述，电动汽车主要包括纯电动汽车（BEV)、混合动力电动汽车（HEV）和燃料电池电动汽车(FCEV）三类。各类电动汽车都是在整车基础上匹配不同形式的动力平台，实现电机单独驱动或与其他动力源共同驱动车辆的功能。

纯电动汽车以动力电池通过充电的方式储存电能，靠牵引电机驱动车辆，通过控制系统进行能源的管理。动力电池是纯电动汽车的动力源泉，也是制约其发展的主要原因。驱动电机输出动力，通过电机控制器调节电机与电池之间的能量流动，起到控制、保护、检测等功能。北京奥运会期间，50 辆新型纯电动公交车（表 1-1-6 中京华）投入奥运交通服务，此后一直在公交线路运营。

混合动力汽车将内燃机、电动机、能量储存装置（动力电池）组合在一起，它们之间的良好匹配和优化控制，可充分发挥内燃机汽车和电动汽车的优点，避免各自的不足，是当今最具实际应用意义的低排放和低油耗汽车。目前世界各国研究开发的混合动力汽车主要有三种不同的结构形式，根据其驱动系统的配置和组合方式的不同分为串联式、并联式和混联式。从 2009 年开始，共有 860 辆并联式混合动力公交车（表 1-1-6）在北京公交集团大批量应用。

电动公交车主要车型 表 1-1-6

品牌	型号	车长级别(m)	动力装置及布置形式	动力电池	变速器	地板形式	空调	最大乘员数（人）
京华	BK6122 EV2	12	牵引电机,后置	锂离子	AMT	低地板	有	50
福田	BJ6123C 7C4D	12	国Ⅳ柴油机/电机,后置	锂离子	AMT	低地板	有	95

燃料电池是一种将储存在燃料和氧化剂中的化学能通过电极反应直接转换为电能的发电装置。它与一般电池不同的是，只要向电池不断地输入燃料（氢气）和氧化剂（空气），并且不断地将反应产物排出，就可以连续稳定地发电。燃料电池汽车使用燃料电池为

其驱动电机提供能源。燃料电池作为一种电源，既可以单独为驱动电机提供能源，也可以与其他能源装置一起提供能源，形成混合动力燃料电池汽车。北京公交集团先后进行了进口和国产的少量燃料电池公交车的示范运行。

城市公交车辆除以上分类外，还可按车长及结构形式分为特大型、大型、中型等不同车型，客车型号中也把车长作为车辆主参数，按车辆的技术性能和配置水平还可分为超2级、超1级、高级、中级、普通级等不同级别，这里不再一一介绍。

三、车辆服务设施和服务标志

车辆服务设施和服务标志是满足乘客乘车需求必不可少的物质条件，其齐全和完善是客运服务质量优劣的重要标志，我们必须给予足够的重视。

（一）车辆服务设施

车辆服务设施即为车辆上安排配备的能满足乘客对乘车物质需求和保证乘车安全的各种设备。

1.车门

车门是乘客上下车的出入口。对车门的设计、技术性能要求是宽度适中、开关灵活、牢固可靠。车门的技术性能与乘客的乘车利益、人身安全息息相关，紧密相连。大开度的车门使乘客上下方便，节省上下车时间，可以提高车辆正点运行的系数和概率。同样，车门开关灵活，不发涩等，不仅能够提高运营效率，还可以减少和避免夹摔乘客。车门的牢固性和车门关闭后的缝隙及车门与扶手之间的间隙都直接关系乘客的人身安全。车门关闭后，两门之间的硬边距离不小于10cm，防止夹伤乘客的手、脚。车门开启后车门与扶手之间的间隙过小，也会夹伤乘客的手，特别是一些双折车门的中缝护革（皮）要保持完整、严密，否则，乘客误将手指插入缝隙，车门关闭时，会对乘客造成严重伤害。

2.踏板

踏板是车门处供乘客上下车用的台阶。一般客运车辆的踏板有两级，即一级踏板和二级踏板。乘客踏上二级踏板后再上一步就是车厢地板。两级踏板的高度和进深度在设计上都具有科学性和适用性，特别是第一级踏板的高度和第二级踏板的进深度是很关键的。因为乘客在上车时接触的第一点就是一级踏板，其高度若与马路便道的路缘相一致或是降低高度，会使乘客上下方便。第二级踏板的进深度保持在半个步幅左右，会使乘客感到上下车轻松，这不但增加了乘车的舒适感，同时也会提高乘客上下车的速度，这对车辆的正点运行也能起到积极作用。

两级踏板的防滑冬季越发显得重要，这是关系乘客安全和服务质量的大问题。

3.座椅

乘客座椅是公交客运车辆内安装的供乘客使用的坐具。乘坐公交车辆是否舒适，与座椅的选材、设计、安装有着直接关系。座椅的安装数量对车辆的载客量有制约和影响，大致呈反比例关系，即在车厢面积一定的情况下，座椅安装数量越少，车辆载客人数越多；反之，座椅安装数量越多，车辆载客人数越少。座椅安装数量与车辆载重之间的比例科学，是避免车辆超载，提高行车安全系数的保障。

4.车窗玻璃

车窗玻璃是安装在车辆前后和两侧的防风透光设施。车窗玻璃的主要作用是防风和透光，因而要求车窗玻璃既要坚固又要有良好的透明度和密封性。

运营车侧窗玻璃一般采用普通玻璃。作为驾驶员“视窗”的前后风挡玻璃，普遍采用胶粘双层玻璃或钢化玻璃，这不仅能保证驾驶员有良好的视线，观察清晰不失真，而且对减少驾驶员的人身伤害有重要作用。

客运车辆的两侧窗玻璃的安装高度应适中，以便既能充分满足车厢内足够的采光和通风，又使乘客在车厢内站立或是坐在座椅上都有开阔的视线和舒适安全的感觉。侧窗玻璃还应保持推拉(升降)轻便灵活，关闭时封闭性能好。

5.灯光照明

灯光照明是客运车辆内外不同的部位根据特定的需要安装的用电设备，如车头前面安装的大灯（分远光、近光）、小灯、雾灯、转向灯，车外顶四角的角灯，车尾部的制动灯、倒车灯等。这些灯具的作用分别是：大灯为夜间行车照明，小灯示宽，雾灯用于雾天示警，转向灯示方向，角灯示高，制动灯提示制动，倒车灯用于倒车时的示警和照明。服务性的灯光照明设施主要有：车门顶部的门灯，为夜间乘客上下车照明；车厢内的顶灯，供乘客乘车时照明和乘务员验票时所用；车厢售票台上安装的工作灯，供乘务员售票时所用。

灯光照明是车辆重要的服务设施之一，在使用中应注意维护、检查和保养，灯泡损坏时要及时更换，换灯泡时不要接电源线，以防造成短路，损坏用电设备。

6.信号显示

信号显示是客运车辆内安装的供乘务员与驾驶员或乘客与驾驶员取得联系的信息传递设备，主要由按钮（开关）、线路、讯响器（灯光显示）等组成。

信号显示的主要用途是当车门关好后，乘务员通知驾驶员行车或车上发生意外情况时通知驾驶员停车。若是无人售票车辆，信号显示则可成为乘客与驾驶员传递信息、沟通联系的重要设施。

7.售票台（服务台）

售票台是车厢内安装的供乘务员使用的工作台，也称为服务台。售票台的安装位置应保证乘务员可以坐着或站立工作。售票台应设有报话装置，台面形状应能满足存放票夹和硬币的要求。台面一侧立柱1.2m高度的位置设有儿童购票标尺，便于乘务员观察和掌握儿童购票的情况和标准。

8.报话器、报站机、车用广播（扩音机）显示屏

这些装置都是客运车辆上供乘务员报站和进行服务宣传的重要工具。

车用报话器装置的结构比较简单，主要由受话器（话筒）、扩

音器（喇叭）等组成，小巧灵活，使用方便，车厢内均装有扬声器（喇叭），可随时利用话筒对车内外进行报站服务和照顾行车安全的宣传。

电脑报站机的构造较报话器复杂，功能完善，使乘务员的报站服务轻松到只需轻轻一按触摸式按键，车厢喇叭里即可报出清晰的站名，这是现代科技应用于车厢服务的新突破，成为公交客运车辆服务设施的新一族。

显示屏是从2000年起，北京公交在车厢内新增加的电子服务设施。它是通过电子发光束显示字幕，滚动播出文字信息，显示屏与报站机连接，可以同步显示报站信息，使得报站服务实现了多元化。安装了无线接收装置的显示屏，还可以随时接收气象台发布的最新天气预报以及公交运营服务动态、时政要闻和公益性宣传等信息。显示屏在公交车厢内的安装，成为了流动的宣传媒体，发挥着重要的作用。

9.废票筒（箱）

废票筒（箱）是客运车辆内存放废票的容器，是目前公交客运车辆不可缺少的服务设施之一。

废票筒（箱）一般悬挂（安装）在售票台右侧的挡板上（后门位置的售票台在左侧挡板上），用于专门存放从乘客手中收回的废票或票根，其作用和目的是为了保持良好的车内外环境卫生。只要城市公共交通实行有人售票，客运车辆就应该配备废票筒（箱），以增加和提高乘客和乘务员的环境意识，做到废票入筒（箱），不随手乱仍，保持车厢和城市环境的清洁美好。

10.车厢空调设备

车厢空调设备是指车厢内温度、湿度及通风调节设备的总称。

城市公共交通以马路为车间，单车分散在室外作业，一年四季运送乘客，工作强度较大，工作环境较差。车厢内的温度随季节而变化，夏天热似蒸笼，冬季冷若冰窖。20世纪80年代在驾舱内安装了电风扇，初步改善了驾驶员夏季的工作环境。随着社会经济的发展，人民生活水平的提高，20世纪90年代中期，带有空调装置的公共汽车开始在公交线路上运行，为城市生活增添了新的色彩，在满足乘客乘车需求的同时，使公交职工的工作条件也得到了改善。进入21世纪，随着公交车辆的不断更新，空调车在公交运营线路上逐步普及，市民百姓乘坐公交车的舒适度得到大幅度的改善和提升。

11.音响视听设备

车厢音响视听设备是在客运车辆中安装的供乘客乘车中享用的音频、视频设施，主要由微型收音机、电视接收机、VCD机和音响(扬声器)等组成。从2005年起，北京公交在公共汽电车上安装了液晶显示屏移动电视，乘客可随时随地收看新闻和娱乐信息，使乘坐公交车不再枯燥。截至2007年底，已经有5 000多部运营车安装了移动电视，受到乘客的欢迎。

12.安全扶手

安全扶手是在客运车辆车厢顶部或侧壁及车门处安装的供乘客上下车或在车内站立时扶用的设施。

安全扶手是客运车辆不可缺少的安全性服务设施，对于城市公共汽电车来说尤为重要。因为城市公共交通客流量大，客运车辆座位较少，车内绝大多数是站立的乘客，若没有安全扶手，车辆在转弯或制动时，乘客就会站立不稳。车门处若没有扶手，也会使乘客上下车感到不方便，所以城市公共汽车、电车的车门处都安装有扶手，方便乘客上下车，这对保证行动不便的老人上下车安全十分重要。

安全扶手一般多采用杠式结构，通常以铁管或强力尼龙管为原料，安装在车厢通道两旁的内顶上和单人座一侧的车窗上沿处和后风窗的上沿处。

安全扶手的安装位置，应遵循易于乘客接近，便于乘客扶、拉的原则。安全扶手应安装牢固，否则就失去了其安全性能，形同虚设。

13.安全门

安全门是客运车辆备用的紧急疏散乘客的出口，一般长途客运车、旅游车都设有安全门，这是在紧急情况下为乘客开辟的急救、逃生的安全通道。

14.灭火器

灭火器是客运车辆上配备的消防器材。客运车辆在运行中往往会因为漏油、电源短路、摩擦或接触火源（未熄灭的烟头等）引起失火。随着车辆猛增，客运车辆的起火事故时有发生，因此在客运车辆上必须配备灭火器材，以防万一。

（二）车辆服务标志

公共交通服务标志是便于乘客识别车辆、线路、车站等设施所使用的专用标志，一般由字母或图案组成。服务标志的设计既要体现公共交通特点和企业文化，又要便于乘客掌握和识别。根据国家和行业标准的规定，共有车辆标志、线路标志、站牌标志、禁令标志和一般标志等 12 类 60 余种。为了适应 2008 年北京奥运会交通服务保障工作的需要，根据上级的要求，北京公交集团公司对所有运营车辆的服务标志进行了重新设计和中英文双语化改造，共计分为禁令、警告、引导、提示和规定性标志等类 20 余种。2009 年 9 月经北京市技术监督局发布，出台了北京市《公共交通客运标志》，并于 2010 年 1 月实施，使公共交通场站、车辆标志进一步规范化。简介如下：

1 禁令标志

禁令标志是为维护公共利益和秩序，保证乘客安全，对乘客和乘务人员的某些行为进行制止、劝导、提示、警告的宣传标志。

禁令标志一般是由分色圆圈和被红色斜杠覆盖的黑色被禁止行为的图形组成。常用的禁令标志有 3 个：

（1）请勿与驾驶员闲谈（图 1-1-1）。

图 1-1-1　请勿与驾驶员闲谈禁令标志

图形内容：左侧为驾驶员与谈话的人被红色圆圈和斜杠覆盖，右侧为中英文对照的红底白字“请勿与司机闲谈”。

功能：禁止在车辆行驶时与驾驶员嬉笑闲谈。

(2) 综合禁令标志（图 1-1-2）

图形内容：将“禁止吸烟”、“禁止头手伸出窗外”、“严禁携带易燃易爆等危险品乘车”和“请勿携带宠物”等禁令标志合为一体，每项标志下面均有中英文说明。

功能：禁止在车内吸烟，禁止乘车时将头手伸出车外，禁止携带易燃、易爆、有毒、辐射等危险品上车（船），不准携带宠物乘车。

图 1-1-2 综合禁令标志

(3) 请勿倚靠（图 1-1-3）。

图形内容：红圈内黑色倚靠状态的人形被红色斜杠覆盖的图形和红底白字的“请勿倚靠”中英文字。

功能：一般用于通道车铰接篷处，禁止乘客在此倚靠。

2.警告标志

警告标志一般为黄底黑色正三角框和黑色惊叹号或图形组成。公交车上常用的有“请勿手扶”和双层车上张贴的“当心碰头”和“车辆在行驶中请勿上下楼梯”。

(1) 请勿手扶（图 1-1-4）。

图形内容：黄底黑色正三角框中人手指被黑

图 1-1-3 请勿倚靠禁令标志

色竖杠覆盖的图形和红底白字的“请勿手扶”中英文字。

功能：一般用于车门处，提示乘客不要手扶，避免夹伤。

（2）当心碰头（图1-1-5）。

图形内容：由惊叹号和中英文提示语组成。

功能：提示乘客避免磕碰伤害

（3）车辆在行驶中，请勿上下楼梯（图 1-1-6）

图 1-1-4　请勿手扶警告标志

图 1-1-5　当心碰头警告标志

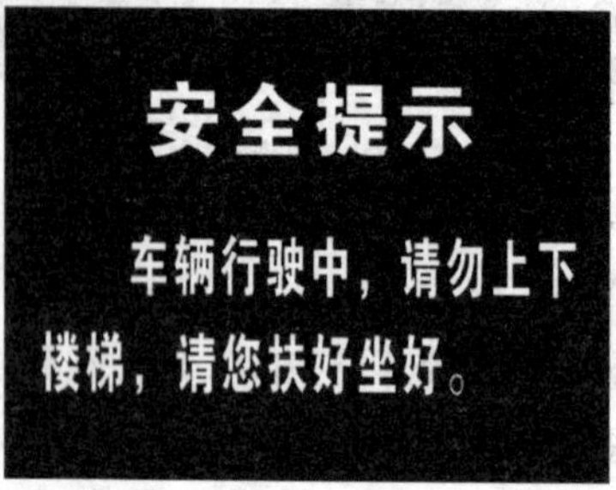

图 1-1-6　请勿上下楼梯警告标志

图形内容：左侧为黄底黑色惊叹号和黑三角边框，右侧为“安全提示，车辆在行驶中，请勿上下楼梯，请您扶好坐好”的红底白字中英文提示语。

功能：警示乘客上下楼梯注意安全。

3.指引提示标志

指引提示标志，是对乘客起到提示、指引作用的标志。一般由蓝底白字和相关图形组成。

(1) 无人售票车标志（图 1-1-7）

图 1-1-7　无人售票车标志

图形内容：由“无人售票”中英文提示语组成。

功能：表示该线路为无人售票线路。

(2) 投币机标志（图 1-1-8）。

图形内容：持钱币的右手和指向汽车轮廓的箭头组成。

功能：提示乘客主动投币。

图 1-1-8　投币机标志

(3) 上车门标志（图 1-1-9a）。

图形内容：由上车人形和向上箭头组成。

功能：提示上车门。

(4) 下车门标志（图 1-1-9b）。

图形内容：由下车人形和向下箭头组成。

功能：提示下车门。

a)

b)

图 1-1-9　上下车门标志

(5) 下车门指示标志（图 1-1-10）。

请后门下车
Please Get off at the Rear door

图 1-1-10　下车门指示标志

图形内容：由“请后门下车”中英文双语组成。
功能：提示下车车门，适用于两个车门的运营车。

(6) 刷卡提示（图 1-1-11）。

下车请刷卡
Please Swipe Your Card When Getting off

图 1-1-11　刷卡提示

图形内容：由“下车请刷卡”中英文双语组成。
功能：提示下车刷卡，适用于刷两次卡的运营车。

(7) 无障碍车辆标志（图 1-1-12）。

图 1-1-12　无障碍车辆标志

图形内容：由残疾人乘坐轮椅图形组成。
功能：提示该运营车辆具有无障碍设施。

(8) 老幼病残孕座席标志（图 1-1-13）。

图 1-1-13　老幼病残孕座席标志

图形内容：由老年人、母婴、残疾人和孕妇等图形组成，并有中英文字提示。根据专座颜色不同，分别由黄色、橙色和红色三种专座标志。

功能：表示该处为老、幼、病、残、孕座席。

4.其他标志

(1) 梯形票价表（图 1-1-14）。

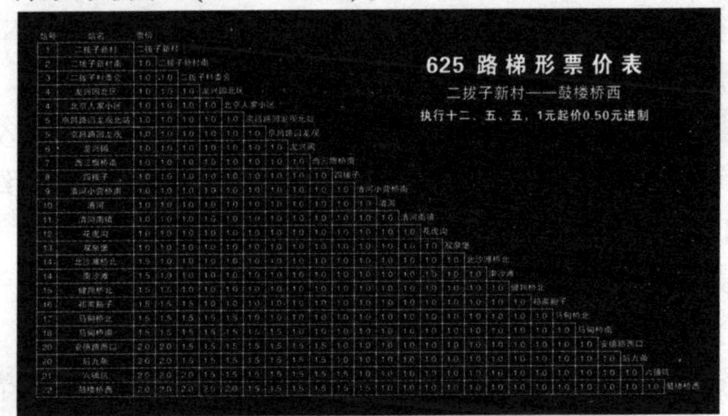

图 1-1-14　梯形票价

图形内容：深红色底白字，由站名和票价组成。

功能：为乘客提供票价依据。

(2) 线路站名表（图 1-1-15）。

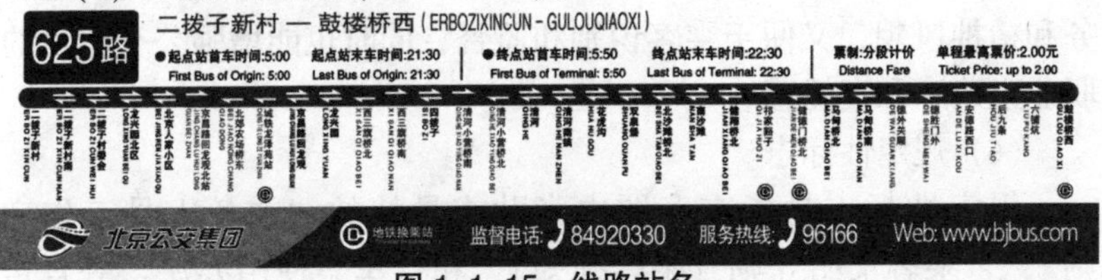

图 1-1-15　线路站名

图形内容：由线路号、站名、导向箭头和监督电话组成。

功能：为乘客乘降提供参考。

(3) 购包裹票提示标志（图 1-1-16）。

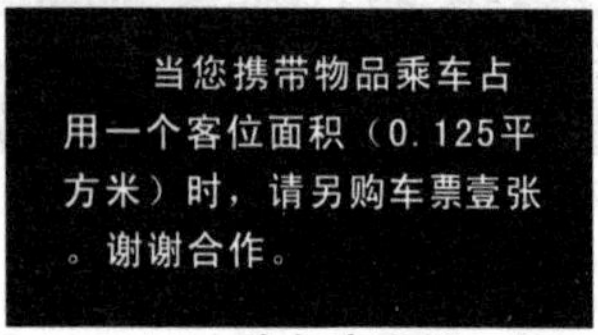

当您携带物品乘车占用一个客位面积（0.125平方米）时，请另购车票壹张。谢谢合作。

图 1-1-16　购包裹票提示标志

图形内容：深蓝色底白字，由文字和包裹票收费标准组成。

功能：为收取乘客包裹费提供依据。

(4) 荣誉牌标志。

荣誉牌标志是指由公交企业或政府有关部门命名的不同级别、不同称号的先进车组悬挂的特制牌匾。

荣誉牌按照命名的级别不同大致分为两种：一种是公交企业自行命名颁发的荣誉牌，一种是由市政府有关部门或群众组织命名颁发的“工人先锋号”、“三八红旗号”、“青年文明号”、“民族团结模范号”等荣誉牌。

(5) 乘务员识别标志。

乘务人员识别标志是指乘务人员佩戴的胸卡或统一的着装（识别服），便于乘客识别乘务人员，并监督乘务人员的服务工作。

乘务人员胸卡一般为塑封卡，胸卡上印有工种名称、编号和本人相片、监督电话和单位名称等。

乘务人员胸卡既是服务人员的标志，又是达标上岗的凭证。公交职工统一佩戴胸卡或着装上岗，既能展示公交整齐划一的规范服务和精神风貌，又便于乘客识别和监督，同时也能增强公交职工的职业光荣感和责任感。

(6) 规定性标志。

规定性标志是指在车厢内张贴或悬挂的“乘务人员工作守则”、“乘客文明守则（乘客须知）”和“车票使用办法”等宣传标志，其内容是对乘客的乘车行为和乘务人员的服务行为所作出的相应规定，其作用是指导和约束乘务人员与乘客的服务行为和乘车行为。

第二节 公共汽车、电车客运基础知识

一、客运企业的生产特点

公共电车、汽车客运企业因为其生产经营的特殊性，在经营管理上与其他物质生产企业有很大的不同。客运企业的生产特点可概括为以下五方面。

（一）生产过程的特殊性

物质生产部门是生产产品的，也就是要创造出价值，而客运生产消耗了物质和人力，只是乘客空间位置的移动。它创造的是无形的财富，它为社会提供的不是产品而是劳务，这种劳务是无法储存的，乘客在车上得到了服务，下车服务就终止，因而车上服务的好坏，至关重要。

（二）时间性

客运企业的社会价值在于为乘客节省出行时间。如果乘客能迅速、准点到达目的地，乘客就会继续乘坐，反之，公共电车、汽车就不受欢迎，就没有效益，所以时间观念要置于首要地位。为乘客节省出行时间，不仅在于提高车辆的运行速度，而且还与线网的科学布局、车辆的良好状态和客运方案的合理组织有关。

（三）社会性

客运服务的对象是乘客，它与社会有广泛的联系，无论何种人，何种出行目的，只要需要都可以乘坐客运车辆，它的服务涉及千家万户，面向整个社会。

（四）不均衡性

客运企业受乘客人数变化的影响，在时间、地点上都呈现了明

显的不均衡性。例如，繁华地段乘客较多，节假日乘客较多，上班、上学时间乘客较多等等，这些不均衡性要求客运企业必须在车辆、人员的配备上有较大的调整余地。

（五）流动性和分散性

客运企业不像其他生产企业是在车间、厂房内进行生产活动，客运是流动的，马路就是车间。客运的线路网遍及整个城市，流动、分散、点多、面广，加之单车作业，班次复杂，工作条件艰苦，使得管理难度加大，因此工作人员素质显得尤为重要。

客运企业必须充分认识企业特点，只有不断改进和完善适应其生产特点和经营管理方式，才能使企业获得更大效益。

二、客运生产的调度指令

行车路单是客运企业生产的调度指令，是驾乘人员完成客运任务量的标志，是企业重要的原始记录资料。一张行车路单代表了一个工作车日。当班的调度人员根据运营计划和行车时刻表的安排将路别、车号、班次、驾乘人员姓名，以及首站名称、行驶车次、行驶时间、行驶里程、能源消耗等内容都签注在路单上，要求驾乘人员严格按照路单上的行车调度指令完成客运服务任务。路单上直接记录的资料有 10 多项，如行驶中有意外事故还要增加记录。每当车辆到达终点站时，乘务员都要主动将路单交给调度人员检查签注，调度员将根据实际行驶情况签注路单，如临时调发区间车等都可在路单上反映出来。这是非常珍贵的原始记录资料，行驶中必须妥善保管，不得损坏，收车时路单要交回。路单经过分析整理可有 30 多项统计数据，这些数据是企业核算和制订科学合理发展规划的重要依据，是企业一切管理工作的基础。

随着科学技术的发展和社会的进步，特别是计算机的应用和网络的普及，为公交实行电子路单奠定了基础，不久的将来公交将以电子路单取代沿用了几十年的纸质路单，使公交运营管理更加科学和严密，真正体现“公交优先、服务优秀”，让首都市民和各界乘客享受满意周到的服务。

三、企业运营的几项指标

（一）客流量

客流量是指在一定的时间内，沿一个方向通过线路某断面的乘客数，它是具有一定的方向性、时间性的量，单位是人。由于乘客乘车活动的时间、地点、方向等都存在不均衡性，因而客流量的统计必须靠调查的方法取得。客流量是公共交通线路规划、改进运营调度方法和编制行车时刻表的依据。

（二）客运量

客运量是指在一定的时间内运送的乘客数，单位是人次。

（三）客运能力

客运能力是指单位时间内在固定线路网上运送乘客的能力，单位是人次分。

（四）行车准点和准点率

行车准点是指客运车辆按线路规定的行驶时间准时到达终点的车次，单位是车次。它包括始站发车准点、中途准点和终点到达准点。

准点率是指准点行车次数与行车总次数的比率。

计算公式为：

$$准点率=\frac{各记站点准点行车总次数}{行车总次数\times 记站点数}\times 100\%$$

准点率是考核客运的质量指标，是评价客运企业为乘客服务好坏的重要标志之一。

（五）车次兑现率

车次兑现率是对计划车次执行情况的考核。实际车次如果不能按计划兑现，必然会造成乘客滞留，打乱正常的运营计划，造成行车不准点，甚至出现大间隔。

计算公式为：

$$车次兑现率=\frac{实际车次}{计划车次}\times 100\%$$

（六）满载率

满载率是指运营车辆运载乘客量与额定载客量之比。这项指标不仅反映企业投入有效运营车辆的多少，而且还反映有效运能满载系数的大小，用以说明运能、运量的适应程度和公共交通的拥挤状况。

（七）大间隔

一般解释的标准是，正常间隔加10分钟为一次大间隔。大间隔次数是考核运营质量的重要指标之一。

四、客运站台服务设施

客运站台服务设施是指在公共汽车、电车的首、末站或中途站的站台上为乘客提供候乘条件和服务信息的各种设施。

（一）站牌

站牌是车站的标志。站牌上应标有本路车所到达的站点名称、站号及运行方向，在显著位置上标出本站路名称。站牌高度以两米为宜。

（二）候车棚（亭）

候车棚（亭）是在公共电车、汽车站台上设置的为乘客候车时遮阳、避雨的服务设施。按照北京市质量技术监督局2009年7月颁布、2009年11月实施的《公共汽电车站台规范》（北京市地方标准）要求，候车棚（亭）应安全、实用、美观、简洁，并具有标志性。顶篷篷缘的最低点至站台地面的高度不小于2.5米，顶篷宽度不宜小于1.5米。

（三）候车椅

候车椅是安装在候车棚内供候车人使用的坐具，虽然简陋，但对乘客缓解旅途中的疲劳是很有益处的。

（四）站台护栏

站台护栏是站台上安装的供乘客排队候车的围挡设施。《公共汽电车站台规范》中也明确规定：“应根据需要在站台靠路缘石内缘设置安全护栏。”因此，为了维护良好的乘车秩序和保证乘客的安全，在有条件的首、末站和中途大站都应安装站台护栏，并符合地方标准要求。

（五）客运提示

客运提示是指在站台上为乘客提供的乘车服务信息。为了使乘客便利，在候车棚内的可利用空间悬挂或张贴业务性宣传品，例如乘车须知、线路图、换乘图、票价表等。

（六）通信与运行显示

通信与运行显示是指在站台上为乘客候车提供客运车辆运行状态信息的设施。在站台上安装了通信和运行显示设施，就可以把乘客被动等车变成主动选择所乘车辆，以方便乘客，这是城市公共交通实现智能化管理的最高阶段。1999 年北京公交已开通了卫星定位监控系统，迈出了公交智能化管理的第一步。2006 年在长安街等主要街道试验安装了电子站牌，标志着首都公交向电子化、信息化方面又取得了新进展。

思考题：

1.公共汽车、电车总体构造由哪几部分组成？

2.车辆的服务设施有哪些？

3.什么是禁令标志?什么是警告标志?举例说明。

4.现在运行的车辆有几种类型，分别从构造和能源方面进行简述。

5.简述客运生产企业的特点。

6.简述客运生产企业的调度指令。

7.什么是客流量？什么是客运量？什么是行车准点？

8.试画出你所在线路的一个站牌。

第二章

乘务员职业道德与乘务纪律

城市公共交通是城市人出行的主要交通方式，在公共汽车的车厢中，直接提供服务的工作人员每天迎来送往很多乘客，想乘客所想，急乘客所急，热情、周到地服务于每一名乘客，这些工作人员被人们称为“乘务员”。“乘务员”是一个职业称谓，在公交系统中特指除驾驶员以外的售票员或准无人售线路的监票员以及双层车的服务员。“乘务人员”则是包括驾驶员在内的公交车厢服务人员的统称。本书凡是以“乘务员”为称谓的，专指车厢中的售票员、监票员和服务员；凡是以“乘务人员”为称谓的，则包括出乘服务中的驾驶员。

乘务员是公交企业的主要工种，他们在车辆运营过程中，通过直接的服务使乘客乘行的要求得到满足，又以监督刷卡、投币或出售客票为企业回笼投资。乘务员的工作体现了城市公共交通服务过程和生产过程的统一，他们的岗位最充分地体现了公共交通企业服务过程的基本特征。

第一节　乘务员的地位和作用

一、乘务员的地位

公交企业是公益性服务企业，乘务员在运营生产中发挥着主力军的作用，无论在社会上还是在公交企业中都具有无可替代的重要地位。乘务员的地位包括社会地位和企业地位。

（一）乘务员的社会地位

伴随城市公共交通的不断发展，乘务员这个岗位逐渐被社会所认可，特别是2006年北京市委、市政府把城市公共交通定位于公益性事业，提出了“公交优先”的扶持政策，既为首都公交的发展明确了方向，又为企业实现可持续发展奠定了良好的基础。公交企业为了不断满足市民百姓日益增长的乘车需求，不断更换新车辆，车辆在外观和机械性能上都有了较大的改变，有的车型在节能环保方面已经达到世界领先水平。公交职工队伍不断扩大，在年龄结构、文化程度、个人修养、职业操守等方面都比以前有了较大幅度的提高。

这些软件、硬件的改善使乘务员的社会地位发生了新的变化，以李素丽为代表的公交乘务员在平凡的岗位上，潜心研究乘客心理和服务规律，利用标准的普通话、外语、手语、民族语言、地方语言为各界乘客服务，使乘务员的工作不再是简单的劳动，而成为业务知识与服务技巧有机结合的服务活动。乘务员的辛勤劳动受到了乘客的尊重和社会的爱戴，涌现了一大批先进模范人物，有的还当选为人大代表。

（二）乘务员在企业中的地位

1乘务员是企业的基本生产人员

乘务员在运营车厢中直接与乘客接触，是公交企业的主体服务人员。在公交职工队伍中，乘务员人数众多，是运营生产中的基本力量，没有乘务人员就没有车厢服务，企业的“两个效益”通过乘务人员的工作得到了实现。

2.乘务员是企业形象的代表

每一名乘务员在运营车厢内的言行都直接代表企业的形象，反映城市的文明程度。由于“面对面”的直接服务方式，使乘务员的举止、语言都会给乘客留下不同的映象，形成一定的影响。外国人和外埠乘客可以通过乘务员的工作认识中国，看到首都北京的发展变化，了解首都公交整体素质。作为企业社会效益和经济效益的直接体现者，作为企业形象的直接代表者，乘务员在城市公共交通企业中居于十分重要的地位。

3.乘务员岗位是公交企业培养锻炼人才的摇篮

随着企业体制改革的深化，乘务员享有“多劳多得”的分配机制，经济地位也发生了变化。凭着爱岗敬业的责任心和优良的工作业绩，不仅乘务员的收入稳步提高，而且通过个人才华和综合素质的全面展现，越来越多的乘务员走上了新的岗位，为企业输送了大批管理人才，使乘务员队伍成为企业培养人才的摇篮。

二、乘务员的作用

公交企业为市民出行提供公共服务，乘务员在运营服务的中心工作中发挥着重要作用，乘务员的作用可以分为广义作用和狭义作用。

（一）广义作用

1.直接展示企业形象

乘客在乘行中不仅需要良好的车厢设施，更需要乘务员周到热情的服务。乘客对乘务员服务质量需求，集中反映在乘务员的服务态度上。在人员密集的车厢中，乘务员用热情周到的服务、文明礼貌的言行，向乘客提供优质服务，乘客就会满意，乘客的满意就是对企业的认可。因此，乘务员的服务行为是社会对企业服务质量评价的重要依据，直接向社会展示着企业形象。

2.直接为企业创造经济效益

公交企业经济来源主要是票款收入，认真售票、监督刷卡是乘务员的主要工作，企业的生存与发展离不开这个环节。主动售票、认真监票能避免票款流失，减少企业亏损，增加企业收入。因此，乘务员岗位是直接创造经济效益的岗位。

3.直接反映企业的管理水平

企业制订规章制度，最终目的是为了满足乘客乘行需求，提高企业“两个效益”。乘务员是企业规章制度的执行者，乘务员落实以服务规范为代表的系列规章制度情况完整、清晰地展示在车厢中，使乘客通过乘务员的服务能检验公交企业的管理水平。

4.直接反馈信息，提供改进工作的依据

乘务员的工作是处在社会与企业的接触点上，整体服务水平的高低，除了取决于乘务员的服务外，还包括其他服务软、硬件是否均能使乘客满意。如运营线路设置、运营间隔、车辆服务设施、车辆行驶速度等问题，乘客感到不满意就会首先在车厢中表现出来，乘务员能够率先获得这些信息，及时为企业改进工作提供依据。

（二）狭义作用

1服务和维护作用

城市公共交通的社会服务性质决定了乘务员与乘客的关系必然是服务与被服务的关系，决定了乘务员的主要职责是服务。乘务员通过开关车门、报站售票、解答询问、扶老携幼、清洗车辆等形式直接向乘客提供乘行服务。乘务员的维护作用主要表现在照顾乘客的乘车安全、维护乘车秩序和行车安全等方面。

2联系和传递作用

乘务员在运营车厢内直接与乘客接触，为乘客提供服务。他们的工作岗位是公共交通企业与乘客的接触点，起着乘客与公交企业乃至政府之间的联系作用。乘务员将企业的服务规范落实到车厢中，也要将乘客的意见反馈给企业的管理者，通过具体的服务传播社会主义精神文明，架起一座乘客与企业乃至政府间沟通的桥梁。

3.向导和疏导作用

乘客来自四面八方，有着各自的乘行目的，乘务员通过解答询问，引导乘客选择达到目的地的最佳乘行方式，做好乘客的向导。在运营车厢内乘务员按照乘坐规则引导乘客乘行，疏导客流，维护乘车秩序。

4.宣传和引导作用

城市公共交通是精神文明建设的窗口，乘务员通过自己的服务，用自己的语言和行为宣传精神文明，引导乘客文明乘车，创造舒适、和谐的乘车环境。

第二节　乘务员职业道德

城市公共交通中有多个工种，工作任务不同，职业道德要求也不同。乘务员是运营生产的一线骨干，其职业道德和素质对企业整体道德水平影响较大，它关系到企业的声誉和首都的文明建设。

一、乘务员职业道德

乘务员是公交企业职业道德执行者和企业形象代言人，其职业道德水平能够直接反映企业的整体服务水平，乘务员职业道德主要包括以下内容。

（一）热爱本职，忠于职守

“热爱本职，忠于职守”是公交职工共同遵守的基本职业道德，同时也是乘务员职业道德的基础和前提。

公交行业是集服务性、公益性为一体的服务行业，是城市功能重要组成部分，与城市“两个文明”建设关系密切，其服务质量好坏直接关系到广大人民群众的切身利益，影响城市的文明建设，进而关系到党和政府的形象。每一名公交职工都要爱岗敬业，首先是爱岗，只有爱岗才能敬业，爱岗才能做到忠于职守。广大乘务员要继承发扬“一心为乘客，服务最光荣”的行业精神，树立“在外宾面前我代表国家，在内宾面前我代表首都”的服务意识，把为乘客服务作为最起码的职业道德，用道德准则规范自己的行为，以真情待客、爱岗敬业的工作态度，千方百计维护乘客的利益，坚守工作岗位，尽职尽责。

“热爱本职，忠于职守”也是乘务员的工作性质所决定的。乘务员是公交企业服务产品的直接生产者，其一言一行关系企业的形象、首都的声誉乃至国家的声望。乘务员不能觉得自己的工作“低人一等”，而应像以李素丽同志为代表的模范乘务员那样，把自己作为文明的使者，将微笑洒满车厢。

(二) 文明待客，热情服务

“文明待客，热情服务”是乘务员职业道德的核心，它是由公交企业的服务宗旨和乘务员的工作性质所决定的。

1.尊重乘客，热情服务

社会主义国家人与人之间是相互平等的，尊重他人是基本的社会公德，公交乘务员尊重乘客，是实现优质服务的前提。

尊重乘客首先要求乘务员对乘客要一视同仁，凡是车上乘客都是服务对象，没有高低贵贱之分，同是消费者，得到的服务应该是最热情和周到的，如对待外地乘客要积极回答问路并指引倒乘，耐心解释，帮助乘客顺利到达目的地。

其次，尊重乘客要语言文明，禁止讲服务忌语，服务过程中坚持使用“请”、“您”、“谢谢”、“对不起”、“不客气”十字礼貌用语，要让乘客感受到乘务员文明的服务，话到，礼到，情到，只有这样才能使乘客达到乘行身心愉悦。

再次，尊重乘客要做到得理让人。乘务员每天接触各种乘客，有些时候，遇有个别乘客给乘务员出难题，这对乘务员是个考验，如何解决好乘客特殊要求，是乘务员提高文明服务质量的前提条件。如，有一位老年人肩背大包上车，乘务员耐心地对老年人说：“请您往里边走一走。”老年人非常生气地说：“你让我往里走，我走得动吗，你怎么这样对待老年人，你是什么工作态度。”其实，乘务员是想给老人找个座，门口座位上坐的几乎都是老年人，乘务员是好意，但没想到老人会这样反感，于是就赌气地对老人说："你不往里走，我就不给你找座儿。"老人也针锋相对地对乘务员说："我打公交服务热线投诉你。"事后，乘务员委屈地找到车队，对队长说："乘务员这个工作我没法干了，我好心好意给他找座位，还不满意，故意刁难我。"队长认真帮助她分析此事，肯定了她主动给老年人找座儿是对的，并指出了应该对老人把事情讲清楚。好心，还要达到好效果。乘客有误解，要耐心解释，不能针锋相对、斤斤计较。要提高服务水平，真正做到"让乘客下台阶，使自己的服务上台阶"。

2 理解乘客，周到服务

理解乘客，是做好服务的基础，不同的乘客有不同的需求，乘务员要根据乘客的特点，采取相应的服务对策。如上班族特点：来车就要上，不怕车内挤，就怕车门关，恐怕自己上不去。乘务员要根据上班族乘客特点，采取积极宣传，疏导乘客，站台不滞留乘客。只有乘务员急乘客所急，才能得到乘客的认可。

(三) 遵章守纪，顾全大局

乘务员工作接触面广，流动性强，要求乘务员具备全局观。例如，因道路拥堵，运营中可能发生这样或那样的情况，不论遇到什么情况，乘务员必须执行调度命令，不能因个人的原因影响发车。这就是从整体运营的大局来出发，是企业纪律的要求，职工必须无条件服从。

顾全大局很重要的一个方面是乘务员要自觉遵守企业的规章制度和职业纪律，特别是要自觉遵守服务纪律。服务纪律是确保运营工作的基础，是做好服务工作的重要保证，乘务员要严格执行。

(四) 仪表端庄，车容整洁

仪表端庄是指乘务员，车容整洁是指运营车辆。不论是人还是车，都要注意外部形象。乘务员仪表端庄，车辆整洁舒适，代表着企业的精神面貌和服务水准。

乘务员仪表端庄包括以下内容。

(1) 衣着整洁，统一穿着工作装。整洁、大方的服装会给乘客在精神上以轻松感。乘务员统一穿着工作装上岗，给乘客以规范庄重的感觉，可以提高乘车舒适的系数。

(2) 仪表端庄，佩饰得体。乘务员要注意个人卫生，班前不吃有异味的食物，不理怪发型。女同志爱美，适当的化妆可以弥补容貌上的不足，给乘客以精神上的愉悦，但化妆时应注意化淡妆，清新淡雅的化妆，有助于与乘客的交流，能得到对方的好感和尊重。

(3) 举止大方，姿态得体。乘务员要注意工作时的神态和姿势，不嬉笑打闹，坐不翘腿，面向乘客，不趴售票台，不倚不靠座椅，精神饱满，行为举止不粗鲁。例如，在疏导乘客上下车时，用手势轰赶乘客，在工作中半躺半坐等，这些都会使乘客感到乘务员行为举止不雅。每名乘务员都要做到行为举止规范，把乘客当成客人，养成良好的职业习惯。

车容整洁，指的是为乘客提供整洁舒适的乘行环境。乘务员要逐步树立一种观念，搞好车辆清洁也是服务，是做好服务工作的基础，整洁舒适的车厢环境代表着一个企业的形象。乘务员要让乘客心情舒畅地乘行，就必须通过自己辛勤的劳动和汗水，换取乘客的舒适和享受。车辆整洁关键是保持，保持就需要勤快，勤快还要巧干，这样才能达到高标准。在检查中，经常听到乘务员说："玻璃我都擦了，怎么还不合格?"这反映了整洁的标准问题。还有一些新参加工作的年青乘务员不知该如何干，老乘务员每天书包中都要装些旧报纸和抹布，上班前，将抹布稍稍浸湿，利用停站点随时清除玻璃上的污点，乘务员要想为乘客创造舒适整洁的乘行环境，就要常动手，为企业赢得良好的信誉，树立好外部形象。

(五) 钻研业务，讲究艺术

从技术角度看乘务员属熟练工种，但从工作性质、特点来看，干好却不容易，用李素丽的话说："用力去做只能达到称职，用心去做才能达到优秀。"因为乘务员所从事的工作是与人交往的复杂工作，干好服务工作不仅仅是执行规范，它的最终要求是使乘客满意，乘客的满意才是对乘务员服务工作的最高评价。因此，乘务员要不断钻研业务，讲究服务艺术，及时总结归纳服务经验。在钻研业务方面要做到以下两点：

第一，基本业务要纯熟，包括售验票、找赎、报站、结账和介绍沿途地理等。

第二，基本工作要规范，要在工作中一丝不苟地落实各项规范和规章制度。在此基础上，还要钻研总结掌握一些服务方法，巧妙解决各种乘务矛盾，使服务工作能上升到艺术化的高度。

（六）团结协作，互相配合

车组是公交的基本生产单位，运营任务的完成主要靠驾乘人员，这就需要驾乘人员在工作中互相配合，共同完成运送乘客的任务。

一是协助驾驶员准点行车。在运营中驾驶员驾驶车辆，掌握运营时间，乘务员要协助走好正点，这就需要乘务员在始发站提前上车，做好各项准备工作，中途积极宣传，疏导乘客，减少停站时间。

二是交接班乘务员要加强协作，要互相创造条件。如随时打扫车辆卫生，不给下一班留活儿，车辆故障及时报修不影响接班后车辆的运营。前后车之间不互相追抢票款，前压后赶不仅影响运行秩序，也不利于安全。要树立整体服务“一盘棋”思想，不计较个人得失，这是职业道德所要求的。

北京公交思想道德建设规划制订了职工道德规范：“服务为本，乘客至上，掌握技能，团结协作，遵章守纪，服从管理，敬业爱岗，奉献社会。”这从本质上与乘务员职业道德是一致的，乘务员在遵守职业道德的同时，也要遵守职工道德规范。

二、乘务人员工作守则

《乘务员人工作守则》是企业要求乘务员在工作中必须遵守的准则。俗话说：行有行规，没有规矩难以成方圆。要确保乘务员所提供的服务质量，就必须制订服务规范和相应的规章制度来进行保障，并有相应的准则来制约。《乘务人员工作守则》是北京公交

1996年8月制订并在车厢中公布。根据实施IC卡后的变化，进行了修订，其内容如下。

(一) 准点发车，按站停车，正点运营

是指乘务员要按调度命令严格遵守路单签注的发车时间，协助驾驶员走好正点，督促驾驶员按站停车，不甩站，确保乘客按时到达目的地。

(二) 停稳开门，关好门行车

保证乘客行车安全，是驾乘人员义不容辞的责任，是每位乘客的第一心理需求，乘务员在任何情况下，都要把乘客的安全放在首位，做到平稳进站，停稳开门，关好门给信号，不夹不摔，为保证安全，要提醒乘客避免车门夹摔。

(三) 正规操作，中速行驶，停车平稳

要求驾驶员在工作中不急不躁，安全操作，严格执行驾驶员一日操作规程，乘务员要按照规范配合驾驶员照顾进出站安全。

(四) 主动售票，认真验（监）票，按规定收费

乘务员要积极主动工作，售、验（监）乘客车票时要做到凡有上下车的乘客都要宣传，树立增收、创收意识，并能按照线路计价标准进行收费，对违章使用车票乘客按照规定处理，杜绝“三乱”现象。

(五) 衣着整洁，佩戴标志

统一穿着工作装上岗，工作装要勤洗、整洁，不私自拆卸工装标志，胸卡要佩戴胸前，有相片一面朝外。

(六) 坚持三报，规范服务，语言文明，态度和蔼，不讲禁语

乘务员要坚持执行规范服务，工作中语言文明，不讲忌语，微笑服务，对待乘客彬彬有礼，一视同仁，每站都要进行“三报”，方便出行。

(七) 积极疏导，满员耐心劝导，照顾老、幼、病、残、孕乘客

劝导乘客要耐心，不赌气，以免延误停站时间，遇有“五种人”乘车，要帮忙就近找坐，下车提醒乘客注意安全。

（八）车容整洁，服务设施齐全

班前按照车辆清洁标准，抓紧时间搞好车辆卫生，检查车内服务设施是否完好，如车门、天窗、扶手杠、座椅，有问题及时报修，以免造成乘客物损人伤。

（九）执行制度，遵章守纪

工作中按照“六项服务纪律”去做，不违章、违纪，认真执行企业各项规章制度，如劳动纪律、票务制度等。

（十）虚心听取意见，接受乘客监督

对乘客的不同意见，要采取虚心、诚恳的态度，做到有则改之，无则加勉，严禁当面与乘客发生争吵、辩论。遇到个别解释不清的问题，可逐级反映，严禁说“这不是我的事儿，我管不了”等不负责的话。

第三节　乘务纪律

乘务纪律是公交企业根据生产特点，为了维护企业形象，确保运营秩序而对乘务员提出的纪律要求。

一、乘务纪律制订的重要性

（一）乘务纪律是做好服务工作的基本保证

乘务纪律是乘务员做好服务工作的基本保证，如果企业没有一套完整的乘务纪律来约束乘务员的行为，乘务员在工作中想干什么就干什么，就谈不上为乘客服务。因此，乘务员只有在工作中严格执行乘务纪律，才能保证运营服务的有序。

（二）乘务纪律是增强企业竞争能力的需要

一个企业要想在竞争中处于不败之地，必须有严格的纪律作保证，乘务员肩负企业的重担，企业的“两个效益”靠乘务员来实现，乘务员在工作中有较强的责任感，工作中不违章，热情服务乘客，就会赢得乘客的称赞，增加客源，促进企业实现可持续发展。

(三) 乘务纪律是精神文明建设的需要

公交是“窗口”行业，在现代城市中有着重要地位和作用，透过“窗口”可以看到城市的文明风貌，而直接展示“窗口”风貌的是乘务员的言谈举止。乘务员服务工作质量高低，直接代表着首都文明水平，若没有相适应的行为规范、纪律制约，就不能有和谐的车厢环境和良好的运营秩序。纪律的涣散，会导致服务质量下降，影响企业的声誉和城市的文明。

二、乘务纪律的内容

根据服务工作的特点和乘务员工作规范，北京公交 1991 年制订了“电车、汽车驾乘人员六项服务纪律”。

(一) 不准擅离职守，无故摆车不走

乘务员工作岗位在售票台，虽然有的新车型在设置方面已经没有了售票台，但乘务员的工作岗位没有变，工作的重点仍然是售验票，不论有无固定售票台，乘务员都不准离开工作岗位。如新车型乘务员查完票到驾驶员旁边聊天，通道车前后乘务员聚在一起聊天，这些均属于离岗。

调度员是一线指挥官，按调度命令走车是企业铁的运营纪律，在某种程度上，调度命令就像上前线打仗的战斗命令一样，如果车不能按正点发出，必然会影响运营秩序，乘客不能及时乘车，就会给其他行业的生产秩序带来负面影响。同样，无序的运营会给线路带来恶性循环，工作中要求驾乘人员在接到调度命令后，不能以任何借口延误发车时间，更不能无故摆车不走，破坏企业正常生产秩序。因此，运营是基础，是企业“两个效益”的保证。

(二) 不准私自甩站，严禁用车门卡甩乘客

按站停车是城市公交固定运营线路的主要特征，运营车辆必须按照站位停车上下乘客。在运营过程中，个别职工为完成生产任务，抢拉票款，私自甩站，还有的职工私自变更调度命令，中途站不停车等，引发了乘客投诉，不仅造成非常不好的社会影响，而且侵害了乘客权益。逢站必停是企业对社会的公开承诺，不准私自甩

站是企业对驾乘人员运营生产的严格要求，是运营生产中的一项重要规定，广大职工要维护企业的全局利益，不能因个人利益而损害消费者权益。

严禁用车门卡、甩乘客，是指工作中不急不躁，确保乘行安全。有些时候，驾乘人员由于堵车、点紧，关门时看到人多，容易产生急躁心理，在动员劝解无效的情况下，习惯用车门催促乘客，但其效果恰恰相反，容易使双方矛盾加剧，一是乘客能用力挤车反而不挤了，二是驾乘用车门催促乘客，容易出现失误，造成夹伤乘客，耽误其他乘客的时间。车门是用来保证乘客安全的，不是驾乘催促乘客的工具，要正确开关车门，才能满足乘客乘行的基本需求。

（三）不准歧视、刁难乘客

人没有贵贱之分，乘务员接触的是人，每个人都是乘务员服务的对象，从消费角度来看，凡是乘客都是消费者，在接受服务时是平等的。在企业规范中，有对特殊乘客的特殊服务，那是为了满足个别乘客的乘行需求。如对外地乘客，首先要求乘务员问清乘客换乘地点，解决出行到达目的的问题；其次是耐心周到的服务，让外地乘客消除陌生感。要尊重乘客，工作中要有换位服务的意识，要设身处地解决乘客困难，不刁难乘客。如车内拥挤，民工携带东西多，乘务员不能阻止乘客上车，要积极疏导，解决民工乘车问题，要避免以貌取人，造成乘客心理反感。在大量乘客投诉中，投诉人主要是平民百姓，所以，乘务员工作要想得到乘客的理解，首先要学会尊重乘客，服务中不歧视、不刁难乘客。只有这样，才能让乘客满意，工作中辛苦付出才会迎来好的社会反响，从而使自己身心愉悦，激励自己更加努力工作。

（四）不准在工作中做与工作无关的事宜

乘务员在出乘过程中要严格执行服务规范，这是基本的工作标准，出工就要出力，除企业规定应该做的和提倡做的，其他的都属于服务工作中不宜的。如有的乘务员与别人聊天，不主动售票，不主动报站，验票不认真，这样的行为给企业的“两个效益”带来很大的损失。试想：如果驾乘人员不做工作中应该做的事情，驾驶员想在哪儿停就在哪儿停，想停多久就停多久，乘务员想卖票就卖，不想卖票就不卖，那职工工作行为就没有标准，企业就没有信誉可言，一个没有信誉的企业是没有竞争力的，不可能生存，更谈不上可持续发展。企业生存的空间没了，职工就将失去工作。所以，职工在工作中执行企业制订的制度，实际上是关系到自身利益的大事，纪律要求与服务无关的事宜，在出乘中都不应该去做。

(五) 不准讽刺、谩骂、殴打乘客，不准盲目介入他人纠纷

公交车厢每天运送成千上万的乘客，乘客的素质参差不齐，有时难免发生各种各样的乘务矛盾。例如，一位新参加工作的男乘务员因查票曾经与一名男乘客发生纠纷，事后，当领导找他谈话时，他不服气地说："我查票他不给我看，我不能给企业造成损失，让他白坐车。他不给我拿票还骂我，我上班凭什么要让他骂，他骂我，我就骂他。"像这位年青的乘务员在处理乘务矛盾时不够冷静，问题不但没有解决，还给自己的工作带来了不利影响。乘务员遇到发生乘务矛盾时，首先要反思自己的工作，态度是否和蔼，语言是否得当，只要你认真执行服务规范，绝大多数乘客会理解你、支持你的工作。个别乘客不顺心时可能故意刁难，乘务员坚持耐心解释，以理服人，问题就能较好地解决。特别是在乘客出现错误时，乘务员要讲究方法，做到不讽刺、刁难乘客，不能激化矛盾。例如，查处乘客票务违章，应当按相关规定补交票款，但有的乘务员使用讽刺的话，会让乘客在众人面前下不了台，导致乘客投诉。实际上工作中不发生矛盾是不客观的，有了矛盾正确化解是很重要的，这其中就包括不歧视、刁难乘客，不盲目介入他人纠纷。

(六) 不准乱罚款

遇到乘客票务违章或者购买包裹票，必须按规定操作。乘务员在处理过程中，不能凭感情，主观随意。例如，一般情况下，违章者补交票款并不心甘情愿，有的乘务员处理时，看到乘客掏钱不痛快，往往利用增加补款额度，逼迫乘客快点交钱，甚至有的乘务员随意乱罚，这些均属于严重的违规行为。也有的乘务员对收取包裹

票的规定掌握不准，存在多收滥收等问题，给公交企业的形象和信誉造成了损害。因此，乘务员必须要加强相关规定的学习，严格执行规章制度。

乘务纪律是企业对乘务工作的具体纪律要求，驾乘人员要明确认识到自己在工作中的一言一行、一举一动，不是个人行为，而是代表企业，要时刻用企业的道德规范及纪律约束自己。

第四节　乘务员服务规范及考核标准

乘务员服务规范的基本内容主要体现在《车厢标准化服务规范》当中，其核心内容是使用文明服务用语、倡导文明服务行为、创造文明服务环境。公共交通的乘务员必须熟练掌握《车厢标准化服务规范》的各项要求，努力为乘客提供规范的服务，如果每一名乘务员都能认真执行《车厢标准化服务规范》，公交企业的整体服务水平就有保障。

为进一步树立“航空”服务理念，促进整体服务水平的稳步提升，展现公交文明形象。北京公交集团公司依托《车厢（站台）标准化服务规范》，研究制订了公交文明用语、文明行为、文明行车、仪表仪容、饰品佩戴、车质车容、服务设施七项规范。

一、文明用语规范

1.文明敬语

（1）文明敬语包括“请”、“您”、“谢谢”、“对不起”、“没关系”、“不客气”、“再见”等。

（2）乘客尊称包括：

年长乘客，统称：“老师傅”、“老先生”、“老同志”。

年轻乘客，统称：“女士”、“先生”、“乘客”。

年少乘客，统称：“同学”、“学生”。

年幼乘客，统称：“小朋友”。

2.报站用语

(1) 报路别方向："×××路，开往×××，请您前（中）门刷卡上车。"

(2) 预报站名："下一站×××，请您准备下车"。

(3) 报到达站："×××站到了，请您在前（后）门下车"。

3.售验票用语

(1) 售票、监督刷卡用语：

监督刷卡时，应说"没卡乘客请您买票（投币）"，"持卡乘客请您刷卡"。

遇找零时，应说："您这是×××元（块）钱，收您×××元（块）钱，找您×××元（块）钱，请拿好钱和票"。

(2) 查验票用语：

分段计价线路要提示乘客"下车请刷卡，请出示车票"。

对持有效票证乘客，查验后应说"谢谢"、"请收好"。

4.解答询问用语

(1) 无人售票车驾驶员在行车中不便解答乘客询问，可婉言谢绝："请稍等，我到站为您解答"。

(2) 当乘务人员不清楚如何解答乘客询问，应向乘客诚恳解释。

"对不起，我不太清楚，我帮您问问其他乘客。"

"哪位乘客能帮忙解答，谢谢。"

5.疏导乘客用语

(1)"各位乘客，现在是乘车高峰时间，请您抓紧上下车。"

(2)"路远的乘客请您尽量帮忙往里走。"

6.温馨提示用语

(1) 开关车门提示："站在车门处的乘客，请您注意，（我）要开(关) 车门了"。

(2) 雨雪天防滑提示："上下车乘客，请您小心，脚下防滑"。

(3) 高速路提示："车辆驶入高速公路，请您扶好坐好"。

(4) 车内外安全提示："车辆拐弯，请您扶好坐好"，"车辆进站，请您注意安全"。

(5) 车内防盗提示和携带物品提示："各位乘客，请您携带(保管）好随身物品，以免丢失”。

7.节日问候语

在“元旦”、“春节”、“五一”、“十一”等节假日期间向乘客祝贺节日的用语：“各位乘客，新年好”，“各位乘客，过年好”，“各位乘客，节日好”。

8.处理问题用语

（1）发生机械故障或交通事故

发生故障可说：“各位乘客，非常抱歉，本车发生了机械故障（交通事故），无法继续运行。我们将帮助您换乘本线路下一辆车，您所购买的车票（刷卡）依然有效”。

分段计价线路可说：“持卡乘客上车时不需再刷卡，下车时照常刷卡即可”。

（2）发生客伤事故

“各位乘客，非常抱歉，刚才遇突然情况驾驶员急刹车，有受伤的乘客，请您及时向我们说明。”

（3）当乘客妨碍安全视线

“对不起，请您让一下，谢谢。”

（4）遇重大活动或交通管制，造成车辆受阻

“各位乘客，前方遇有临时勤务，车辆需要避让，请您给予理解和支持，谢谢您的合作。”

（5）遇乘客无正当理由要求中途上下车

“对不起，我们有规定，不能中途上下车，请您谅解！”

（6）当妨碍、打扰乘客

“抱歉”、“对不起”、“请原谅”、“不好意思”、“请多包涵”等礼貌用语。

（7）遇 65 岁以下和外地老年人要求免费乘车

“根据市政府文件精神，目前 65 周岁以下老年人和外地老年人暂不享受免费乘车政策，请您谅解。”

（8）当车已满载

“乘客朋友，这趟车人太多了，如果您还有时间，请您等候下

次车好吗？谢谢您的合作。”

二、文明行为规范

（1）乘务员要坐姿端庄，站姿挺拔，面向乘客。

（2）乘务人员要按规定时间使用报站机、报话器。报站时坚持先使用报站机，再口报。口报时坚持按照三报要求，报清路别、方向，预报站名，报到达站，对沿线换乘信息和公益性单位进行宣传。

（3）乘务人员监督刷卡，要面向乘客，目视读卡机，提示刷卡。

（4）车辆进站，乘务员要伸手示意，提示乘客、行人注意安全。

（5）遇老年乘客，要做到视情搀扶、积极找座、提示安全，并允许在就近车门下车。乘坐双层车时，要安排老人在下层就坐。

（6）遇乘坐轮椅乘客，配备无障碍踏板车辆，要放下无障碍踏板，乘务人员（含无人售票线路安全巡查员）要下车协助乘客把轮椅推上车。未配备无障碍踏板车辆，乘务人员（安全巡查人员）要动员其他乘客一起主动搀扶。上车后妥善安置轮椅（轮椅不得收取包裹费），问清下车地点，到站时要提前提示，严格执行开关车门制度。

（7）遇盲人乘客，乘务人员要妥善引导，积极宣传，找到座位，问清下车地点，提醒下车或委托顺路乘客协助照顾。

（8）遇肢体残疾乘客，有条件要搀扶，积极宣传，找到座位。下车叮嘱安全或委托其他乘客协助照顾。遇到无家人陪伴的智障乘客，要耐心询问去向，细心叮嘱乘车安全。

（9）遇孕妇乘客，小声宣传让座位，温馨提示安全。遇抱小孩乘客，积极宣传找座位，并叮嘱家长注意照顾好小孩乘车安全。

（10）车辆开关车门，应注意观察车内外乘客动态，无人售票车驾驶员应看好监视器，防止夹摔乘客，严禁未关好车门启动车辆。

三、文明行车规范

（1）遵守交通安全法律、法规和企业规章制度。

（2）禁止随地吐痰、吸烟、闲谈、接打手机及一切有碍安全的行为，晚间按规定开启车厢灯。

(3) 行车平稳，通过人行横道要提前减速，做到匀速行驶，安全礼让。

(4) 按照交通标志、标线行驶，遵守公交专用道使用规定。

(5) 进出站不截挤，严格执行“七必须、七不准”的相关规定，在有条件的情况下，做到“跑来等”。

(6) 停站靠边，停靠到位，遵从站台文明乘车引导员的指挥。遇到串车，必须做到二次进站，雨（雪）天停车避开积水。

四、仪表仪容规范

1.仪表

仪表应做到着装规范，穿着得体。

(1) 职业装着装标准

职业装应保持干净、平整、无破损、无异味。穿着应做到端正、规范，按照季节更换职业装，各季服装不得混穿。

①夏装

夏装为短袖衬衫和西式长裤，应整套穿着。衬衫领口平整，衣扣除领口第一颗扣子可敞开外，其他全部系上。西裤应干净平整，系好拉链和扣子，衣袖和裤腿不能挽起。不准穿拖鞋或凉鞋拖穿。

②春秋装

春秋装为长袖衬衫、马甲、猎装和西式长裤，应整套穿着。猎装外衣的纽扣须全部系好，不得敞胸露怀。衬衫领口平整，衣扣除领口第一颗扣子可敞开外，其他全部系上。衬衫下摆须掖入裤内，袖扣系好，袖口不得卷起，衬衣内可套穿其他衣服，但不得外露。着衬衫，领口不系，上身可视情不穿马甲。

③冬装

穿着冬季防寒服，应系好门襟拉链。防寒服外不得套穿其他服装。

(2) 职业装标志及饰物佩戴

①胸牌、星级卡

上岗时必须佩戴胸牌和胸标。胸牌应戴在左侧上衣口袋上沿居中位置处。星级卡应正确悬挂在胸前，正面向外，不得将胸卡装在衣兜内，不得随意挂在纽扣上或其他位置。胸牌和星级卡无破损。

②领带、领花

在重大节假日、重要活动、重要会议或其他规定场合，必须佩戴领带、领花。佩戴领带、领花时应系好领口。领带系端正，领花贴近领口。

(3) 职业装换季时间

夏装着装时间为 6 月至 8 月，春秋装着装时间为 9 月至 10 月和 4 月至 5 月，冬装着装时间为 11 月至次年 3 月。

2.仪容

(1) 男员工

①发型

保持头发清洁，修剪得体，两侧鬓角不超过耳垂底部。前不遮盖眼睛，后不超过衬衣领底线。不刻意留怪异发型或光头。

②面部和胡须

保持面部清洁，剃净胡须，修剪鼻毛。

③手和指甲

保持手部干净，无污浊斑迹。指甲清洁无污垢，修剪整齐，长度不超过 2mm。若有纹身，不得外露。

(2) 女员工

①发型

短发须梳理整齐，长发过肩须束起。不刻意留怪异发型。

②化妆

工作时间可化淡妆，保持容貌的清雅、秀丽、自然。切忌浓妆艳抹、香味刺鼻。

③手和指甲

保持手部干净，无污浊斑迹。指甲清洁无污垢，修剪整齐，长度不超过 2mm。身体纹身部位不得外露。

五、饰品佩戴规范

1.男员工

工作时间、工作场所不得佩戴耳（鼻）环、耳钉、脚链等饰物。允许佩戴的饰品要求从小、从细、从一。

2.女员工

工作时间、工作场所不得佩戴鼻环、脚链等饰物。佩戴耳环(钉)、项链、戒指等饰物要得体，要求从小、从细、从一。佩戴发卡、头饰应美观得体。

六、车质车容规范

1.设施完好

(1) 车门完好，部件齐全，开关灵活，开度正常。

(2) 车窗玻璃无缺损，侧窗推拉灵活，推手和卡口完好有效。

(3) 天窗开关灵活，闭合后不漏水。

(4) 铰接篷完好。

(5) 扶手杆牢固不缺损。

(6) 地板完好。地板盖齐全完好，盖合平整。

(7) 运营车辆要在售票台处配备废票桶，无售票台的单机车应在车门附近配备废票桶。

(8) 灭火器齐全有效，安装牢固。

(9) 投币机、读卡机完好有效。

(10) 空调车出风口篦子（球形出风口）齐全完好。

2.车容整洁

(1) 车身蒙皮完好，漆皮光亮，无龟裂、脱落。运营车辆严重龟裂(500cm^2以上)、车身广告脱落、刮撞未修复的，禁止上路运营。雨、雪后4小时（路面已干）车身净。

(2) 玻璃明亮，车窗玻璃须透亮，无污迹。

(3) 车辆蒙皮外围、两侧、顶部均无明显污痕（垢）。

(4) 轮胎无积泥，轮胎内侧无明显油污或陈旧积泥。

(5) 扶手、座椅无污渍，扶手杠（吊环拉手）无陈旧污渍。坐垫、靠背无尘土。

(6) 地板无废弃物、无污迹，踏板无积物。

(7) 窗帘、座套要完好清洁，遮阳帘（板、膜）无尘土或残损。车门内外无油泥或明显污迹。

(8) 驾驶舱干净整洁，驾驶座周边、前风挡处、操作台处禁止存放杂物。发动机罩外部无陈旧油污。

(9) 车内顶部、侧壁、前后挡板、空调车回风口没有污渍或积尘。

(10) 随车携带清洁工具，摆放合理、整齐。

七、服务设施规范

1 电子设施完好

(1) 报站机播报准确、声音清楚，按键、话筒灵敏有效。

(2) 显示屏字迹清楚，无乱码错字或汉字笔画短缺等问题，并同步显示报站机报站信息。

(3) 移动电视图像清晰，音量适中，音质清楚。

(4) 监视器图像清楚。

(5) 摄像头能够采集有效图像。

(6) 前、中、后路牌齐全完好、字迹清楚，与行驶线路一致。

2 服务标志齐全

(1) 老幼病残孕专座及标志

车厢内老幼病残孕专座数量达标，质量合格，并有明显的专座标志，无缺损。

(2) 儿童购票标志

运营车辆要在上车门处的扶手立柱上，安装高 1.2 米的永久性儿童购票标志。

(3) 规章标志

在车厢内规定的位置张贴“北京市公共汽车、电车车票使用办法”、“包裹票购票标准”等规章标志。

(4) 监督标志

在车厢内规定的位置张贴服务监督电话，号码应准确无误。

(5) 提示标志

在车厢内规定位置张贴“禁止与驾驶员谈话”、“禁止危险品上车”、“禁止吸烟”、“当心夹手”等提示标志。

（6）荣誉称号标志

获得不同级别荣誉称号的先进集体，荣誉称号标志应放置在方向盘前的风挡下端。

（7）线路站名表

在车厢内规定位置张贴站名表，单机车至少两张，通道车至少3张。

（8）车厢广告

车厢内外的广告，要求规格统一，位置得当，安装牢固并保持整洁。

3.站务设施达标

（1）站杆、站栏、站棚的基础（底座）稳固。

（2）站杆垂直，不倾斜、不倒伏、无丢失。

（3）站牌安装规范、字迹清楚，无错别字、无锈斑、无污垢、无丢失。

（4）站杆、站栏、站棚要保持清洁，无非法张贴物。

思考题：

1.乘务员服务纪律的内容是什么？

2.乘务人员工作守则的内容是什么？

3.车厢标准化服务的核心内容是什么？

4.怎样才能做一名合格的乘务员？

第三章

初级乘务员相关知识

第一节　首都公交客运单位

目前北京市以市内公共交通客运为经营活动的单位有很多，从运送方式上看，可分为地面公共交通（公共汽车、电车）和轨道公共交通(地铁、轻轨)。从客运工具的使用上看，可分为大型公共电车、汽车，小型公共汽车和小轿车，也就是我们通常所说的大公共、小公共和出租车。从管理体制上看，可分为国有企业、股份制企业、合资企业。以此形成了首都客运市场的格局，下面仅就经营大公共客运的主要单位进行简要介绍。

一、北京公共交通控股（集团）有限公司

北京公共交通控股（集团）有限公司是以经营地面公共交通客运为主的特大型国有企业。企业总资产 240.84 亿元，净资产 61.62 亿元，截至到 2010 年底，拥有各类运营车辆 27 569 辆，运营线路905 条，年总行驶里程 18.06 亿公里，总客运量 49.18 亿人次。现有下属单位 20 个，包括 12 个核心企业，6

个控股子公司及子企业，两个直属事业单位。在册职工 116 458 人，是以客运主业为依托，多元化投资，多种经济类型并存，集客运、汽车修理、汽车租赁、房地产开发、公交广告、物资销售、通信、旅游、餐饮、商贸、物业管理和公交科研为一体的特大型公交企业集团。在北京城市公共交通发展中处于主体地位，发挥着主导作用。

公交集团公司以客运经营为主的单位有十个，简介如下：

第一客运分公司，位于东城区安内大街花园胡同29 号，现拥有运营车辆近 1 713 部，所辖运营线路 66 条，线路总长度 1 188.47 公里，东起辛庄，西至西三环巴沟，南到北京西站、北京游乐园，北至昌平区高崖口。

第二客运分公司，位于丰台区方庄路 6 号，分公司拥有运营车辆1 554 部，所辖运营线路 58 条，线路总长度 1 025.05 公里，主要担负北京南城地区的客运任务。

第三客运分公司，位于石景山区石景山路 65 号。目前分公司共有员工 8 301 名，运营线路 59 条，运营线路长度 1 589.22 公里，运营车1 816 辆，其中双层车 632 辆，单机车 808 辆，通道车 376 辆。

第四客运分公司，位于海淀区善家坟 30 号。公司现有员工 7 499 人，在册运营车辆 1 656 部，运营线路 60 条，线路总长度 954.92 公里，日运营 21.94 万公里。主要服务对象为大专院校、高科技、旅游及新建小区居民等。

第五客运分公司，位于朝阳区小庄金台里 4 号。公司有职工人数 7 641 人，现有车队 20 个，拥有运营车辆 1 596 部，运营线路57 条，线路总长度为 1 078.20 公里。

第六客运分公司，于石景山区鲁谷路 55 号。公司现有员工 6 056 人，拥有运营车辆 1 585 部，所辖 16 个运营车队，拥有运营线路 59 条，运营线路总长度 1 023.25 公里，线路分布涉及东城、西城、朝阳、海淀、丰台、石景山、大兴七个城区及郊区。

第七客运分公司，位于朝阳区东坝乡单店村 1 号，下属运营车队 21 个，在册员工 8 106 名，目前经营着 57 条线路，运营线路总长度 1 261.04 公里，运营车辆 1 766 辆，主要担负北京东部地区的客运任务，经营范围涉及东城、西城、朝阳、海淀、大兴、通州、丰台 7 个区。

第八客运分公司，位于北京市朝阳区洼里乡仰山村甲 6 号，地处北四环路北侧的朝阳区慧忠里，西邻鸟巢、水立方等奥运场馆和奥运村，北通天通苑、回龙观地区，东接亚洲最大的居民小区——望京新城。分公司管理机构设置 17 个部室，下设 21 个运营车队，有运营线路 62 条，运营车辆 1 561 部，在册员工 8 300 余人，运营线路主要分布在“三区、两环”，即望京地区、天通苑地区、回龙观地区和二环路、三环路。随着分公司规模不断扩大，已逐渐形成了以京北一线向南成放射状通达，连接东西、贯穿南北的运输网。

电车客运分公司，位于西城区阜外大街 32 号，是从事城市公共交通电车、汽车客运分公司，也是北京市唯一的无轨电车客运企业。电车客运分公司有职工 7 094 人，下辖 24 个车队及供电所，53 条线路，运营车辆 1 656 辆，运营线路总长 754.77 公里，运营车辆 1 656 辆，运营线路总长 767.02 公里，主营业务外，还兼营租（包）车业务、电车架空线网设计架设等业务。

八方达公司。2001 年 6 月 28 日,由北京市长途汽车公司与北京巴士股份有限公司，共同投资组建了北京八方达长途巴士客运有限责任公司，2002 年 12 月八方达公司增资整合后,于 2003 年 4 月变更为北京八方达巴士长途客运有限责任公司，2004 年 5 月再次变更为北京八方达客运有限责任公司。八方达公司下属通州、房山、大兴、顺义、怀柔、、延庆、门头沟等七个运营分公司，一个物资保修分公司和一个职工培训中心，员工 18 658 人，运营车辆 5 629 部，运营线路 159 条，线路总长 7 519.54 公里，年客运量达 81 688.68 万人次，主要承担远郊区县的客运任务。

二、北京市地铁运营有限公司

北京市地铁运营有限公司前身为北京市地下铁道总公司，是国有独资的特大型专门经营城市轨道交通运营线网的专业运营商，现有职工一万余名。目前，公司经营的线路包括1号线、2号线、4号线、5号线、8号线、10号线、13号线、15号线、八通线、机场线、房山线、大兴线、亦庄线、昌平线，运营线路总里程336公里，共有198座运营车站。北京市地铁运营有限公司始终坚持“安全、准确、高效、服务”的运营宗旨和“安全第一、预防为主”的运营方针，以及“以市场为中心、以乘客需求为导向”的服务理念。无论是现在还是将来，北京地铁都将不断提高服务水平，竭力为广大乘客提供更加安全、快捷、舒适和便利的服务，为北京率先实现现代化和建设现代化国际大都市作贡献。

三、北京祥龙公交客运有限公司

北京祥龙公交客运有限公司（原运通公司）成立于1999年4月，是市政府批准的北京市第一家非政府兴办的股份制城市公交客运企业，拥有运营车辆800多部，运营线路23条。几年来，祥龙公交公司自筹资金、自主经营、自负盈亏、自我发展。运通公司加盟首都的客运市场，吸纳了很多下岗职工，一方面扩大了下岗职工再就业的机会，一方面为市民群众的出行增添了便利。值得注意的是这支公交新军的出现，打破了城市公交被国有企业所垄断的局面，初步形成竞争的局面，为首都公交客运市场的发展和完善增添了活力。

第二节　员工岗位规范考核的相关内容

为加强对员工执行岗位规范的考核管理，不断提高企业员工的整体素质，建立起与之相配套的有效激励员工的企业绩效考核机制，北京公交集团依据企业的有关规章、制度制订了《员工岗位规范考核管理规定》，现将与服务工作和乘务员岗位相关的内容摘录如下。

一、 运营生产考核扣分标准

（一）有下列情况之一的，一次扣12分

（1）派车不走，影响运营生产；

（2）私自甩站，造成新闻批评和恶劣影响；

（3）未经批准，擅自停线、改线或摆班，影响运营或生产工作；

（4）擅离职守、脱离生产岗位，影响运营或生产工作。

（二）有下列情况之一的，一次扣6分

（1）私自甩站；

（2）不服从调度命令；

（3）人为造成大间隔；

（4）加油、加气不及时，影响下一班或次日出车。

（三）有下列情况之一的，一次扣1分

（1）未能做到提前进站，按点发车；

（2）未按指定站位停车或未二次进站、越站停车；

（3）不按规定停车，随意揽客。

二、安全行车考核扣分标准

（一）有下列行为之一的，一次扣12分

（1）酒后驾驶车辆；

（2）非驾驶员驾驶车辆；

（3）当班驾驶员将机动车交非驾驶员、无准驾资格或驾驶证被吊销、暂扣人员驾驶。

（二）驾驶车辆时，接打手机、吸烟、饮食、闲谈的，一次扣6分

（三）有下列行为之一的，一次扣3分

（1）不走公交专用道；

（2）夜间行车不按规定使用灯光；

（3）不按规定关好车门行车；

（4）车辆发生故障、事故停车后，不按规定使用灯光和设置警告标志；

(5) 行经交叉路口、人行横道、繁华路段，不按规定减速慢行。

(四) 有下列行为之一的，一次扣 1 分

(1) 不按规定进出站；

(2) 不按规定进站靠边停车。

三、车辆技术考核扣分标准

(一) 有下列行为之一的，一次扣 3 分

(1) 驾驶制动尖叫或车容不整车辆上路行驶；

(2) IC 卡机具故障不及时报修。

(二) 有下列行为之一的，一次扣 1 分

(1) 配备使用的车辆设施短缺及设施损坏负有责任；

(2) 用异物遮阳。

四、服务工作考核扣分标准

(一) 有下列情况之一的，一次扣 12 分

(1) 受到新闻单位的批评，并造成较大影响；

(2) 发生恶性服务纠纷；

(3) 殴打或谩骂乘客，造成恶劣影响；

(4) 严重违反票务制度。

(二) 有下列情况之一的，一次扣 6 分

(1) 发生一般新闻批评；

(2) 发生一般责任服务纠纷；

(3) 讽刺、谩骂、刁难、歧视乘客或盲目介入他人纠纷；

(4) 站台发生挤压、碾伤事故负有责任的；

(5) 违反有关规定乱罚款。

(三) 有下列情况之一的，一次扣 3 分

(1) 发生查证属实的一般投诉；

(2) 用车门催、夹、卡、甩乘客；

(3) 一般违反票务制度；

(4) 严重违反服务“忌语禁行”中禁行规定。

（四）有下列情况之一的，一次扣1分

（1）未按规定佩戴胸卡等职业服务标志上岗；

（2）不主动售票和监督刷卡；

（3）不按规定验票；

（4）违反规定出售“白板票”；

（5）不按规定“三报”；

（6）不使用礼貌用语；

（7）不积极疏导乘客；

（8）不耐心解答乘客询问；

（9）乱扔废票；

（10）不协助驾驶员照顾安全；

（11）对“五种人”不照顾；

（12）车辆清洁检查中，单项不合格；

（13）站台服务检查中“准时上岗”、“佩戴标志”、“按规定负责”、“文明值勤”、“站区卫生”单项不合格；

（14）出现“票务过失”；

（15）发生车辆故障，不按规定疏导、拒载、重复刷卡或售票；

（16）违反服务“忌语禁行”中忌语规定；

（17）未按规定使用车辆服务设施。

五、稽查工作考核扣分标准

（一）有下列情况之一的，一次扣12分

（1）弄虚作假；

（2）营私舞弊。

（二）私自通报检查信息的，一次扣3分

六、劳动纪律考核扣分标准

（一）有下列行为之一的，一次扣12分

（1）经批准实行综合计算工时工作制度的人员，接到公休日停休通知后不到工作岗位；

(2) 殴打管理、检查、稽查人员；

(3) 故意破坏公物及公共设施；

(4) 班内饮酒。

(二) 有下列行为之一的，一次扣6分

(1) 旷工一天及以上；

(2) 违反安全操作规程和违章指挥，造成事故和重大隐患；

(3) 擅离职守，脱岗，睡岗；

(4) 因工作失职、舞弊，给企业造成一定的经济损失或较大影响；

(5) 弄虚作假，骗取表扬单；

(6) 谩骂管理、检查、稽查人员；

(7) 班前饮酒影响工作的。

(三) 有下列行为之一的，一次扣3分

(1) 经考核后被认定当月主要生产任务指标完成不足80%（不含）的；

(2) 不按规定履行请假手续；

(3) 在工作中做与本职工作无关的事情；

(4) 转借员工卡；

(5) 不服从稽查人员检查。

(四) 有下列行为之一的，一次扣1分

(1) 发生迟到、早退；

(2) 经考核后被认定当月主要生产任务指标完成80%但不足100%的；

(3) 不按规定参加业务培训或培训未合格；

(4) 不按规定携带员工卡，影响运营生产；

(5) 不按规定着装（职业装、工装等）或着装不规范；

(6) 上班违反规定佩戴饰物。

七、考核方式与处罚办法

员工岗位规范的考核方式主要有：民主监督、乘客投诉、舆论报道、各级专业检查员检查。对上述各渠道检查、反映的问题，各基层单位要及时将信息进行汇总，调查核实。员工所在车队（车间）应在每月月底召开车队（车间）办公会，对本单位考核情况进行汇总，对有关的问题进行认定，并将考核结果进行公示，同时送交本单位考核管理人员执行扣分、处罚，并将结果记入个人考核档案。

（一）员工岗位规范考核管理的责任部门划分

(1) 遵守劳动纪律、完成任务等考核认定由员工所在基层单位负责；

(2) 运营生产考核认定由运营（生产）部门负责；

(3) 服务工作的考核认定由服务部门负责；

(4) 行车安全考核认定由安全部门负责；

(5) 保修作业考核认定由科技部门负责；

(6) 治安、消防考核认定由保卫部门负责；

(7) 工伤考核认定由人力资源部门负责；

(8) 行政后勤考核认定由土地房屋行政部门负责；

(9) IC卡采集、充值工作考核认定由IC卡管理中心、运营票务部门负责。

（二）员工在年度考核中违反岗位行为规范，累计扣分达到12分的，应在当月办理下岗培训手续

其管理工作程序如下：

(1) 员工所在基层车队（车间）负责与员工进行教育谈话，填写“员工谈话记录”并经本人签字后，填写员工“下岗培训登记表”，上报分公司、公司人力资源部门进行审核，对其进行下岗待业登记，填写“员工下岗登记表”，签订“下岗待业协议书”。下岗待业期限原则上不得超过一年（劳动合同期限不满一年的，以劳动合同期限为准），约定其在下岗待业期间与单位双方的权利和义务，并作为劳动合同附件。双方就签订“下岗待业协议书”，经协商未达成一致的，单位可与其解除劳动合同。

(2) 对履行上述下岗手续的人员，转入本单位劳务市场（未建立劳务市场的单位，由人力资源部门指定专人负责），实施下岗培训管理。各单位劳务市场，应结合本单位实际，制订为期一周的培

训计划，并按规定组织开展培训教育工作。对下岗待业期间经过两次培训不合格的或经培训合格后两次不服从分配的人员，劳务市场应与其解除“下岗待业协议书”，由人力资源部门按规定办理解除劳动合同手续。

(3) 员工在下岗培训和下岗期间，按规定缴纳各项社会保险费，享受企业下岗人员生活保障费。

(4) 凡员工在年度考核中，累计扣分不满12分的，在年度考核时办理审核备案工作，进行相应处理后注销其年度考核累积积分，在新的年度内重新考核。

(5) 凡员工在12个月内连续2次（含2次）考核下岗或在合同期内(合同期超过五年的按五年考核）累计3次考核下岗，企业按规定与其解除劳动合同。

(6) 员工因严重违规、违纪及严重失职、营私舞弊对企业造成重大损害的，一经认定属实，除扣除12分后，依据集团公司“劳动合同管理办法”的规定，企业可与其解除劳动合同。

(7) 各单位员工在工作中应严格执行岗位行为规范，服从管理，接受检查。对无理取闹，拒不接受检查和管理者，企业要进行批评教育直至给予行政处分。

第三节　道路交通法规知识

城市公共交通的乘务员应当了解道路交通法规的基本知识，这是配合驾驶员安全行车、正点运营的需要。《中华人民共和国道路交通安全法》（简称《道交法》）和《中华人民共和国道路交通安全法实施条例》（简称《道交法实施条例》）先后于2002年和2004年颁布实施。为了贯彻实施《道交法》，北京市于2005年制定了《北京市实施〈中华人民共和国道路交通安全法〉办法》。上述法律法规，对城市公共电车、汽车的车辆驾驶员、车辆形式、交通信号和交通标志都做了明确的规定，本节只作简单介绍，作为乘务员掌握了解《道交法》的一般性知识，便于在出乘服务当中协助驾驶员做好安全行车。

一、道路交通法律条规

《道交法》第二十五条明确规定，全国实行统一的道路交通信号。交通信号包括交通信号灯、交通标志、交通标线和交通警察的指挥。

《道交法实施条例》对交通信号灯、交通标志、标线及其作用作出如下规定：

(1) 交通信号灯分为：机动车信号灯、非机动车信号灯、人行横道信号灯、车道信号灯、方向指示信号灯、闪光警告信号灯、道路与铁路平面交叉道口信号灯。

(2) 交通标志分为：指示标志、警告标志、禁令标志、指路标志、旅游区标志、道路施工安全标志和辅助标志。

(3) 道路交通标线分为：指示标线、警告标线、禁止标线。

(4) 交通警察的指挥分为：手势信号和使用器具的交通指挥信号。

(5) 机动车信号灯和非机动车信号灯表示：

①绿灯亮时，准许车辆通行，但转弯的车辆不得妨碍被放行的直行车辆、行人通行；

②黄灯亮时，已越过停止线的车辆可以继续通行；

③红灯亮时，禁止车辆通行。

在未设置非机动车信号灯和人行横道信号灯的路口，非机动车和行人应当按照机动车信号灯的表示通行。

红灯亮时，右转弯的车辆在不妨碍被放行的车辆、行人通行的情况下，可以通行。

(6) 人行横道信号灯表示：

①绿灯亮时，准许行人通过人行横道；

②红灯亮时，禁止行人进入人行横道，但是已经进入人行横道的，可以继续通过或者在道路中心线处停留等候。

(7) 车道信号灯表示：

①绿色箭头灯亮时，准许本车道车辆按指示方向通行；

②红色叉形灯或者箭头灯亮时，禁止本车道车辆通行。

(8) 方向指示信号灯的箭头方向向左、向上、向右分别表示左转、直行、右转。

(9) 闪光警告信号灯为持续闪烁的黄灯，提示车辆、行人通行时注意瞭望，确认安全后通过。

(10) 道路与铁路平面交叉道口有两个红灯交替闪烁或者一个红灯亮时，表示禁止车辆、行人通行；红灯熄灭时，表示允许车辆、行人通行。

(11) 《道交法实施条例》还对行人的交通行为做出了如下规定。

行人不得有下列行为：

①在道路上使用滑板、旱冰鞋等滑行工具；

②在车行道内坐卧、停留、嬉闹；

③追车、抛物击车等妨碍道路交通安全的行为。

行人过机动车道，应当从行人过街设施通过；没有行人过街设施的，应当从人行横道通过；没有人行横道的，应当观察来往车辆的情况，确认安全后直行通过，不得在车辆临近时突然加速横穿或者中途倒退、折返。

行人列队在道路上通行，每横列不得超过两人，但在已经实行交通管制的路段不受限制。

(12) 乘坐机动车应当遵守下列规定：

①不得在机动车道上拦乘机动车；

②在机动车道上不得从机动车左侧上下车；

③开关车门不得妨碍其他车辆和行人通行；

④机动车行驶中，不得干扰驾驶，不得将身体任何部分伸出车外，不得跳车；

⑤乘坐两轮摩托车应当正向骑坐。

(13) 2005年制定实施的《北京市实施〈中华人民共和国道路交通安全法〉办法》第五十一条规定，公共汽车、电车驶入停靠站应当遵守下列规定：

①在停靠站一侧单排靠边停车；

②不得在停靠站以外的地点停车上下乘客；

③不得在停靠站内待客、揽客。

二、交通警指挥棒信号

1.直行信号

右手持棒举臂向右平伸，然后向左曲臂放下。准许左、右两方直行的车辆通行，各方右转弯的车辆在不妨碍被放行的车辆通行的情况下，可以通行。

2.左转弯信号

右手持棒举臂向前平伸。准许左方的左转弯和直行的车辆通行；左臂同时向右前方摆动时，准许车辆左小转弯；各方右转弯的车辆和T形路口右边无横道的直行车辆，在不妨碍被放行的车辆通行的情况下，可以通行。

3.停止信号

右手持棒曲臂向上直伸。不准车辆通行，但已越过停车线的，可以继续通行。

三、交通警手势信号

1.直行信号

右臂（左臂）向右（向左）平伸，手掌向前。准许左、右两方直行的车辆通行；各方右转弯的车辆在不妨碍被放行的车辆通行的情况下，可以通行。

2.左转弯信号

右臂向前平伸，手掌向前。准许左方的左转弯和直行的车辆通行；左臂同时向右前方摆动时，准许车辆左小转弯；各方右转弯的车辆和T形路口右边无横道的直行车辆，在不妨碍被放行的车辆通行的情况下，可以通行。

3.停止信号

左臂向上直伸。不准前方车辆通行，右臂同时向右前方摆动时，车辆须靠边停车。

四、交通标志

交通标志分为主标志和辅助标志两大类。

(一) 主标志

1.警告标志

警告标志共有41种，是警告车辆、行人注意危险地点的标志。其形状为等边三角形，顶角朝上，颜色为黄底、黑边、黑图案。

2.禁令标志

禁令标志共有45种，是禁止或限制车辆、行人交通行为的标志。其形状分为圆形和顶三角向下的等边三角形。其颜色除个别标志外，为白底，红圈、红杠、黑图案。

3.指示标志

指示标志共有28种，是指示车辆、行人行进的标志。其形状分为圆形、长方形和正方形，颜色为蓝底、白图案。

4.指路标指

指路标志共有146个，是传递道路方向、地点、距离信息的标志。其形状除地点识别标志外，为长方形和正方形。其颜色除里程碑、百米桩、公路界碑外，一般道路的指路标志有24种66个，其颜色为蓝底、白图案，高速公路指路标志有38种80个，其颜色为绿底、白图案。

(二) 辅助标志

辅助标志共有5种，附设在主标志下，紧靠主标志下缘，起辅助说明作用的标志。辅助标志的颜色为白底、黑字、黑边框，形状为长方形。

五、乘务员应当掌握《道交法实施条例》的相关内容

(1)《道交法实施条例》第四章第六十三条第3款规定：公共汽车站、急救站、加油站、消防栓或者消防队（站）门前以及距离上述地点30米以内的路段，除使用上述设施的以外，不得停车。

(2)《道交法实施条例》第四章第六十三条第4款规定：车辆没有停稳前，不准开车门和上下人，开车门时不准妨碍其他车辆和行人通行。

(3)《道交法实施条例》第四章第六十条规定：机动车在道路上发生故障或者发生交通事故，妨碍交通又难以移动的，应当按照规定开启危险报警闪光灯，并在车后50米至100米处设置警告标志，夜间还应当同时开启示廓灯和后位灯。

根据交通法规的相关规定，乘务员要协助驾驶员做好必要的工作，一方面要按规定停靠站和上下乘客，另一方面遇到公共电车、汽车在行驶中发生故障，协助驾驶员设置好警告标志，然后与车队或抢修车取得联系，并协助驾驶员动员车内乘客下车，将车推到马路边上，等候抢修。

第四节　治安管理常识

为维护社会正常秩序和公共安全，预防和减少犯罪行为，创造良好的社会环境，全国人大常委会于2006年3月1日公布实施了《中华人民共和国治安管理处罚法》（以下简称《治安管理处罚法》)。《治安管理处罚法》是国家制订的授权公安机关实行治安行政管理的重要法律，它规定了什么是违反治安管理的行为，对违反治安管理行为的人应给予什么样的处罚，共分6章119条。在《治安管理处罚法》第二条中明确规定：扰乱公共秩序，妨害公共安全，侵犯人身权利、财产权利，妨害社会管理，具有社会危害性，依照《中华人民共和国刑法》的规定构成犯罪的，依法追究刑事责任；尚不够刑事处罚的，由公安机关依照本法给予治安管理处罚。违反治安管理的行为共分4类54种112条。

一、《治安管理处罚法》涉及的行为

乘务员学习、了解、掌握《治安管理处罚法》的相关内容，可

以利用法律知识，维护车厢内和谐，提高服务水平，为乘客提供良好的服务。

（一）扰乱公共秩序的行为

扰乱公共秩序的行为主要表现如下：

1.扰乱单位、公共场所、公共交通和选举秩序的行为

（1）扰乱机关、团体、企业、事业单位秩序，致使工作、生产、营业、医疗、教学、科研不能正常进行，尚未造成严重损失的；

（2）扰乱车站、港口、码头、机场、商场、公园、展览馆或者其他公共场所秩序的；

（3）扰乱公共汽车、电车、火车、船舶、航空器或者其他公共交通工具上的秩序的；

（4）非法拦截或者强登、扒乘机动车、船舶、航空器以及其他交通工具，影响交通工具正常行驶的；

（5）破坏依法进行的选举秩序的。

2.扰乱文化、体育等大型群众性活动秩序的行为

（1）强行进入场内的；

（2）违反规定，在场内燃放烟花爆竹或者其他物品的；

（3）展示侮辱性标语、条幅等物品的；

（4）围攻裁判员、运动员或者其他工作人员的；

（5）向场内投掷杂物，不听制止的；

（6）扰乱大型群众性活动秩序的其他行为。

3.扰乱公共秩序的行为

（1）散布谣言，谎报险情、疫情、警情或者以其他方式故意扰乱公共秩序的；

（2）投放虚假的爆炸性、毒害性、放射性、腐蚀性物质或者传染病病原体等危险物质扰乱公共秩序的；

（3）扬言实施放火、爆炸、投放危险物质扰乱公共秩序的。

4.寻衅滋事行为

（1）结伙斗殴的；

（2）追逐拦截他人的；

(3) 强拿强要或者任意损毁、占用公私财物的；

(4) 其他寻衅滋事行为。

5.利用封建迷信、会道门进行非法活动的行为

(1) 组织、教唆、胁迫、诱骗、煽动他人从事邪教、会道门活动或者利用邪教、会道门、迷信活动扰乱社会秩序、损害他人身体健康的；

(2) 冒充宗教、气功名义进行扰乱社会秩序、损害他人身体健康活动的。

6.干扰无线电业务及无线电台（站）的行为

7.侵入、破坏计算机信息系统的行为

(1) 违反国家规定，侵入计算机信息系统，造成危害的；

(2) 违反国家规定，对计算机信息系统功能进行删除、修改、增加、干扰，造成计算机信息系统不能正常运行的；

(3) 违反国家规定，对计算机信息系统中存储、处理、传输的数据和应用程序进行删除、修改、增加的；

(4) 故意制作、传播计算机病毒等破坏性程序，影响计算机信息系统正常运行的。

(二) 妨碍公共安全的行为

妨碍公共安全的行为主要表现如下：

1.违反危险物质管理的行为

2.危险物质被盗、被抢、丢失不报的行为

3.非法携带管制器具的行为

4.盗窃、损毁公共设施的行为

(1) 盗窃、损毁汽油管道设施、电力电信设施、广播电视设施、水利防汛工程设施或者水文监测、测量、气象预报、环境监测、地质监测、地震监测等公共设施的；

(2) 移动、损毁国家边境的界碑、界桩以及其他边境标志、边境设施或者领土、领海标志设施的；

(3) 非法进行影响国（边）界线走向的活动或者修建有碍国(边）境管理的设施的。

5.妨害航空器飞行安全行为

6.妨害铁路运行安全行为

（1）盗窃、损毁或者擅自移动铁路设施、设备、机车车辆配件或者安全标志的；

（2）在铁路线路上放置障碍物，或者故意向列车投掷物品的；

（3）在铁路线路、桥梁、涵洞处挖掘坑穴、采石取沙的；

（4）在铁路线路上私设道口或者平交过道的。

7.妨害列车行车安全行为

8.妨害公共道路安全行为

（1）未经批准，安装、使用电网的，或者安装、使用电网不符合安全规定的；

（2）在车辆、行人通行的地方施工，对沟井坎穴不设覆盖物、防围和警示标志的，或者故意损毁、移动覆盖物、防围和警示标志的；

（3）盗窃、损毁路面井盖、照明等公共设施的。

9.违反安全规定举办大型活动的行为

10.违反公共场所安全规定的行为

（三）侵犯人身权利、财产权利的行为

侵犯人身和财产权利的主要表现如下：

1.恐怖表演、强迫劳动、限制人身自由的行为

（1）组织、胁迫、诱骗不满十六周岁的人或者残疾人进行恐怖、残忍的表演的；

（2）以暴力、威胁或者其他手段强迫他人劳动的；

（3）非法限制他人人身自由、非法侵入他人住宅或者非法搜查他人身体的。

2.胁迫利用他人乞讨和滋扰乞讨的行为

3.侵犯人身权利六项行为

（1）写恐吓信或者以其他方式威胁他人人身安全的；

（2）公然侮辱他人或者捏造事实诽谤他人的；

（3）捏造事实诬告他人，企图使他人受到刑事追究或者受到治安管理处罚的；

(4) 对证人及其近亲属进行威胁、侮辱、殴打或者打击报复的；

(5) 多次发送淫秽、侮辱、恐吓或者其他信息，干扰他人正常生活的；

(6) 偷窥、偷拍、切听、散布他人隐私的。

4.殴打或故意伤害他人身体的行为

(1) 结伙殴打、伤害他人的；

(2) 殴打、伤害残疾人、孕妇、不满十四周岁的人或者六十周岁以上的人的；

(3) 多次殴打、伤害他人或者一次殴打、伤害多人的。

5.猥亵他人和公共场所裸露身体的行为

6.虐待家庭成员、遗弃被扶养人的行为

(1) 虐待家庭成员，被虐待人要求处理的；

(2) 遗弃没有独立生活能力的被扶养人的。

7.强买强卖、强迫服务的行为

8.煽动民族仇恨、民族歧视的行为

9.侵犯通信自由的行为

10.盗窃、诈骗、哄抢、抢夺、敲诈勒索、损毁公私财物的行为

(四) 妨害社会管理的行为

妨害社会管理的主要表现如下：

1.拒不执行紧急状态决定、命令和阻碍执行公务的行为

(1) 拒不执行人民政府在紧急状态情况下依法发布的决定、命令的；

(2) 阻碍国家机关工作人员依法执行职务的；

(3) 阻碍执行紧急任务的消防车、救护车、工程救险车、警车等通行的；

(4) 强行冲闯公安机关设置的警戒带、警戒区的。

2.招摇撞骗的行为

3.伪造、变造、买卖公文、证件、票证的行为

(1) 伪造、变造或者买卖国家机关、人民团体、企业、事业单

位或者其他组织的公文、证件、证明文件、印章的；

(2) 买卖或者使用伪造、变造的国家机关、人民团体、企业、事业单位或者其他组织的公文、证件、证明文件的；

(3) 伪造、变造、倒卖车票、船票、航空客票、文艺演出票、体育比赛入场券或者其他有价票证、凭证的；

(4) 伪造、变造船舶户牌，买卖或者使用伪造、变造的船舶户牌，或者涂改船舶发动机号码的。

4.船舶擅进禁、限入水域或岛屿的行为

5.违法设立社会团体的行为

(1) 违反国家规定，未经注册登记，以社会团体名义进行活动，被取缔后，仍进行活动的；

(2) 被依法撤销登记的社会团体，仍以社会团体名义进行活动的；

(3) 未经许可，擅自经营按照国家规定需要由公安机关许可的行业的。

6.非法集会、游行、示威的行为

7.旅馆工作人员违反规定的行为

8.违法出租房屋的行为

9.制造噪声干扰他人的行为

10.违法典当、收购的行为

(1) 典当业工作人员承接典当的物品，不查验有关证明，不履行登记手续，或者明知是违法犯罪嫌疑人、赃物，不向公安机关报告的；

(2) 违反国家规定，收购铁路、油田、供电、电信、矿山、水利、测量和城市公用设施等废旧专用器材的；

(3) 收购公安机关通报寻查的赃物或者有赃物嫌疑的物品的；

(4) 收购国家禁止收购的其他物品的。

11.妨害执法秩序的行为

(1) 隐藏、转移、变卖或者损毁行政执法机关依法扣押、查封、冻结的财物的；

(2) 伪造、隐匿、毁灭证据或者提供虚假证言、谎报案情，影响行政执法机关依法办案的；

(3) 明知是赃物而窝藏、转移或者代为销售的；

(4) 被依法执行管制、剥夺政治权利或者在缓刑、保外就医等监外执行中的罪犯或者被依法采取刑事强制措施的人，有违反法律、行政法规和国务院公安部门有关监督管理规定的行为。

12.协助组织、运送他人偷越国（边）境的行为

13.偷越国（边）境的行为

14.妨害文物管理的行为

(1) 刻划、涂污或者以其他方式故意损坏国家保护的文物、名胜古迹的；

(2) 违反国家规定，在文物保护单位附近进行爆破、挖掘等活动，危及文物安全的。

15.非法驾驶交通工具的行为

(1) 偷开他人机动车的；

(2) 未取得驾驶证驾驶或者偷开他人航空器、机动船舶的。

16.破坏他人坟墓、尸体和乱停放尸体的行为

(1) 故意破坏、污损他人坟墓或者毁坏、丢弃他人尸骨、骨灰的；

(2) 在公共场所停放尸体或者因停放尸体影响他人正常生活、工作秩序，不听劝阻的。

17.卖淫、嫖娼的行为

18.引诱、容留、介绍卖淫的行为

19.传播淫秽信息的行为

20.组织、参与淫秽活动的行为

(1) 组织播放淫秽音像的；

(2) 组织或者参与淫秽表演的；

(3) 参与聚众淫乱活动的。

21.赌博的行为

22.涉及毒品原植物的行为

(1) 非法种植罂粟不满五百株或者其他少量毒品原植物的；

(2) 非法买卖、运输、携带、持有少量未经灭活的罂粟等毒品原植物种子或者幼苗的；

(3) 非法运输、买卖、存储、使用少量罂粟壳的。

23.毒品违法的行为

(1) 非法持有鸦片不满二百克、海洛因或者甲基苯丙胺不满十克或者其他少量毒品的；

(2) 向他人提供毒品的；

(3) 吸食、注射毒品的；

(4) 胁迫、欺骗医务人员开具麻醉药品、精神药品的。

24.教唆、引诱、欺骗他人吸食、注射毒品行为

25.服务行业人员通风报信的行为

26.饲养动物违法的行为

27.屡教不改的行为

二、《治安管理处罚法》的处罚方式

《治安管理处罚法》中规定了对违反者的处罚分为三种：警告、罚款和拘留。

(一) 警告

这是公安机关给予违反治安管理的人的一种带有强制性的行政处罚。公安派出所即可裁决。

(二) 罚款

这是公安机关按照《治安管理处罚法》的有关规定，对违反治安管理的行为人，限令在一定期限内交纳一定数量货币的处罚。罚款金额为 50 元以上，500 元以下。对犯有“严厉禁止行为”的人，罚款金额有 3 000 元以上和 5 000 元以下。缴纳罚款期限为 5 天，逾期不交的，按日增加罚款 1~5 元。拒绝交纳的，可除 15 日以下拘留，罚款仍然执行。

(三) 拘留

这是公安机关对为治安管理的行为人，依法在一定时间内限制其人身自由，因此是最严厉的一种行政处罚。拘留期限为 5 日以上，15 日以下。有两种以上违法行为的，拘留时间可以达到 20 天，在拘留期间，被拘留的人的伙食费由自己负担。

总之，《治安管理处罚法》对于违反治安管理的人来说，它是有利的约束，具有强制性。对于广大公民来说，它既是社会生活中的行为规范，又是进行自我教育的工具，还是与违反治安管理行为斗争的有力武器。因此，我们应当认真学习，增强遵纪守法意识，做到知法、懂法、守法。

思考题：

1.乘务员为什么要学习交通法规知识？

2.交通标志都有哪些？手势信号有哪些？它们的作用是什么？

3.首都客运单位有哪几家？

4.违反治安管理的行为共分几类几种？

5.如何避免乘客投诉？

第四章

初级乘务员基本业务技能

乘务员基本业务技能是指乘务员在上岗之前，经过培训、考核达到的最基本的技能要求。

初级乘务员的基本技能包括以下方面内容：报站名、记站号、计价；售票、验票、结账、点钞、假币识别，车门开关、信号使用、电子报站器使用，应急情况处理（交通事故现场的保护）、伤病人员的急救措施、遗失物品处理，车辆卫生。对上述内容必须做到熟知、应会。

第一节　报站名、记站号、计价

一、报站名

首先要熟知本线路的站位设置和站位名称。公共汽电车的站是根据客流规律，在客源比较集中的地方，方便多数乘客上下车而设立的。当然设站还要报经公安交通管理部门及市规划局（环卫、绿化）部门的批准。站名一般是依据地区、地名、街道或游览区命名，按照知名度高、广泛使用的名称来命名。

报站名是乘务员的基本业务技能，是乘务员上车时必须向乘客说的一句话，也是乘客向乘务员询问最多的问题。乘客乘车要去什么地方都是以公共交通的站名为准。乘务员熟悉站名如同餐厅服务员必须熟悉菜名一样，不熟悉本路线站名是无法服务的。

公交的乘务员，不仅要掌握本路线沿线的站名，而且还要了解掌握其他与本路线有关路线的沿线站名，这是方便乘客换乘的需要。

二、记站号

站号是分段计价线路计算票价的依据，站号的确定是根据本线路公里而定（每增加1公里增加一位站号）。乘务员上岗前第一步要背熟站名，第二步就要背熟与站名相对应的站号，这样才能为计价售票打下基础。

公共汽电车车票的式样很多，图1-4-1~图1-4-3是部分车票票样，供参考。

图1-4-1 汽车、电车票样

北京八方达客运有限责任公司

70	40	10	7	4	1
80	50	20	8	5	2
90	60	30	9	6	3

当次有效 报销凭证

票价:2元

A001

000001

图1-4-2 八方达票样

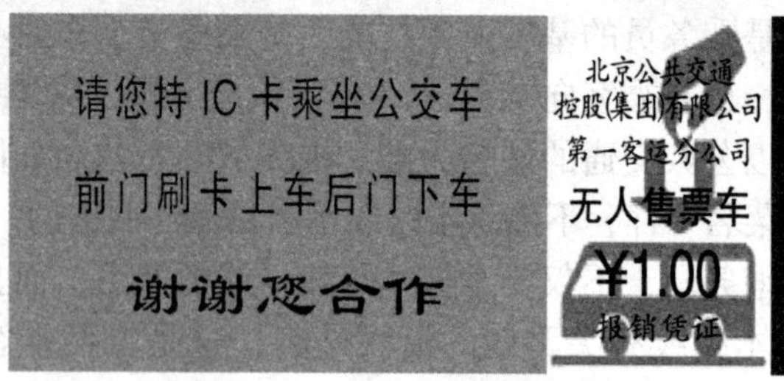

图1-4-3 无人售票车票样

三、计价

目前全国公共交通的计价方法大体有三种：

第一种：按所乘里程计价。这种计价方法特点是票种多，全额差距少，乘务员工作量大。例如，北京的郊区路线，12公里内1元，每增加5公里增加0.5元。

第二种：按所乘站数计价。特点是：票种少，金额差距大，乘务员工作量小。

第三种：一票制计价。其特点是票种简单，乘务员工作量小。例如，北京的市区路线，单一票制，无论乘车距离远近上车均1元。

第二节 售票、验票、结账、假币识别

乘务员熟悉站名、站号和计价方法之后，还要学会售票、验票和结账。

一、售票

(一) 准备工作

要求：票袋整齐，备好零钱，备好售票工具，票板上好车票。

(二) 操作规范

1.售票工具的使用方法

(1) 乘务员肩背票袋，手拿票板；

(2) 乘务员手勾票板，手中拿钱。

2.售票方法

(1) 掌握售票的程序：问清乘客上下车站，唱收、画线、撕票、唱付。具体要做好“三清”：

①问清乘客上下车站地址，防止计价出现差错；

②说清收找乘客钱数，做到唱收、唱付；

③努力做到售票“一站清”，就是将本车站上来的乘客尽量全部售清，不过段售票。

(2) 掌握“五先五后”的售票方法：

①先卖拿零钱的，后卖拿整钱的，也就是先卖不找钱的，后卖需要找钱的；

②先卖拿钱快的，后卖拿钱慢的，也就是不要等着乘客拿钱而影响售票速度；

③先卖零散票，后卖集体票，因为集体票好记，不会出现跑票；

④先卖路途近的，后卖路途远的；

⑤先卖立席的，后卖座席的。

3.画线的方法

乘务员售票时必须画线，画线的作用是确认车票的有效性，画线的方法大体上有二种。

(1) 用红蓝铅笔画线、计价、撕票。首站发车画红线，末站发车画蓝线；一票制线路按当日日期对应的站号画线，分段计价线路按乘客交纳票款有效里程的最后一个站号画线；画线时禁止将两个以上站号连画。

(2) 售5张以上车票，在车票上对应站号处撕口计价撕票。

二、验票

验票是乘务员的岗位职责，是防止跑漏票、完成经济效益指标的主要措施。

(一) 验票的内容

乘务员根据车票和免费乘车证件的种类，对乘客使用的票证逐处查验。具体内容包括：

（1）车票要验看是否本车出售的票，是否过站，是否使用废票。依据画线区分是否超过有效距离；依据画线和票组、票号区分车票是否有效。

（2）查验离休老干部荣誉证、中国人民解放军（含武警）士兵证、伤残军人证、人民警察伤残证、盲人残疾证、老年人优待证等免费乘车证件，是否有效，是否本人所持有。

（二）监督刷卡内容

（1）对持 IC 卡乘客，监督乘客刷卡，注意听读卡机声音，判断刷卡是否有效，没有刷上的，提示乘客重新刷卡。

（2）对持 IC 卡乘车的学生，注意查验是否冒用他人学生 IC 卡，或者成年人使用学生 IC 卡。

（3）监督查验内部员工使用员工卡，注意查验是否冒用，并根据读卡机声音，判断员工卡是否有效。

（三）验票方式

目前全国公共交通乘务员的验票方式大体有三种：

（1）乘客上车时验票，下车时不验票。北京公交自 2005 年 5 月10 日实行 IC 卡之后，全面实行了上车验票的方式。

（2）乘客上车时不验票，下车时验票。这种验票方式是在车到站之前，下车的乘客将购买的车票或免费乘车证件，主动向乘务员出示，乘务员将车票收回，放入废票桶内，如果乘客下车时被乘务员或稽查员查到无票乘车时，乘客要按规定补交票款。

（3）乘客上下车时都不验票，车内流动验票（远郊区县小公共和长途汽车采用的方式）。这种验票方式是乘客随上车乘务员随验票。

三、结账

（一）结账程序

（1）清点各种车票的结余数，先看整数，再看零头，然后把结余数填写在配给票数下面；

（2）用配给车票张数减去结余车票张数，得出各种车票的售出张数；

(3) 用各种车票的售出张数乘以每种车票的面值，为每一种车票的售出款数；

(4) 每种车票售出张数相加为售出车票的总张数，即普票人数。

(二) 查找错账

当结账发现本班售出的车票应收款数与实际票款数不相符时，应重复清点票款是否准确，如票款无误那么查账的程序是：

(1) 查各种车票结余票款是否准确；

(2) 查配给票数与结余票数相减所得出的张数是否准确；

(3) 查各种车票售出张数乘以面值所得出的款数是否准确；

(4) 查各种车票的收入款数相加是否准确，如果经复查均无差错，多款要如实上缴，少款应由本人照章补上。

乘务员的结账单（早班和中班使用）见表1-4-1、表1-4-2。

四、假币识别

随着国家发行的人民币种类不断变化和更新，制贩假币的犯罪活动日益猖獗，所以公共交通的乘务员必须了解掌握识别假币的知识，以避免企业和个人的损失。

(一) 假人民币的种类

假人民币有伪造和变造人民币两种：

(1) 伪造人民币是指通过机制、拓制、刻印、照相、描绘等手段制作的假人民币，其中电子扫描分色制版印刷的机制假币数量最多，危害性最大；

(2) 变造人民币是指将人民币通过挖补、剪接、涂改、揭层等各种方法达到以少制多的目的。

(二) 识别假人民币的简便方法

假人民币的鉴别方法主要为“一看、二摸、三听、四测”。

一看：看钞票的水印是否清晰，有无层次感和立体效果；看安全线；看整张票面图案是否统一或者偏色。

乘务员结账单（一）　　　　表 1-4-1

路别　车号			乘务员一 姓　名班	二 班	三 班	年　　月　　日		
项　　目		1.00元	1.50元	2.00元	2.50元	3.00元		附记
票　　组								
起　　号								
止　　号								
票　　组								
起　　号								
止　　号								
票　　组								乘务员(名)
起　　号								
止　　号								
续配	票组							
	起号							配给张数 共　　计
	张数							
配给张数								
总账	交回票数							
	售出票数							
	票款							
	售止票号							
一班	移交票数							
	售出票数							
	款数							
	售止票号							
二班	移交票数							
	售出票数							
	款数							
	售止票号							
三班	移交票数							
	售出票数							
	款数							
	售止票号							

路别	车号	乘务员票款分班统计表					年　月　日
班　　型	一班	二班	三班	四班	五班		合计
售出票数							
款　　数							

乘务员结账单（二） 表1-4-2

站号	时间	1.00元	1.50元	2.00元	2.50元	3.00元	乘务员私款登记

二摸：第四套人民币（也就是2001年新版人民币）5元以上面值均采用了凹版印刷，触摸票面上凹部位的线条是否有凹凸的感觉。如人民币上中国人民银行的字体和盲文点等等。

三听：钞票纸张是特殊纸张，挺刮耐折，用手抖动或弹动会发出清脆的声音。

四测：用紫光灯检测有无荧光图文；用磁性仪检测磁性印泥；用放大镜检测图案印刷的接线技术及底纹线条。

（三）发现假币如何处理

当乘客使用大面额人民币购买车票时，乘务员在有疑惑的时候劝其换一下零钱。如乘客没有零钱的，让其下次乘车时再补一张车票。这样企业和个人都不受损失，一旦收到假币要及时上报车队。

第三节　服务设施的使用和沿线地理环境

一、车门开关、信号使用

乘务员在开关车门时要执行停稳开门、看好关门的规定。车门开关信号是乘务员与驾驶员之间在需要关门、启动、紧急停车时使用的联系信号，一名公共交通乘务员如果不了解车门开关信号使用的具体规定是绝对不能上岗的。

（一）正确掌握、严格执行车门开关和信号使用规定的重要性

1.关系到乘客乘车的人身安全

保证乘客乘车安全是公交企业义不容辞的责任，也是法律法规要求我们必须做到的。公交企业开关门制度和信号使用规定是很严格的，但是有的乘务员虽然掌握这些规定，但由于在执行上不认真，导致发生车门事故，给乘客带来肉体和精神上的痛苦，甚至导致死亡。因此，必须教育驾乘人员务必提高对上述两项规定执行重要性的认识。

2.对乘客正常工作造成很大影响和损失

发生车门夹摔事故，往往仅看到给伤者及其家庭带来的痛苦，而没有看到给伤者工作上带来的损失和影响。例如，过去曾经发生一起车门夹伤一个煤矿工人的事故，他需要休息一个月才能恢复工作，这样按照生产定额，这个矿就要为国家少采煤。因此，我们不仅要看到直接损失，还应看到那些间接损失。

3.降低公交企业声誉，给企业造成经济损失

由于乘务员不严格执行开关门制度而发生的车门夹摔事故，给企业造成的经济损失是严重的。据一个有800辆车的公司统计，一年中发生一般夹摔事故111起，给企业造成的直接经济损失近5 000元。如果因个别员工的疏忽，连乘客的安全都不能保障，公交企业的声誉必然会受到严重的影响。

4.对乘务员自身的全年考核也带来负面影响

发生车门夹摔事故，一般来说乘务人员难以逃脱责任，按照企业的考核制度，必然会影响到个人的业绩，使个人蒙受经济损失。

（二）车门开关和信号使用的基本要求

乘务员在任何情况下都必须严格执行停稳开门、看好关门、关好车门再给信号的规定，具体要求如下。

1.车门开关规定

（1）停稳开门

无论驾驶员是否有总开关，乘务员都必须严格执行车停稳后再开门或通道车前门不开后门不能开的规定，严禁提前打开车门开关，否则其后果是严重的。

（2）看好关门

乘务员必须看清最后一名乘客上完后才能关门。如果最后一名是老年人或抱小孩的、拿东西过多的乘客，关门时一方面提醒乘客扶好、注意安全，另一方面要提醒驾驶员，防止发生意外。

（3）关好车门再给信号

乘务员必须做到看清车门，确定已经关好，才能给信号通知驾驶员。车已启动，又有乘客跑来抓车或车上有人怕挤又想下车，这

种情况下很容易发生严重事故。

2.信号使用规定

(1) 关门，两声短铃（关好车门后应按两短声通知驾驶员行车）；

(2) 紧急停车，按长铃不松手直至停车（遇情况需紧急停车时应按住信号不放直至停车为止）。

二、电子服务设施的使用

车厢电子服务设施主要包括报站机、显示屏和移动电视。报站机的开发研制，始于20世纪80年代末，是利用语音合成技术，实现了报站服务的自动化。我国许多城市的公共汽电车都使用了报站机，目前，北京公交的运营车上基本上都安装了报站机。显示屏和移动电视相继于2000年和2005年出现在北京的公交车上。实践证明，报站机不仅大大减轻乘务员的劳动强度，而且使报站更加统一和规范。显示屏和移动电视的加盟，在使报站服务多元化的同时，进一步扩大了公交服务信息的宣传，促进服务质量的提高，使乘客在短暂的乘车中，享受到更多愉悦。因此，乘务人员应当按照规定使用好车厢电子服务设施。

（一）电子服务设施的使用

电子服务设施的使用应当遵守下列规定：

(1) 按规定开启。安装了电子服务设施的车辆，乘务人员在出车时要按规定开启报站机、显示屏和移动电视等电子服务设施。

(2) 遵守使用时间。公交运营车辆安装报站机，在报站服务进一步统一和规范的同时，也随之产生了噪声扰民的问题，为了扬长避短，减少使用报站机的负面影响，公交规定了早7：00至晚19：00的使用时间。乘务人员应当在规定的时间内使用，其余时间要坚持口报服务。

(3) 坚持按站使用。使用报站机要坚持按站使用，以保持报站服务的连贯性，时用时不用，往往会给乘客带来不便和麻烦。

(4) 加强公益宣传。报站机当中储存了若干固定的公益性宣传用语，应当根据车厢服务中的实际情况，进行适时播放。如遇到老幼病残孕和抱小孩的乘客，播放重点照顾的宣传用语，车内人多拥挤时，播放防盗提示用语等。

(5) 注意避免扰民。随着人们生活水平的提高，人们对生活质量的需求也随之不断增长，渴求安宁和谐的人居环境，正在成为人们的追求。近年来，市民百姓对公交报站机的噪声意见越来越多。对此，我们要引起足够的重视。即便在规定的时间内使用报站机时，也应当注意在途经居民住宅区、机关办公区的站点，尽量不使用报站机外音喇叭，以避免扰民问题。

(二) 电子服务设施的维护

电子服务设施是以运营车辆为单位配备的，又需要不间断地长时间使用，加之车厢的环境相对较差，因此，加强对电子服务设施的维护，是保障电子服务设施完好使用的关键环节。

(1) 爱惜使用，精心维护。乘务人员使用报站机，要做到爱惜，坚持正规操作。经常擦拭除尘，保持键盘清洁。

(2) 出现故障，及时保修。每天出车前，对电子服务设施进行例行检查，发现故障，及时保修，确保电子服务设施完好使用。

(3) 播报信息，准确清楚。遇到线路调整，要及时更新报站机信息，以保证报站信息的完整准确，避免出现因为报站信息不准给乘客造成误导。

(4) 完善制度，加强管理。车队要建立电子服务设施管理制度，做到电子服务设施维修有专人负责。用完善的规章制度和严密的管理，提高电子服务设施的完好使用率，充分发挥电子服务设施的使用效能，为乘客提供良好的服务。

三、沿线地理环境

沿线地理是指公交运营线路沿途各站的周边地理环境，是初级乘务员需要熟悉和掌握的。

1 熟悉沿线地理知识的意义

一位合格的乘务员，不但应该热情接待乘客，而且还要有较高的业务能力，能够全面准确地回答乘客的询问。乘客的询问往往都是："我要去×××，哪站下车最好？"，"我去×××，怎样倒乘方便快捷?”面对乘客的提问，如果乘务员不熟悉本车沿线的情况，不掌握北京市的一些地理常识，就不可能做出准确的答复。因而，学习掌握一些北京地理知识是非常必要的。

掌握地理知识不仅能为乘客排忧解难，提供乘车方便，在了解和掌握地理知识的过程中，乘务员也丰富了知识，促进了学习，陶冶了情操，乘务员自身的素质也得到了相应的提高。乘务员快速准确地回答询问，使乘客得到了满意的答复，这就能更好地塑造公交企业在乘客心目中的形象，更有利于社会主义精神文明建设的开展，有利于公交精神文明窗口作用的发挥。

2.掌握沿线地理知识的内容

一是要了解所在线路周边的地理环境基本情况。对于沿线各站附近的行政机关、单位团体、空港车站、宾馆饭店、文体场馆、公园景点、娱乐场所、医院诊所、学校、商店、博物馆、展览馆等，不论规模大小，都要掌握得非常清楚，甚至对其所在位置、下车后的行走方向做到了如指掌，才能胸有成竹解答乘客的询问，为乘客提供方便。

二是掌握与本线路衔接的其他公交线路的换乘地点。随着城市公交的发展，线网密度的增加，一条运营线路往往会与若干条公交线路相互连接，作为一名初级乘务员应当对本线路可以换乘的公交线路有全面的了解和掌握，并能够为乘客换乘其他线路提供最方便的换乘地点。

三是对沿线可换乘线路的营运时间和所到达地点有所了解。乘客乘公交车出行需要换乘的，往往对公交车的首、末车时间比较关注，最担心返回时误了末班车，作为初级乘务员不仅要知道本线路的高低峰运行间隔，还应当掌握沿线换乘线路的起止站和首末车时间，以便有乘客询问时，能够满足乘客的需求。

3.掌握沿线地理常识的基本方法

我们提倡采取“一学二问三走访”的方法。一学：即为广泛查阅资料，向书本学习，向先人学习，向报纸、广播、电视等一切可以获得知识的媒介学习，以便为乘客提供及时准确的信息。二问：即是向别人请教。“问”的最大优点就是请教的教师范围广，可以是乘客，也可以是同事、亲友。其中重点是熟悉业务的人，优秀乘务员和有丰富经验的老乘务员。“问”的另一个优点就是简便、灵活，可以随时随地进行。三走访：即到实际现场进行考察访问。这个方法的好处是准确，有感情色彩，记得牢。因为自己观察记录的东西既全面又可靠，但一定要记录清楚。

第四节 车辆清洁

车辆清洁，是公交运营服务质量的重要组成部分。市民乘坐公交车出行，不仅需要线网设置方便，站点设置合理，服务态度和蔼，而且需要车厢清洁舒适。

一、保持车辆清洁的重要性

(1) 车辆清洁反映公交员工的精神面貌。衣着整洁，容光焕发，体现人的精神面貌。公交员工的服务现场是车厢，因此，车厢内外的清洁状况，直接反映出公交员工的精神面貌。车辆卫生状况不好，就像人没有洗脸、穿破衣服会见客人一样，是很不礼貌的。乘务员工作在车厢，是车厢的主人，乘客就是来自四面八方的客人，在“灰头土脸”的车厢中接待客人，主人的脸面何在，也是很不礼貌的，所以说车辆清洁是与公交员工的精神面貌紧密地联系在一起的。

(2) 车辆清洁代表公交企业的形象。单个车辆的清洁状况反映车组人员的精神面貌，全部车组的清洁状况，则构成公交企业的整体形象。

(3) 车辆清洁体现城市的文明程度。公共交通是城市的重要基础设施，是城市精神文明建设的窗口，车辆的清洁卫生是广大乘客接触公交的第一印象。从车辆清洁的水平就能够折射出一个城市或一个地区环境状况和文明程度。对外宾来说，车辆清洁还在一定程度上反映出国民的文明素质。

二、车辆清洁的内容及标准

(一) 车身无泥点

要保持车皮外表光亮，雨（雪）过后车皮会有很多泥点，车到首末站要争分夺秒立即冲刷干净。要求做到雨（雪）过后，天晴 4 小时内车皮干净。

（二）玻璃无污痕

车窗玻璃要保持明亮。玻璃上的污痕，一般来说玻璃外边是雨后留下的痕迹，车内是乘客头部依靠玻璃形成的油迹和小孩用手摸、乘客晕车呕吐造成的，车到终点后应及时擦干净。

（三）外顶无泥道

车辆在道路上运行一天，车顶上会落下很多尘土，在昼夜温差大的季节，夜里会出现露水，在车辆外顶部形成许多泥道。应当在出车前，擦拭干净泥道。

（四）地板无积土

车厢地板上的积土是指座椅下面长期积累的灰尘和雨（雪）天地板上的泥痕污迹以及乘客随手丢弃的废票等杂物。乘务员应根据车内情况及时清扫，保持车厢地板的清洁。

（五）车门无油垢

车辆保养或维修后，车门往往有油泥，乘务员应及时擦干净。

（六）座椅无尘土

北京气候干燥，灰尘较大，特别是在春秋季节，遇到刮风座椅上面会有很多浮尘，乘务员在出车前，应当将座椅上的尘土擦拭干净。

（七）轮胎无积泥

车辆长时间运行后，会在轮胎钢圈上形成较多的尘土，特别是在雨雪季节，车辆通过泥泞道路，会在轮胎上形成积泥，乘务人员应当及时清洗，保持轮胎黑、钢圈亮。

（八）脚踏板无积物

乘务人员在清扫地板时，往往会把清扫的杂物临时堆积在脚踏板处，若不及时清理，就会形成清洁死角。因此，要求车组人员要注重脚踏板处的保洁。

（九）驾舱无杂物

驾舱是指驾驶员操作台和副驾驶位置的空间。为了保持驾舱的清洁，不允许在操作台、前风挡、发动机盖和副驾驶的空间放置杂物。要保持操作台、仪表盘、发动机盖和驾驶座椅周边地板的清洁。

（十）废票不乱扔

乘客使用的车票，下车时应当收回放入废票桶内，以保持车厢和市容环境的清洁。

三、车辆整洁考核的方法

（一）实行逐级考核的方法

集团公司对分公司、分公司对各车队、车队对各车组进行考核。考核的方式分为两种：一种是明查，主要目的是发动群众，造成声势，这是完成特定的政治任务或特殊要求动员群众保清洁；另一种是抽查，是逐级常规考核的依据。

（二）制订常规考核制度的方法

集团公司每月对分公司要抽查一次，分公司每月对车队考核一次，各车队每周对各车组检查一次。根据管理规定，列为逐级考核评比统计资料，并与经济责任制挂钩，作为逐级考核的奖惩依据。凡运营车辆，车身、玻璃、轮胎三项都达不到清洁标准的则为脏车，要严格执行脏车不准上路运营的制度，车辆清洁必须达到合格标准后才能投入运营，见表1-4-3。

车辆清洁检查表 表1-4-3

路别： 检查日期： 月 日

车号	车身	玻璃	外顶	车门	座椅	轮胎	踏板	驾仓	废票	备注

第五节 电子售验票系统的使用常识

为了方便市民出行，北京市委市政府大力发展公共交通，应用科技成果，发行 IC 卡以电子车票取代纸质月票，在全市公共交通中推行了电子售验票系统。

一、电子售票系统

(1) 由市政交通一卡通公司公开向社会发行公交 IC 卡，以电子车票取代纸质车票。

(2) 在公交较大的站点设置 IC 卡充值点，方便乘客及时充值。

二、电子售验票系统

乘客用 IC 卡乘坐公共交通工具刷卡付费，乘务人员监督乘客刷卡，系统自动统计相关数据并进行结算。

为了正确使用电子售验票系统，我们将乘务员应当了解并遵循的《乘务员使用 IC 卡管理规定》有关内容摘录如下。

为了规范 IC 卡的使用与管理，确保公交 IC 卡应用系统的稳步实施，根据 IC 卡应用的相关要求，制订了乘务员使用 IC 卡管理规定。

(一) 使用 IC 卡工作程序

(1) 开机：首次出车前，协助驾驶员检查前、后门读卡机及小键盘是否正常。

(2) 刷卡：按规定程序分别在前、后门读卡机上刷监票员卡(驾驶员先刷驾驶员卡，乘务员后刷监票员卡)。

(3) 设置行驶方向：总站发车前及时提醒驾驶员按行驶方向设置为首站或末站，观察前、后门读卡机显示站号是否正确。

(4) 监管读卡机：监督上下车刷卡情况，发现上车刷卡无效时提醒乘客注意；发现下车刷卡无效时要求其购票乘车。不允许非上下车乘客刷卡。遇有不会使用与使用不当的乘客，应耐心、细致地向乘客解释，引导乘客正确刷卡。采集数据。在规定的时间内，采集人员将当天（班）的交易数据进行采集。不得发生数据信息漏采和丢失情况。

（二）车载机使用规定

（1）必须熟练掌握车载机的使用方法，经考试合格后方可上岗。

（2）必须严格按照《车载读卡机操作手册》进行操作，认真监督乘客刷卡乘车。乘客操作不当时，应指导乘客刷卡。

（3）运营车辆首次出车前，必须持本人监票员卡按规定程序会同本车驾驶员在车载机上刷卡，程序完成后再开始线路运营。

（4）分公司要严密组织采集车载机记录的乘客消费信息，并指定经培训合格的采集人员负责采集数据。

（5）在开通 IC 卡应用的线路，乘务员不得拒绝或阻挠持卡乘客使用有效 IC 卡刷卡乘车。

（6）保持读卡机外观完好、清洁、联线完整、安装牢固。停站车必须锁好车门，防止读卡机丢失。在清洗车辆时，要防止车载机具进水和污损。

（7）车载机发生故障或损坏时，应及时报修，并认真填写报修记录，严禁擅自拆卸。更换读卡机后，要按首次使用车载机要求进行检查和操作。

（8）车辆中途发生故障不能继续运营时，要协助乘客换乘本线路后续车辆。不愿换乘后续车辆的乘客，乘务员可为其清除上本次车时的“标记”（限分段计价）。

（9）因违反规定或错误操作造成的乘客投诉，在调查核实后，按相关规定予以处理，造成的经济损失由直接责任人承担。

（10）乘务员卡只限登记的持卡人在本人运营时间和运营车辆上使用，不得擅自转借他人，不得在本人运营时间外使用，不得在其他运营车辆上使用，超范围使用视为违反劳动纪律。对故意违规占有他人票款信息的，根据情节按有关规定处理。

（11）调出车队或变更工作岗位时，必须交回监票员卡。

（12）遗失或发现监票员卡失效时，必须及时向分公司汇报挂失，补做新卡（遗失或人为损坏监票员卡，应按规定缴纳补卡费、工本费）。失效或更改内容，可免费以旧换新。

(13) 车载机发生故障或损坏时，当班驾乘人员要及时向车队汇报，填写报修记录并更换车载机，严禁驾乘人员以及其他人员擅自拆卸。更换车载机后，要按首次出车相关规定进行刷卡。

(14) 运营中读卡机发生故障致使乘客无法刷卡时，持IC卡乘车的乘客可以不购票。

(15) 运营中车辆出现故障不能继续运营时：

①持卡人持卡乘坐分段计价线路车辆，未按规定完成两次刷卡产生不完整交易时，下次乘车时车载机将自动按上次乘车线路由刷卡车站至两端首末站较远一端里程扣款。

②因刷卡设备发生故障且无备用机具补充刷卡，造成持卡人不能刷卡时，持卡人可免费乘坐本次车。

③单一票制线路车辆发生故障时，乘客在驾乘人员的引导下，可换乘同线路、同方向的其他车辆，不再刷卡。

④分段计价线路车辆发生故障时，乘客不继续乘坐的，由原车驾乘人员负责清除上车记录，本段乘车免费。乘客也可在驾乘人员的引导下，可换乘同线路、同方向的其他车辆，上车不再刷卡，下车刷卡，交易费用按原上车站到下车站所需费用扣取。

(16) 乘客所持IC卡卡内余额不足但高于0.1元时，乘客可以透支使用一次（若乘客卡内余额不足0.1元时，应该告知乘客用现金购票）。违反上述规定的按严重违反劳动纪律处理，分公司可以给予批评教育和经济处罚，屡教不改的予以解除劳动合同。

(17) 因违反IC卡有关使用规定造成乘客投诉，经调查核实后，造成的经济损失由直接责任人承担。

(18) 因操作错误给乘客造成刷卡时多收费的，由当事人负责赔偿，并向乘客赔礼道歉。

(19) 在运营中遇有持卡乘客不会用卡或用卡不当，驾乘人员应负责引导乘客正确刷卡。

(20) 车辆调到本线路以外的线路、车队加车运营时，驾乘人员必须到加车车队调度员处将新线路的票价费率输入到本人使用的车载机内方可运营。返回到原线路后，需重新将现所在线路的票价费率输入到本人使用的车载机内方可运营。

（三）手持（POS）机使用规定

(1) 各客运分公司要建好手持机（POS）的档案，包括厂牌、型号、年份、编号等。

(2) 手持机凡因管理不善、使用不当或人为损坏，责任人要照价赔偿，同时根据有关情况加以严肃处理。

(3) 运营车辆调动时，随车配备的手持机要随车调动，各客运分公司、车队要做好交接以及变更记录等工作。

(4) 运营车辆降级、淘汰、报废时，随车配备的手持机要保证完好无损地交到分公司，由分公司统一调配。

(5) 手持机由乘务员或指定人员操作使用。使用者须熟知手持机操作流程，熟练掌握使用方法，经考试合格后方可上岗。

(6) 车队要指定专人保管手持读卡机，每天认真检查机器电量是否充足，凡读卡机发生故障的一律先更换再运营，领取手持机时，必须有详细记载。

(7) 驾乘人员必须将管理卡在本车组的手持读卡机上刷卡，核对车号、本人卡号无误后开始运营。

(8) 班前和每一个运营单程结束后，要正确设置运营车辆行驶方向，确保读卡机信息准确。

(9) 运营作业结束后，车队管理人员要督促或协助驾乘人员到车队指定的采集点做好当日交易信息上传工作。

(10) 车辆当日不再运营的驾乘人员下班后，应将手持读卡机交给车队指定的专人保管。

第六节 应急情况服务对策及遗失物的处理

一、应急情况服务对策

了解和掌握应急情况服务对策，是乘务员在实际工作中采取的相应特殊的服务方式。下面介绍一些应急情况服务对策：

（一）行驶中乘客丢失物品时的服务对策

（1）向当事人了解被盗财物情况，协助报警；

（2）不得开门，听从民警指挥处置；

（3）及时向单位领导报告。

提示用语：各位乘客，有乘客财物被盗，已经报警，民警马上就来，暂时不能开门，请大家协助配合。

（二）车门失灵造成夹伤乘客时服务对策

要及时察看乘客致伤程度，根据伤情到附近医院治疗，记下当事人情况，如属于非责任致伤，要记下证明人的联系电话、单位。如果车门没有造成对乘客的伤害，要及时向乘客道歉，以减轻乘客的惊吓和不满情绪。

（三）途中发生行车事故时服务对策

运行当中一旦发生行车事故，乘务人员必须保持冷静，第一要积极抢救伤者，也就是首先要查看乘客有无受伤，对伤情较严重的乘客要协助驾驶员迅速将伤者送到附近医院，其次是保护好现场，在必须移动现场时，应提醒驾驶员标明现场位置，最好在现场寻求第三者目击证人，留下证人姓名和联系电话；第三是及时汇报或报警。事故发生后马上向车队汇报或向交通队报警，同时对伤者遗落在现场的贵重物品要妥善保管。

（四）在行车中发生车辆起火的服务对策

（1）立即熄火停车开门（断电情况下使用车门截气门），迅速疏散乘客；

（2）切断电源总开关，关闭燃气总开关；

（3）取下灭火器材，前置式发动机不准打开发动机盖，从发动机底部和发动机盖缝处用灭火器扑救；后置式发动机应打开后机舱门，对准起火点进行扑救；

（4）就近寻求帮助，同时向“119”报警，向单位领导报告；

（5）协助乘客换乘。

提示用语：请大家不要惊慌，不要拥挤，顺序下车。

（五）车用自动灭火装置启动后应采取的措施

(1) 立即熄火停车开门，迅速疏散乘客；

(2) 取下灭火器材，做好灭火准备，打开后机舱门查看；

(3) 向乘客做好说明和疏导工作，协助乘客换乘；

(4) 向单位领导报告。

提示用语：请不要惊慌，这是车用自动灭火装置启动的响声，没有危险，请不要拥挤，顺序下车。

（六）在行车中遇有突发疾病乘客时的服务对策

(1) 靠边停车，向“120”求助，向“110”报警，向单位领导报告，对乘客做好解释工作；

(2) 听从急救中心医护人员的指挥，不得移动死者身体，保护现场；

(3) 留下两名以上目击证人及联系方法；

(4) 配合公安民警、医护人员处置。

（七）发现有人撒传单，展示横幅、标语，呼喊反动口号等情况时应采取的对策

(1) 立即停车，向“110”报警或向附近执勤民警报告；

(2) 注意发现涉嫌人员，协助民警处置；

(3) 及时向单位领导报告。

提示用语：各位乘客，车上有人撒传单（打横幅、标语），已经报警，请大家协助我们工作。

（八）发现车厢贴有非法标语时应采取的对策

(1) 立即报告领导；

(2) 保护现场，可采取遮盖等方式保留证据；

(3) 向“110”或附近执勤民警报警，听从民警指挥处置。

（九）车厢内发现可疑爆炸物品时应采取的对策

(1) 立即靠边停车，以车辆发生故障为由，迅速疏散乘客；

(2) 迅速向“110”报警，向单位领导报告；

(3) 禁止移动可疑爆炸物品；

(4) 协助乘客换乘。

提示用语：各位乘客，车辆发生故障，请大家顺序下车，我们

将协助您换乘，请大家谅解。

（十）车厢内发生爆炸时应采取的对策

（1）立即停车开门，迅速疏散乘客；

（2）迅速向“110”报警，向单位领导报告；

（3）积极抢救伤员，如引起火灾，要立即用灭火器扑救；

（4）注意保护现场，配合公安机关调查处理。

（十一）行驶中，遇车内有人打架时应采取的对策

（1）正面教育、劝阻；

（2）劝阻无效向“110”报警，听从民警指挥处置，不要随意开门；

（3）如打人者强行逃逸，应注意观察其体貌特征及逃跑方向，配合公安机关调查；

（4）及时向单位领导报告。

提示用语：请冷静，不要在车上打架。

（十二）乘客辱骂或殴打驾乘人员应采取的对策

（1）坚持打不还手、骂不还骂，得理让人、以理服人；

（2）遇乘客骂人，可以正面进行教育；

（3）如乘客打人，可将打人乘客带到车队解决，或报警听从民警指挥处置；

（4）留下两名以上目击证人及联系方法。

（十三）车内发生抢劫应采取的对策

（1）设法向“110” 或附近执勤民警报警，听从民警指挥处置；

（2）注意观察作案人员的体貌特征、衣着、凶器及逃跑方向，配合公安机关调查；

（3）积极抢救受伤乘客；

（4）及时向单位领导报告。

（十四）有人劫持车辆应采取的对策

（1）保持冷静，坚守岗位，控制驾驶机构；

（2）想方设法稳定劫持人的情绪，寻机疏散乘客，设法报警；

（3）配合公安民警现场处置，及时向单位领导报告。

（十五）发现集体乘车上访应采取的对策

（1）严格按站停车，禁止出线行驶；

（2）立即向“110”或附近执勤民警报警，听从民警指挥处置；

（3）迅速向单位领导报告。

二、乘客遗失物的处理

车上捡到乘客遗失物应向当班乘务员或驾驶员声明，对乘客及时发现的容易认领的遗失物品经核对后，要尽快还给失主；不容易认领或者较贵重物品，要让乘客说出具体物品的特征，并出示证件，之后与同车乘务员或驾驶员联系后仔细核对无误方可将物品发给失主。如当时没有人认领的物品到终点后要及时交到车队，由车队处理。

思考题：

1.会快速结账和查找错账。

2.按规定开关车门和合理使用电子服务设施。

3.按标准清洁车辆和解答乘客的询问。

4.妥善处理服务当中的应急情况和突发事件。

第五章

票务制度

票务制度是城市公共交通企业为了对出售车票全过程进行管理而制订的规章制度，是企业管理规章制度的重要组成部分。公共汽电车出售车票的全过程包括核准票价、制票、配发票、领票、售票、验票、处理违章票、交接班、结账、交票、交款、结算等内容，其中领票、售票、验票、处理违章票、交接班、结账、交票、交款是票务制度的核心内容，是每个乘务员必须掌握、认真执行、严格遵守的内容。

第一节　票务制度的主要内容

城市公共汽电车一般线路票务制度应包括领票、售票、验票、交接班、交票五个方面的内容。

一、领票

领取车票是公共汽电车乘务员一日工作规程的第一道工序，是出售车票全过程的开始。领票过程应遵守以下规定。

(一) 乘务员在本班次出车前必须持本人的领票卡或工作证到票务室领取当日车票，领取车票时还要领取配票单，然后要在领取簿上签字盖章

(二) 乘务员领票后必须当面核对、点清

核对的方法是：

(1) 按照配票单上登记的票组号码逐一核对票价、票本数量；

(2) 核对每本票是否够 100 张。

乘务员在领取车票时必须按照程序当面核对，遇有票本缺少张数、票号重复或颠倒、不衔接等差错以及配票单登记与实发不符应当时退交票务室处理。当时未认真核对，除了印刷错误外后果一律由领票的乘务员承担。

(三) 领取并填写配票单

配票单记录了配发车票的有关内容，领取车票时必须同时领取配票单见表 1-5-1，表 1-5-2。

配票单的主要内容有日期、运营线路、运营车号、所配车票登记栏目、私款签注栏目、售止票号签注栏目、交接班结算栏目、最终结算栏目。其中日期、运营线路、运营车号、所配车票登记栏目由票务管理部门填写，所配车票登记栏目如实登记所配车票的票种、票组、票号，乘务员领取车票后需与此核对。配票单的其他栏目由运营乘务员填写，填写的方法在“售票”的有关内容中介绍。

(四) 签注私款

乘务员、准无人售票线路监票员、无人售票线路驾驶员上岗前要签注私款。签注的方法是，乘务员、准无人售票线路监票员、无人售票线路驾驶员应将所携全部私款交由当班调度员清点，当班调度员清点后在配票单上私款签注栏目中签注并加盖印章，未配备票单的线路在行车路单上签注。在出乘过程中私款发生变化，须当时向同班人员声明，在单程运营结束时立即到当班调度员处二次签注。当班调度员每次签注后，乘务员、准无人售票线路监票员、无人售票线路驾驶员应当面核对，未核对的责任自负。

配　票　单　　　　　表 1-5-1

北京公共交通控股(集团)有限公司第六客运分公司配票单　　年　月　日

路别　　车号　　袋号

票别/票号	元	元	元	元	元	元	元	元		附　记
票组号										
										售票员签私款
										早班　元
										中班　元
										晚班　元
										总　计
结算 发给										张
结算 交回										张
结算 售出										张
结算 金额										元

配票员　　　　　　复账员

售票员交款单

应交票款　元			实交票款　元		予收款	张　元
复账员			多交票款	少交票款	纸　币	元
路别	车号	袋号	元	元	硬　币	元
			收款员			元
年　月　日					合　计	元
班次	售票员	欠票款	附　记		交账人	元
早						
中						
晚						
打欠条人签名						

车号袋号证明单

路别	车号	袋号

此条撕下交车队保存

＿＿年＿＿月＿＿日　　　　路别＿＿＿车号＿＿＿

班　次	姓　名	应交票款	实交票款	长　款	短　款
早　班		元	元	元	元
中　班		元	元	元	元
晚　班		元	元	元	元
班					
班					
班					

配 票 单 表1-5-2

											售票员结算车票票款分账单
早班	交回										
	售出										
	金额										
中班	交回										
	售出										
	金额										
晚班	交回										
	售出										
	金额										

签 票 单

站号	时间							

乘务员、准无人售票线路监票员和无人售票线路驾驶员在出乘过程中应接受专业人员的检查，主动出示全部私款，不得以任何理由拒绝接受检查。

签注私款是公共交通行业出售车票方式的特殊性决定的，企业出售车票的方式不像其他商业单位那样集中出售，而是由每一辆运营车上的乘务员单独出售，这样的售票方式使私款和票款都由乘务员一人掌握，私款随身携带，票款存放在票袋中。乘务员工作时除了个人拥有的钱款就是企业的票款，不存在其他货币。签注私款的目的就是为了有效区分个人的钱款和企业的票款，签注私款实际上是对乘务员个人拥有的钱款合法性的确认，既能保护乘务员的私款，又能有效地防止企业票款的流失。

签注私款一定要认真履行程序，不负责任的签注会给票务管理造成漏洞。比如，没有私款却签注私款，少带私款却多签注私款都可能给侵吞企业票款造成机会。调度员签注私款并加盖印章后就要负有连带责任，一旦签注私款与实际私款不符，要追究当班乘务员和调度员的责任，要给予相应的处罚，其原因就是私款的合法性发生了问题。

二、售票

（一）乘务员收取乘客票款后要问清上、下车站名，唱收唱付，付给车票

遇有乘客下车补票或处理其他违章车票，在乘客按规定补交票款后，乘务员须当面撕票并交付乘客。

问清上、下车站名可以避免因上车站不确切而引发争议，有效防止售错票。唱收唱付是商品交易的一个基本程序，有助于避免发生差错，一旦发生争议，有助于寻找证明人。车票是乘客交纳票款的凭证，乘客交付票款后必须及时付给凭证，不得以任何理由拖延或拒付。

（二）乘务员出售车票时要认真画线

首站发车画红线，末站发车画蓝线；实行单一票制的线路按当

日日期画线，其他线路按所收票款最终有效站号画线；集体票可统一撕口代替画线。画线应当准确，不得同时画两个以上的站号。

（三）乘务员售错票或画错线时，应立即向同班乘务员或驾驶员声明，声明后方可继续出售

未能及时出售的要在单程运营结束时向当班调度员说明并由当班调度员签注，签注后方视为有效车票。

画线的作用是区别车票的有效范围，是乘务员确定乘客所持车票是否有效的主要依据，能够防止乘客越站乘车或重复使用所购车票。

售错票时及时签注是对乘客合法权益的保护，也是对乘务员正常票务差错的确认。北京市《公共汽电车车票使用办法》中规定“车票售出不予退票”。由于乘务员的不慎售错票时，还坚持不退票在道理上是说不过去的，售错票及时签注能够确认错票为有效车票，既保护了乘客的合法权益，又使乘务员继续出售错票成为正常的业务行为。

（四）车辆每次运营至首、末站时乘务员须签注售止票号

单机车的乘务员由当班调度员签注，无调度员的站由驾驶员签注；通道车两名乘务员互签。签票号码不得少于四位数。

每个单程运营结束时，乘务员所持各种车票的票号为售止票号。签注售止票号是为了区分售出车票的有效范围，售止票号以前的车票随着该单程运营的结束已经成为废票。签注售止票号还可以准确区分每个单程售出的车票数量，从而测算出客流及票款的规律。

（五）乘务员上岗时必须使用统一配备的票袋，票台内、票袋中、票板上严禁存放废车票

企业统一配备票袋既体现了管理的规范性，又增加了乘客的信任感，有的公交车乘务员随意自备小包装票款，有的甚至使用塑料袋，不仅显得十分不严肃，而且从身份上很难和车上乘客区分。

严禁存放废票是企业的强制规定，出乘时废票应该放入废票筒，废票无论对乘客还是对乘务员都应该是没有用途的，乘务员存放废票其目的只有一个，那就是再次出售。严禁存放废票就是为了

防止企业票款流失。

（六）乘务员要认真执行票制，按规定收取票款。乘客随身携带物品超过规定客位面积时，应收取包裹费

需要强调的是必须严格执行收费标准，我们的票价是经过物价部门核准的，符合法律程序，具有法律依据。在目前的客运市场上，票价的准确性是国有企业区别于其他企业有效的、显著的标志，也是企业信誉的体现。我们必须从政策的高度出发，坚决执行收费标准，严格禁止乱收费。

乘坐公共交通工具携带物品，建设部规定“授权地方政府制订具体标准”，《北京市公共汽车电车车票使用办法》中规定：“携带行李、物品超过一个座位面积的，应当加购一张车票。”按照建设部颁布的公交车厢每平方米空间允许站立 8 人的标准计算，每个客位面积为0.125 平方米。对于乘客携带物品乘坐公交车的收费标准按照所占面积作为依据虽然不尽科学和严谨，但仍然是具有地方法规性质的收费依据。

（七）乘务员出售车票时不得以任何理由拒收零币、旧币及其他法定流通的货币。遇乘客使用残币购票时应耐心劝其更换

只要是法定流通的货币都不得拒收，这是法律规定的。尽管社会上一些单位或个人不收零币，我们的一些乘务员为了交账方便，在售票时愿意将零钱“甩”出去，已经形成职业习惯。但是，作为国有企业我们必须执行法律规定，不得拒收零币。

三、验票、交接班

（1）乘务员出乘时要认真验票，检验所持车票及其他有效证件的有效性。有关验票的方法和要求，在服务规范的有关章节中已经介绍。

（2）劳动班型复杂是城市公共交通企业的运营生产特点之一，票务移交也就成了票务管理的重要内容。乘务员交班前要将票款整理整齐，账目结算清楚，做到票、款、账“三清”，然后将票、款、账连同售票工具一并交给接班乘务员。

(3) 乘务员交班时如果发现票款亏损，应做到少款补齐，如果当时不能补齐，应当向接班乘务员说明并在票单记载。如果发现多款，应当向接班乘务员说明并上交。

(4) 中途站交班时，接班乘务员未到，交班乘务员应继续运营到终点站，将票、款、分账单连同售票工具交给接班乘务员，无人接班时交给当班调度员。中途接班时，如果遇到不相识的人接班，应认真验明身份，当时不能验明身份的应运营到终点站，经当班调度员核准后再交班。

(5) 遇到间断运营的劳动班次时，当班乘务员应将剩余车票、票款及结账单、售票工具放在票袋中封存，交票务室或车队统一保管。继续运营时再办理领取手续，不得私自携带或存放他处，防止出现问题。

(6) 接班乘务员应提前到达接班地点，认真核对分账单、剩余车票、售止票号，清点票款。特殊情况时间紧张时也必须核对剩余车票、票款，在分账单上注明。因未认真核对造成的后果由接班乘务员负责。

(7) 接班乘务员不得私自涂改配票单，即便发现交班结账错误也不得自行更改，可在分账单上签注清楚，收车后交票务部门处理，否则出现的错误由接班乘务员负责。

四、交账

(1) 当日运营结束后，乘务员必须及时办理交账手续，将填写好的交账清单，连同剩余车票、所售票款一并交票务室验收。

(2) 乘务员所售票款较多时，为防止票款丢失，可提前将部分票款交给票务部门的预收员，由预收员出具收款收据，以收据代替票款交账。

(3) 交账时乘务员必须等待票务员结算，不得提前离开。如果发现问题可在当时查验，否则出现的问题由交账乘务员负责。

(4) 乘务员交账时如果出现票、款不符，要当面与票务员核对，亏款要及时补清，多款如数上缴，不得以多款补他人亏款。如果是前班乘务员亏款，由票务部门签注欠款条，交账乘务员先将亏款补齐，再持欠款条找前班乘务员索要。

第二节 违反票务制度的划分标准

城市公共汽电车实行的是“单车作业”，涉及票务的人员很多，仅直接从事售票工作的乘务员就有几万人。在经常的、大量的票务工作中可能产生形式各异的违反票务制度的现象。目前对这些现象还没有一个统一的、公认的、无可争议的划分标准，但是防止票款流失又是公交企业一项十分重要的任务。为适应企业票务管理的需要，北京公交集团公司针对运营生产的实际情况，依据具体情节、程度和对企业造成的损失，把违反票务制度的现象划分为分三类，即票务过失、违反票务制度、严重违反票务制度。

一、票务过失

确定为票务过失的显著特征是应该没有主观的故意性，这是质的区别，只要存在主观的故意性就不能认为是过失。确定为票务过失的另一特征是情节应当轻微，对企业不构成损失或损失微小。

依据上述标准，在出乘时发生下列现象属于票务过失：

(1) 未按规定领票、交票。

(2) 未按规定签注售止票号。

(3) 丢失车票或票款。

二、违反票务制度

违反票务制度与票务过失的显著区别是主观上存在故意性。票务制度的内容是企业的强制规定，一旦发生违反票务制度的现象很难排除主观上的故意性。确定为违反票务制度应该是情节一般，给企业造成损失。依据上述标准出乘时发生下列现象属于违反票务制度：

(1) 售票时未按规定画线

主要表现是售票不画线、错画线，包括未按规定画足站号、单一票制线路所画站号与日期不符。

(2) 未按规定签注私款。

主要表现在出乘不签注私款、私款签注不符、途中私款发生变化未二次签注。

(3) 拒收零币及其他法定流通的人民币。

(4) 出乘中无人售票车不配足票款凭证。

(5) 出乘中无人售票车投币口长时间滞留票款。

无人售票车、准无人售票车每站运营前应清币入胆，滞留的标准是超过一站不清币入胆。

(6) 出乘中票款不符，长、短款在本线路一个最高票面（含）以内。

三、严重违反票务制度

严重违反票务制度是企业不允许发生的，也是运营生产中必须消灭的现象。界定严重违反票务制度的标准应该是主观上存在较为明显的故意性，即侵害了乘客利益又侵吞了企业票款，直接损害了企业形象，必须坚决制止。依据这样的认识，出乘时发生下列现象属于严重违反票务制度：

1.未按规定收费（包括包裹费）

未按规定收费包括多收费和少收费，其中少收费不仅使企业应收的票款没有收回来，还容易使乘客对票价产生异议。但是未按规定收费重点指的是多收费、乱罚款，对少收费的处理应该有别于多收费。

2.出乘中私款长出签注数额

重点指的是实际私款多于签注私款，并且不能清楚地证明多出部分的来源。反映出多出的私款已经不是个人拥有的合法货币，因为在乘务员的工作环境内除去私款就应该是企业的票款，实际上反映本应放在票袋内的票款已经放在个人的私囊中，特别是票、款吻合时更能反映这一点，构成了事实上的将票款据为己有。

私款少于签注数额，并且又不能清楚地证明少于部分的去向时，也属于违反票务制度，但在具体处理时应有别于实际私款多于签注私款。

3.出乘时票款不符，票款差额高出本线路一个最高票面（不含）以上

票款不符，款额多于应收额称为长款，款额少于应收额称为短款。长款和短款都可能因差错引起，但额度应该有限。

短款但未发生其他违反票务制度的问题，重点是私款吻合又未发现在他处存放款额，一般应做出区别处理。短款但同时存在其他违反票务制度的问题，要按违反票务制度处理。

长款也存在二种可能，一种是差错引起，另一种是利用违规手段故意让款额超过票额，以便在方便的时候把多余的票款据为己有。这些违规手段一般是收钱不撕票、多收钱少撕票、出售废票、处理违章车票收款后不付给凭证、少找付乘客钱款、涂改配票单。具体处理中长款超过本线路一个最高票面的，按严重违反票务制度认定。

4.出乘中私存废票或出售废票

已作废的车票应该放入废票筒，无论乘客还是乘务员均不得再次使用。乘务员不论以任何形式存放、携带废车票都不能排除再次使用的可能，因主观故意性明显，所以不论是否出售都应按严重违反票务制度认定。

5.收钱不撕票或多收钱少撕票

6.乘客补交票款后不交付票据，私留补交票款

7.收取乘客财物，允许其乘车不购票

8.无人售票车乘务人员直接收取票款，不投入投币箱

9.从无人售票车投币箱内私自截取票款

如果存在上述现象，其性质已不仅仅是严重违反票务制度了，已然构成盗窃公私财产罪，如果金额达到一定的数量，应该按《中华人民共和国刑事诉讼法》提起诉讼。

10.出乘后长款不上交

无论款额多少，只要不按规定上缴就应以严重违反票务制度认定。因此，要特别强调决不允许长款补他人短款。

11.私自涂改票单

配票单上的数据应由责任人填写，他人不得改动。涂改配票单上的数据，使所领的车票数额减少，从而使应交的票款减少，把票款中的差额据为己有，这种手段如同抽取车票一样，实际上是将自己共同工作的兄弟姐妹的钱据为已有，因此从情感上讲其性质更为恶劣。这样的人一旦有机会，会尽一切可能侵吞企业的票款，必须严厉查处。

第三节 违反票务制度的处罚

违反票务制度的处罚应当遵循两个原则：

其一是违反票务制度必须给予处罚。不处罚就是姑息、纵容，如果在职工中形成一定的数量，其危害是企业难以承受的。违反票务制度决不仅仅是经济问题，它涉及企业职工的精神风貌，涉及企业形成积极向上的氛围。

其二是应当依法处罚。涉及违反票务制度的所有处罚都应该符合国家的法律法规和地方政府的条例、规定。如果实施的处罚与上述法律法规发生抵触，处罚无效。

除了应遵循以上两条原则外，处罚时应注意以下问题。

一、掌握适当的处罚幅度

违反票务制度的处罚包括经济处罚和行政处罚两种，处罚时要两种形式并用，要注意区分故意和过失，根据主观上是否有故意动机和给企业造成的损失综合考虑。

一般来讲，属于票务过失的，要给予批评教育，责任者写出检查。

属于违反票务制度的，责任者要写出检查，给予一定的经济处罚。

属于严重违反票务制度的，除了责任者写出检查外，经济处罚要加重，同时给予行政处分或依法解除劳动合同。

在具体执行中，由于违反票务制度的三种性质划分标准内容不同、情节各异、造成的损失不一，具体处理也应有所区别。在掌握经济处罚的程度时，票务过失一般在50元以内，违反票务制度一般在100元至200元，严重违反票务制度一般在500元左右，同时依法解除劳动合同。

二、按照实事求是的原则，掌握确凿的证据

掌握证据是实事求是处罚违反票务制度现象的关键，要防止因证据不足导致错误处理，同时要积极获取证据，防止姑息错误行为的现象发生。一般获取证据的办法包括现场检查、依靠乘客监督、专项票务检查三种。

三、要建立一定的处罚程序，严格执行处罚程序

首先要制订规章制度，明确是非，规定哪些是必须执行的，哪些是必须禁止的，违反后如何处罚。规章制度是企业内部的“小法”，也要完成“立法”程序，一是审视是否符合国家的法律法规，二是审视是否符合运营生产需要，三是要经职工代表大会通过，四是要报政府有关部门备案。完成上述程序后，所制订的规章制度才能生效、才能执行。如果程序不完整，即使事实清楚、证据确凿，在劳动仲裁审理时也会败诉。

第四节　票证及识别方法

一、票证

票证是支付票价的凭证。票证共分为三类，即普通车票、有效

证件和员工卡。

（一）普通车票

普通车票是指乘客在乘坐公共汽电车时所购买的车票。乘客所购买的普通车票是按所乘坐线路的票制和乘车距离计算票价的，乘客支付票款后，乘务员应当交付车票，该车票只在当次车票款允许的范围内有效，超过票款允许范围或离开当次车后，其所购车票为无效的废车票。

普通车票适用于所有的公共交通运营线路，是乘客乘坐公共汽电车时支付票款后获得的凭证。普通车票由制票单位、票价、票组、票号和站号组成。

制票单位应为合法的交通客运单位。票价为该车票支付票款的价格。票组是该车票的编组，以便票务管理部门配发和查询。票号是该车票的编号，每张车票的编号不得重复，由于车票是有价凭证，因此车票的制作必须合法。站号是按自然顺序排序，车票上的站号与运营线路所设站号相对应。乘务员收取票款后，按所付票款的有效范围划分相应的站号，标明乘客乘坐的最终有效距离。在实行单一票制的线路，由于乘客的有效距离已没有区分的必要，为方便辨别乘客所持车票的有效性，我们按乘坐的日期辨别。

（二）有效证件

有效证件是指按照相关规定享受免费乘车待遇者所持的证件。目前可以免费乘坐北京市内公共汽电车的有效证件共有六种，即盲人残疾人证、离休老干部荣誉证、解放军（武警）士兵证、伤残军人证、人民警察伤残证和老年人优待证。

1.盲人残疾人证

盲残分为一级盲和二级盲：最佳矫正视力低于 0.02，或视野半径小于 5 度，为一级盲；最佳矫正视力等于或优于 0.02，而低于 0.05，或视野半径小于 10 度为二级盲。一、二级盲均属于盲人范围。

《中华人民共和国残疾人保障法》第四十四条规定：“公共服务机构应当为残疾人提供优先服务和辅助性服务。残疾人搭乘公共交通工具，应当给予方便和照顾，其随身必备的辅助器具，准予免费携带。盲人可以免费乘坐市内公共汽车、电车、地铁、渡船。”残疾人是社会当中的弱势群体，尤其是盲人，更应当受到关注和照顾。因此，盲人持残疾证免费乘坐市内公共交通是依法办事，体现了党和政府对盲人的特殊照顾。由于受国家经济实力水平的限制，目前尚不能对所有残疾人以及老年人提供更多的优惠政策，但是可以相信，随着社会的发展和综合国力的增强，社会保障体系的不断完善，我国的弱势群体将会享受到更多的优惠待遇，充分体现出社会主义制度的优越性。

2.离休老干部荣誉证

根据国家有关政策，凡是 1949 年 10 月 1 日前参加革命的老干部，可以享受离休待遇。离休老干部根据在职岗位的不同，可持有国务院或中央军委颁发的离休老干部荣誉证书。离休老干部为新中国的建立和社会主义建设事业做了不可磨灭的贡献，理应受到全社会的尊敬和关照，对离休老干部实行免费乘坐城市公共交通，体现了党和国家对离休老干部的关爱。北京市于 1999 年正式实行了离休老干部免费乘坐市内公共交通的优待政策。

3.中国人民解放军（武警）士兵证和残疾军人证

中国人民解放军和武警战士是保卫国家安全、维护社会安宁的“钢铁长城”和坚强后盾，是新时期最可爱的人。国务院 2004 年修订颁发的《军人抚恤优待条例》第三十四条规定：“现役军人凭有效证件乘坐市内公共汽车、电车和轨道交通工具享受优待，具体办法由有关城市人民政府规定。残疾军人凭中华人民共和国残疾军人证免费乘坐市内公共汽车、电车和轨道交通工具。”经北京市委市政府研究决定，2005 年推出了解放军（武警）持士兵证、残疾军人凭残疾军人证免费乘坐市内公共交通的优抚政策。

4.人民警察伤残证

人民警察是维护城市社会秩序平安稳定的“金色盾牌”，是广大人民群众利益的守护神。许多公安干警在执行任务中，光荣负伤，甚至以身殉职。为了表达对伤残人民警察的关爱，经北京市委市政府研究，2006 年北京市交通委和北京市政法委联合下发文件，做出决定：凡持有中华人民共和国伤残人民警察证的警察免费乘坐公共汽电车，享有与残疾军人同等待遇。

5老年人优待证

老年人是社会的宝贵财富，他们曾经为国家的发展建设做出了积极贡献，应当受到全社会的尊重。为了让老年人更多地享受社会的回报，北京市政府2009年1月1日起，推出了65岁以上老年人免费乘坐市域内公共交通的优待政策。这既是首都社会经济快速发展的重要标志，也是市委市政府为促进老年人共享经济社会发展成果，提高老年人社会福利水平办的好事和实事。北京市老龄委为65岁以上老年人颁发了老年人优待证，持证老年人可以免费乘坐本市地域内的地面公交车辆。

（三）公交员工卡

实行IC卡之前，公交企业为员工颁发了乘车证，可以免费乘坐公共汽电车和地铁。实行IC卡后，以公交员工卡取代了内部职工乘车证。持卡员工可以免费乘坐地铁和本企业经营的公交线路。公交员工卡仅限本人使用，不得转借他人，调离企业时应及时交回，并在乘车时主动刷卡，自觉协助乘务人员维护乘车秩序。

二、识别方法

（一）普通车票

（1）根据自己的记忆，掌握每站上车乘客购票情况，验票时及时发现无票乘车和使用废票乘车的乘客。

（2）依据画线鉴别。依据售票画线的规定，检验车票画线颜色与行驶方向是否一致鉴别车票是否有效；单一票制线路依据所画站号与日期是否相符鉴别车票是否有效；其他线路依据所画站号与下车站号是否相符鉴别是否越站乘车。

（3）依据票组票号鉴别。当对乘客所持车票产生疑问时，最终通过核对车票票组票号与所配票组票号是否相符鉴别车票是否有效。

（二）公交IC卡、员工卡

（1）根据读卡机声音，判断刷卡是否有效。根据不同情况，提示重新刷卡，卡内余额不足时，提示充值或投币、购票。

(2) 对学生用 IC 卡、员工卡，要确认是否本人使用。学生 IC 卡相互冒用，或者非学生使用学生 IC 卡，要按照相关规定补交票款。

(3) 冒用员工卡，或者使用作废员工卡，一律没收，并按照相关规定处理。

(三) 免费乘车证件

(1) 查验证件的真伪。

(2) 查验证件是否是本人的。

第五节　乘客票务违章行为的处理

乘客乘坐公共汽电车，按照政府有关部门核准的价格和乘坐的里程购买车票，这本是一个权利与义务对等的关系，但是在这个过程中却存在一些乘客不照章购票、使用废票和违章使用 IC 卡等问题，统称为乘客票务违章行为。处理乘客票务违章行为是一项政策性、法规性较强的工作，乘务人员要依照相关规定妥善处理。

一、票务违章的种类

违章车票主要包括：

(1) 无票乘车，即乘车时既无免费乘车证件，也未购买当次车普通车票。

(2) 越站乘车，即实际乘坐里程超过所购车票里程。

(3) 使用废票乘车。

(4) 违章使用 IC 卡。

二、票务违章的处理

目前，北京公交处理乘客票务违章行为的主要依据是 2006 年颁布的《北京市公共汽车电车车票使用办法》（简称《车票使用办法》），《车票使用办法》是具有地方法规性质的规范性文件。根据北京市实施IC卡后的新变化，北京市交通委员会2007年2月下发文件，又对处理乘客使用IC卡的违章行为做出了明确规定。

《车票使用办法》规定：“本市公共汽车、电车的乘务员对不照章购买和使用车票的乘客，按本办法处理。”根据《车票使用办法》的授权，公交企业是政府颁布的车票使用办法的执行者，乘务人员及其管理人员依据车票使用办法对使用违章车票、IC卡乘车的乘客实行补款处理。

按照《车票使用办法》的规定，乘客出现票务违章行为，须按下列规定补交票款。

(1) 超过票价有效路程乘车的，按超过路程票价补票。

(2) 不购票或者使用废票乘车的，市区线路补交票款5元，郊区线路补交票款10元。

(3) 不按规定使用IC卡“时间票”的，市区线路补交票款5元，郊区线路补交票款10元。

(4) 对冒用、伪造学生卡的违法行为，按照市区线路补交票款5元，郊区线路补交票款10元的办法执行。

处理乘客票务违章必须严格按照《车票使用办法》执行，任何人无权让乘客超过《车票使用办法》的规定补款，无权扣留乘客，包括扣留乘客的财物，更不能对乘客进行人身、人格的侮辱，否则就会超越职权，导致违法。

三、票务制度的管理办法

票务制度管理的根本目的是增加企业的票款收入，规范乘务人员的票务行为，对外防止跑、漏票，对内防止企业应收的票款流失。随着市场经济的深入，票务制度管理的重要性也越来越突出。

票务制度的管理办法主要包括两项内容：一是制订并根据运营生产的实际需要不断完善票务制度，使乘务人员的操作有章可循，对违反票务制度的处罚有据可依；二是加强检查。检查的渠道有两条：一条是依靠专职检查人员和专业管理人员定期检查和不定期抽查；另一条是依靠乘客进行监督。对乘客反映的有关乘务员违反票务制度的现象，要认真调查核实，特别是职工相互揭发的违反票务制度的现象更要引起高度重视。不管什么渠道发现的问题，坚决按照规定进行处罚。

思考题：

1.票务制度的主要内容有哪些，你对遵守票务制度有哪些想法？

2.现在乘坐公共汽电车的有效票证有哪些，分别可以乘坐哪些线路？

3.乘客票务违章哪几种，应当怎样处理？

应会题：

掌握乘客票务违章的种类、情节及处理方法。

第六章

正确处理乘务矛盾

乘车是一种社会活动，在乘车过程中人与人、人与车、车与道路都会发生各种各样的矛盾。乘务矛盾是指城市公共交通运营生产中发生在车厢内的矛盾和纠纷。乘务矛盾是一种复杂的社会现象，从人员上讲包括售票员与驾驶员、乘务员与乘客、乘客与乘客之间的矛盾，从行为上讲包括口角、争执、纠纷、对抗、冲突等。

我们在本章中使用的乘务矛盾这个概念，主要是指驾驶员、乘务员、站台服务人员与群体乘客或个体乘客之间的矛盾，它包括矛盾发生发展的全过程，也即包括各种类型、各种程度的乘务矛盾。

第一节　乘务矛盾的客观性和正确处理乘务矛盾的必要性

任何由人组成的群体都会存在一定的意见分歧、矛盾及纠葛，甚至是纠纷冲突，这是由人们主观意识、情感差异和社会生活环境差异所造成的。实践证明，矛盾、纠纷是一种客观存在的、正常的社会现象。公共汽电车车厢内的人员由公交企业职工和各界乘客组成。无论公交企业的驾驶员、乘务员，还是组成成份十分复杂的乘客，在素质、气质、性格上都参差不齐，在这样一个相对集中而且又必须交往的环境中，发生矛盾纠纷的概率会大大提高。

一、乘务矛盾的客观性

乘务矛盾的客观性是由城市公共交通企业的运营生产特点和乘车过程的成员条件差异所决定的，主要表现在以下几个方面：

(1) 城市公共交通是服务性的生产企业，提供服务的环境是车厢。在公共汽电车车厢中，主要矛盾是服务者与被服务者之间的矛盾，与物质生产企业不同的是，人与人之间一旦“碰撞”，就会发生“火花”，产生矛盾。

城市公共交通企业提供的服务是密集型的服务。依据平均客流量测算，平均每个乘务员每天要为389人次的乘客提供服务。一个车组驾、乘三人每天平均要与778名乘客接触，每个乘务员平均每天开关车门近200次，这些数字足以说明密集型服务的程度。

乘客在运营时间内乘车并不是均衡的，早、晚高峰车厢的满载率要大大高于平峰，乘客拥挤的现象屡见不鲜，乘客和驾乘人员的情绪紧张，在这样的环境中非常容易发生乘务矛盾。

(2) 城市公共交通企业的运营生产具有较强的时间性

运营生产是循环往复式进行的。为了确保运营车辆间隔适度，车辆就需要按营运时刻表走车，行驶和停站的时间、路段都是在固定的范围内，一般每站上下乘客的时间约30秒左右，这么短的时间内完成上下车过程也极容易引发乘务矛盾。

(3) 运力和运量的矛盾、车辆和道路的矛盾是短时间内难以改变的现状。北京是一个既古老又开放的城市，在古老城市中运营着现代化的交通，随着城市的发展和人民生活水平的提高，社会车辆和私家车猛增，势必会造成城市道路的堵塞。随着外来人员迅速增加、人口自然增长，乘客客流量不断增大，需要增加运营车辆，而增加运营车辆又使本来已经饱和的道路难以承受，城市道路增长滞后于车辆增长，使乘车难的问题难以从根本上解决。而运营秩序又直接影响着车厢的服务质量，在乘客和公交职工都存在着某些不满的情绪时，乘务矛盾引发的可能性大大增加。

(4) 服务主体素质还不尽如人意，低水平服务现象依然存在，分散的生产方式增大了企业管理的难度。应当承认，在公交企业的乘务队伍中确有一部分职工职业道德水平较低，乘务队伍在不断输进新鲜血液的同时，又不断沉积下一些弊端。这些人虽然是少数，但与广大乘务人员热情服务的形象构成鲜明对比，并相互影响。

公交企业的生产方式是马路车间、单车作业，分散的生产方式不利于集体意识的培养，不利于思想政治工作的开展，也给企业的管理增加了难度。伴随改革的深入，市场经济也必然冲击到公交企业，中等水平的待遇使公交的企业凝聚力降低。这些因素构成了乘务队伍的素质达不到理想的标准，致使低水平服务的现象依然存在。

(5) 乘客成份复杂，个别人的社会公德较差。

乘客是一个不固定的群体，包括了不同职业、性别、年龄、文化修养的人，反映了社会各阶层的需求、心境。乘客中大多数人能够自觉遵纪守法，遵守乘车秩序，尊重并协助公交企业的工作，但个别人在乘车过程中社会公德较差，甚至存在违法行为。他们不但瞧不起服务工作，还提出一些公交企业暂时不能满足的要求。

以上 5 个因素决定了乘务矛盾的客观性，既然乘务矛盾难以避免，那么关键问题在于如何正确处理。

二、正确处理乘务矛盾的必要性

乘务矛盾虽然是不依人们意志为转移的客观存在，但通过正确处理，是完全可以缓解并妥善解决的。正确处理乘务矛盾是乘务员提供规范、优质服务所必须做的工作。正确处理乘务矛盾的必要性表现在：

（一）是维护企业正常运营生产的需要

城市公共交通企业担负着将各界乘客方便、迅速、安全、周到地运送到目的地的繁重任务，采取的是循环往复的运营方式。要满足乘客乘车的基本需求，就要有一个良好的运营秩序，如果不能正确处理乘务矛盾，致使矛盾发展到一定程度，不仅会造成物损人伤，而且可能直接中断运营，乘客的权益和企业的正常运营生产秩序都无法得到保证。

（二）是努力提高整体服务水平的需要

公共交通企业的服务质量目前主要有两种检测手段：一种是主观检测手段，即管理人员和专业稽查人员跟车实际观看，用企业制订的服务标准去衡量；另一种是客观检测手段，包括各界乘客、新闻媒介的监督。

乘务矛盾的程度及性质能够直接反映一段时间内公交企业的服务质量，能够反映车厢服务水平的高低。目前，主观检测还不能完全排除感性色彩，客观检测则是不依人们意志为转移的客观存在。广大乘务员积极努力，热情服务，涌现了大量的先进人物、事迹，而一件乘务矛盾如果得不到正确处理，发展到一定程度，造成一定后果和影响，就必然会留下一个污点，直接影响着企业的整体服务水平。

（三）是创造文明和谐乘车环境的需要

在乘车过程中所看到的、听到的、接触到的事物构成了乘车环境，人们不管有意无意都能感受到这个环境并留下印象。文明和谐的乘车环境会使乘车过程心情愉悦，能够体现团结友爱、平等互利的人际关系。如果乘务矛盾得不到正确处理，引发口角，就会破坏乘车环境的和谐。只有正确处理乘务矛盾，才能创造一个互相尊重、互相理解、文明和谐的乘车环境，促进社会的安定团结，体现一个国家、一个民族的文明程度。

（四）是维护企业声誉，树立公交人形象的需要

城市公共交通是服务性企业，为乘客出行提供的服务质量的优劣，直接关系到企业的声誉。乘客在乘车过程中，每个人都会对公

交的服务留下映象，这种映象集中到一起就是对企业的评价。公交企业是由每个职工组成的，乘客的评价首先涉及驾驶员、乘务员形象。正确处理乘务矛盾，不仅体现了公交职工的思想水平和认识能力，还反映了处理问题的能力，这就完整地构成了公交职工在乘客心目中的形象。实事求是地看，目前在运营服务方面，群众反映强烈的问题有的还没有根本转变，出行不便的问题、站台秩序混乱的问题、车辆故障的问题、服务中“生冷硬”的问题、规范化履行岗位职责等方面都有不少的问题，这其中与不能正确处理乘务矛盾有着直接的关系，也正是需要我们共同努力去改善的。

第二节 乘务矛盾的表现形式及引发乘务矛盾的主要原因

乘务矛盾通过正确处理是可以缓解的，要正确处理乘务矛盾首先就要对乘务矛盾有一个比较全面的认识。本节着重探讨乘务矛盾的主要表现形式及引发原因。

一、乘务矛盾的主要表现形式

乘务矛盾是复杂的社会现象，我们依据矛盾发生发展的不同程度将乘务矛盾划分为以下几种表现形式。

（一）不满

由于人们对客观事物的认识不同、自身素质不一，往往对事物的衡量标准不同。在乘车过程中，由于需求、标准不一致，常常会对他人行为、语言产生各种各样的不满。即使是同一行为或语言也会得到不同的反响，比如乘客务员的“三报三宣”，老乘客中有的人会认为“老是这一套，没什么意思”、“贫不贫啊”等。个别长途乘客经过一天的工作，很想在乘车过程中休息，甚至会视乘务员的“三报三宣”为影响其休息的噪声，产生不满。

与上述乘客成鲜明对照的是，不常乘车的乘客，特别是地理生疏的外地乘客，则竖起耳朵尽可能地听乘务员的报站，还不时向车外张望，对他们来说，乘车过程中“三报三宣”不仅是需要，而且是渴求，他们对乘务员不报站或报站不清会产生不满。

不满是乘务矛盾的开端，这时还仅处于心理活动阶段，其外在表现形式多数是通过面目表情和并不刺激别人的动作显示的，多数乘客是将不满停留在心理活动阶段，忍耐过去，不再进一步表现。

（二）口角

口角是乘务矛盾发展的第二阶段。少数人在乘车过程中没有将不满停留在心理活动阶段，他们通过语言甚至是动作直接表现出来。也有的人先是将不满停留在心理活动阶段，但伴随不满程度不断加剧，通过语言或行为爆发出来。不满的一方一旦表现出来，其发泄对象不能接受或忍耐，也表现出相应的不满，这就必将引发双方的口角。

口角的外在表现形式是争论、争吵，如某一方首先使用了不文明语言，双方很可能发展成吵骂。

不满和口角是乘务矛盾的初级阶段，一般通过信访向有关部门、公交服务热线等渠道反映，寻求解决。

（三）争执

口角发展到一定阶段后，就会引发争执，双方觉得吵骂还不能达到自己的目的，继而发展成揪扯。揪扯时往往加上一定的理由如“找你们领导反映去”、“你这样就不能让你走”等。争执是乘务矛盾激化的结果，也是发展的第三阶段。除造成不良影响外，争执一般不造成其他后果，通常反映到有关部门或在其他人调解下解决。

（四）纠纷

服务纠纷又称乘务纠纷，是乘务矛盾发展的最高阶段。在乘车过程中发生争执后，双方未就此罢休，采取了更加激烈的语言和动作，致使双方或一方受到一定程度的物损人伤，进而影响正常运营或造成较大社会影响。乘务纠纷一般都造成一定程度的直接损失。

乘务纠纷是一种服务事故，它的发生直接影响了车厢服务的整体水平。乘务纠纷一般要通过主管部门和公安部门解决。

二、引发乘务矛盾的主要原因

乘务矛盾引发的原因很多，我们只能依据实践，对一些多发的原因做初步探讨。

（一）票务问题

票务问题是诱发乘务矛盾最主要的原因，其分别表现在：

（1）错买票要求退换而未达到目的。乘相反方向或集体乘车时购重票，要求退票乘务员未同意。

（2）购票时不知票价或虽知票价但不够准确，提出异议未得到耐心解释，甚至解释后仍不相信。

（3）购票时未讲清上下站，乘务员又未询问，结果所购或所售车票有误。

（4）使用违章车票乘车受到处理。

（5）处理票务违章时未严格执行有关规定，补交票款数额不够准确或态度生硬，令人难以接受。

（6）未严格执行票务制度，出现收钱不撕票等违反票务制度现象。

（7）对儿童乘车标准产生异议。

（8）无票乘车或越站乘车，受到处理。

（9）验票时因人多未看清，乘务员要求二次检验。

（10）验票采取命令式口气，态度生硬。

（11）收取行李、包费提出异议未得到耐心解释，态度生硬。

（12）收找乘客票款发生差错。

（二）车门问题

车门问题也是诱发乘务矛盾的主要原因，分别表现在：

（1）开关门过急，用气门催上催下，引起不满；

（2）车辆满载，候车人扒住车门不放；

(3) 到站不开车门，致使乘客不能正常上下车；

(4) 车辆满载程度不高，急于关门，候车乘客不能上车；

(5) 跑来不等；

(6) 乘车时人多，乘客手乱抓放，致使伸到不该放的部位，造成夹伤、挤伤；

(7) 开关车门不当夹住乘客；

(8) 越站或不到站提前停车，引起候车乘客追赶；

(9) 未关好门走车，摔伤乘客；

(10) 人多拥挤，将乘客挤下车、摔伤。

(三) 服务态度问题

驾驶员、乘务员是车厢的主人，也是乘客时刻注意的对象，服务态度引发的乘务矛盾表现在：

(1) 没有三报，乘客因地理环境生疏造成误乘；

(2) 解答不耐心或回答问题不详尽，乘客未听懂；

(3) 交谈中语气生硬，甚至使用不文明语言；

(4) 工作不负责任，不售票、不验票、不报站，聊天、看报、睡觉或做与工作无关的事，受到乘客指责；

(5) 报站不清楚，乘客误解；

(6) 候车时间长，乘客提意见，未得到满意答复；

(7) 对其他乘务人员提意见遭到当班乘务员回绝；

(8) 乘客违反有关规定，受到指责；

(9) 疏导时态度生硬，使用语言不当；

(10) 特殊乘客的要求未达到满足；

(11) 因遮挡视线、影响开关门，令乘客移位。

(四) 突发事件

(1) 发生运营事故；

(2) 车辆发生故障；

(3) 车内发生治安案件，需要乘客配合时；

(4) 车内乘客突然发病休克，须紧急处理或送往医院；

(5) 乘客之间发生纠纷，劝阻无效，须等待公安部门处理；

(6) 醉酒乘客或精神病人闹事，妨碍正常运营。

(五) 其他问题

除上述 4 个问题以外，诱发乘务矛盾的其他原因主要表现在：

(1) 车厢环境卫生差；

(2) 乘客在车厢内乱扔废弃物时，处理方法不当；

(3) 车厢服务设施不全或损坏；

(4) 车辆设施损坏，致使乘客受到损伤；

(5) 乘车过程中乘客损坏了车辆设施，处理不当；

(6) 搞完清洁或检修车辆后忘盖地板盖，致使乘客踏空摔伤；

(7) 行车中因刹车造成乘客挤撞或摔伤；

(8) 空调车未按规定开放。

第三节　正确处理乘务矛盾的原则和方法

正确处理乘务矛盾是车厢服务工作中的一项重要内容，也是每一位乘务员应该具备的基本职业技能，同时也是热情服务、文明待客等职业道德的具体体现。在处理乘务矛盾时应该遵守的基本原则是：实事求是，既坚持原则又讲究方法，既尊重乘客又要维护大多数乘客的利益，保证企业的正常运营生产秩序，始终讲究文明礼貌，做到有理有利有节。正确处理乘务矛盾的方法很多，有待于大家在实践中共同探讨，本节对其中的主要方法做一些粗浅的提示。

一、牢记企业宗旨，树立服务意识

(一) 端正思想认识

正确处理乘务矛盾首先需要提高思想认识，没有明确的服务宗旨，没有正确的思想认识，很难理解领导的要求和企业的规章制度，也不可能自觉、积极、妥善地处理各种乘务矛盾。正如俗语所说的“强扭的瓜不甜”，思想认识不清，在规章制度的压力下去处理乘务矛盾是很难收到预期效果的。

城市公共交通企业为城市居民的出行提供服务，和其他服务性的企业、行业一样，从诞生的那一天起就明确了服务宗旨。北京公交集团的企业宗旨是“服从公众利益，服务乘客出行”。如果离开了“服务”，企业、行业也就没有存在的必要。如果社会不需要这种“服务”，那么企业、行业也不可能应运而生了。

城市公共交通企业的干部、职工，不论直接的还是间接的，其工作的最终目的都是为了乘客出行提供服务。只要你还在公共交通企业工作就必须为乘客提供服务，不管主观上是否愿意，行动上是否自觉，都在为乘客提供服务。提供服务是企业性质决定的，是不依个人的意志为转移的，既然已经走到这个岗位上来了，就应该明确树立服务意识，自觉地为各界乘客提供服务。在公共汽电车的车厢中，驾驶员、乘务员与各界乘客是主人和客人的关系。我们提供有偿的服务，乘客支付票款后在乘车过程中享受这种服务。有的职工认为，人和人之间应该是互相尊重的平等关系，我们为什么应该受气?我们为什么要低三下四地去侍候别人?我们为什么还要做到打不还打，骂不还骂?这些问题需要我们从思想上澄清。的确，在人格上、人权上，在法律面前我们和乘客是平等的，我们的工作应该得到社会的理解，受到乘客的尊重。事实上，法律已经为我们提供了各种各样的保护、保障，绝大多数乘客是理解我们、尊重我们的，只有极个别的乘客在思想上依然存在偏见，看不起我们的工作，这些问题有待于在实践中他们自己去认识，去纠正。

(二) 树立“乘客至上”的理念

乘客是“上帝”，是我们的衣食父母。我们必须清醒地认识到，在服务与被服务的关系上我们就不应该也不可能去和乘客讲平等，在提供服务和享受服务之间不存在平等关系。打个比方说，朋友或亲友到家中来做客，主人十分自然地要负责招待，客人也理所应当地享受招待，我们怎么可能要求客人和主人一起负责招待并享受招待呢?当主人再到客人家去做客，这时的主客关系改变了，原来的客人变成了主人，又十分自然地招待起原来的主人、现在的客人。同样，公交企业的职工下班去商店购物，就由车厢的主人变成了商店的顾客。

这也就是我们经常讲的，公交职工在车厢中为乘客提供服务，换了场合又在享受别人提供的服务，我们不能在医护人员和患者、售货员和顾客、饭店服务员和房客之间讲平等。因此，在乘车过程中，我们应该明确地树立服务意识，自觉地“侍候”乘客，为他们排忧解难，有了这样的指导思想，就会为正确处理乘务矛盾打下坚实的基础。

二、严于律己，宽于待人

严于律己、宽于待人不仅是正确的人际交往手段，也是正确处理乘务矛盾、避免矛盾激化的基本方法之一。严于律己、宽于待人是乘务员职业道德水平的具体体现，它在处理乘务矛盾时主要表现在：

（一）通过“谦让、善意、自制”的方式，合理解决乘务矛盾

谦让是指双方的实际利益和各自的需求发生矛盾并僵持不下时，在不失原则的前提下，采取灵活的方法折中、调和、缓解矛盾，避免激化，再进一步寻求调解。

善意是指从正面积极理解乘客的言行，了解乘客的真正意图，解决双方存在的误解和偏见，切实为乘客着想，缓解矛盾，满足乘客乘车的正当需求。

自制是一旦乘务矛盾开始激化时，首先表示沉默，采取冷静态度对待，实行冷处理降温。

在乘客处于心情激动、心理失去平衡的状态下，要努力控制自己过激的言行，培养控制自己感情的能力，提高涵养。

（二）主动解释

在乘车过程中发生乘务矛盾往往是由于乘客对公交企业提供的服务不满引起的。除了我们工作中确实存在问题以外，这其中也存在一定的误解，或者是存在着对乘务员本身工作以外的不满。乘务

员是车厢的主人，我们有责任对各种情况进行解释，解释的时候要心平气和地说明情况，不能片面强调个人乃至企业的困难、理由，以致于乘客难以接受。对由于乘务员失误造成的不满，解释时首先要自责、道歉，矛盾自会平息。对双方存在的误解，要客观地介绍情况、说明原因，消除误解。解释时态度要诚恳，要耐心，乘务矛盾也自然会缓解。对于乘务员本身以外，但却是公交企业方面的原因引起的乘客不满，我们在解释时就不能站在个人的角度看问题，而应该想到在车厢里我们是企业的代表，要站在企业的角度看问题，替企业承担责任。一般情况下，乘客往往不管是不是乘务员的问题、是哪个乘务员的问题，而是以公交企业和乘客为分界线，只要是企业方面的问题，就向当班乘务员发泄。

比如，因道路堵塞或前车故障造成乘客候车时间长，乘坐本车时往往会发泄不满。这时如果乘务员说“又不是我的事，该找谁说就找谁说去，我管不着”，这势必引起乘客更加不满，原本发两句牢骚就完的事，这回非要找个说法不可了。反过来，如果乘务员解释说“对不起，让您久等了，由于道路堵塞，我们和您一样着急，您看，到站我们连上厕所都得跑着去，等道路修好了，咱们大家就都不用受罪了”，这样乘客的心理就会平衡，乘务矛盾也会顺利解决。

三、以理服人，得理让人

在乘务矛盾中，双方存在的分歧不一定都能通过解释来解决，个别乘客思想上存在偏见又固执己见，甚至矛盾本身就是由于个别乘客粗暴无礼或故意刁难引起的，在这种情况下，仅仅靠主动解释是难以奏效的，我们赞同同这些人讲理，以理相劝，以理服人。比如个别乘客明知乘坐公共交通工具时禁止吸烟，而他们偏要抽，乘务员善意地提示时，他们非但不听还合伙起哄，面对这种情况，乘务人员可以郑重地提出告诫，宣传有关规定，宣传车厢内吸烟的危害，号召做文明乘客，动员吸烟者将烟熄灭。此时乘客如果听从了劝告，自己改过，就不要再讽刺挖苦，不要再去刺激乘客，允许其去反思。如若这样劝阻仍然无效，我们就要争取乘客的支持，借助于舆论的压力来解决。对于个别不法分子，我们也不要同其争吵或揪扯，防止对方借机扩大事端，但这绝不是任其胡作非为，对于那些侵害别人利益，严重影响我们工作的，经劝阻无效的乘客，我们可以通过车队干管人员、公安巡警、附近公安派出所或公共交通派出所解决。

讲理只是通过讲道理的方式去说服个别乘客，争取大多数乘客的支持，绝不是去指责。在车厢中我们只有为乘客服务的义务，没有命令、斥责乘客的权力。讲理一定要有利于乘务矛盾的缓解和消除，要做到适度、有节制，得理要让人，注意留有余地。要给乘客留下“台阶”，让乘客顺利地、自然而然地下“台阶”。如果自恃有理，一味相争，继而无休止地争吵，这样必然使矛盾激化，不仅达不到说理的目的，还要影响企业的运营生产，破坏车厢内和谐的气氛，这样做的结果是得不到广大乘客的理解和支持的。

要做到“得理让人，以理服人”需要一定的胸怀和气度，如果仅仅站在个人的角度认识问题、处理问题，很难有这样的胸怀和气度，我们必须时刻牢记自己是车厢的主人，我们的形象、我们的一言一行都反映着十万公交职工的风貌，我们的背后有各级组织、各级领导，有人人必须遵守的法律，这样一想我们站得就高了，看得就远了，想得就深了，胸怀就会宽广。

四、遵纪守法，避免矛盾激化

严格遵守服务纪律，用冷静的头脑思考问题，有较强的法制观念制约自己，这是正确处理乘务矛盾、维护正常运营秩序的基本保证。作为一名乘务员，应该在实践中不断提高遵纪守法的自觉性，不断培养平息矛盾、排解纠纷的能力。我们在乘务实践中总结的有效方法主要有：

(一) 做到有理、有利、有节

乘务矛盾的发生发展往往是在瞬间内变化的，对于那些靠个人能力难以解决的乘务矛盾，我们在处理时一定要做到有理、有利、有节，这样就给问题的进一步处理创造了条件。在乘务实践中，有一些乘务矛盾主要是由乘客原因引起的，我们是有理的，可是在继续发展时我们的感情代替了纪律，头脑不冷静，行为没有节制，以致使乘客受了伤。公安部门处理此事时感到很为难，从起因上看应追究乘客责任，从后果看应由乘务员承担。有位负责人曾感叹地说："我们很想为公交职工撑腰，可是出现这样的后果我们也很难如愿以偿啊！"

所谓有理、有利、有节，就是如果乘务矛盾的起因在我方，就要道歉，主动去化解。

如果起因责任在乘客，就要耐心解释。在一时难以协调时，不讲无理的话，不做无理的事，更不能置法规纪律于不顾，为所欲为，以至于事后处理非常被动。要做到有理、有利、有节，就必须保持头脑冷静，思维敏捷，靠理智而不是靠感情冲动去处理乘务矛盾。

例如，有一次一位黑人留学生在语言学院站乘坐某路车，由于酒后乘车丧失理智，上车后就要求和女乘务员交朋友，下班后还要约会，遭到拒绝后，此乘客不满，竟然动手拉扯女乘务员，引起全车乘客愤恨，共同制止其侵权行为。该黑人乘客下车后，十分不满，拿起砖头将车窗玻璃打碎，几位青年乘客和行人准备狠狠地教训他一顿。在这关键时候，该车组驾乘人员头脑冷静，及时起身保护黑人留学生，动员乘客将其扭送到五道口派出所。

黑人所在学校、地区派出所、区公安分局和市公安局外事部门的同志闻讯赶到，经外交途径对此留学生进行了严肃处理，对该车组提出了表彰。理由是他们正确处理了涉外乘务纠纷，维护了法律和国家的尊严。

(二) 打不还打，骂不还骂

"打不还打，骂不还骂"是乘务人员严守服务纪律的具体体现，是自觉抵制违法行为，努力避免事态扩大，具有较强法制观念的体现，是"宁可自己吃亏，也不让企业受损"的高水平职业道德的具体表现，也是公交职工的优良传统。“打不还打，骂不还骂”是乘务矛盾发展到争执阶段以后，正确处理的措施。具体地讲，就是服务争执发生后，作为乘务员绝不能首先张口骂人、动手打人或具有其他违法的侵权行为；其次在争执的全过程中都不能张口骂人、动手打人；再次在乘客已然张口骂了、动手打了以后，也不能还骂还打。

要做到“打不还打，骂不还骂”就要具有较强的法制观念。作为乘务员，要做好服务工作就要学法、懂法，学会运用法律保护自己。如果不懂法就很可能在处理乘务矛盾时，不能有效地控制自己、约束自己，造成“以打还打，以牙还牙”的局面。

也许有的职工会提出问题：“都是一样的人，凭什么我们就白白挨人打、受人骂?”甚至有的人会进一步质问：“领导为什么要提出这样的要求?”对于这个问题我们分两方面探讨，一方面，我们把“打不还打”和“以牙还牙”的两种结局进行对比，从中分析出道理。在发生乘务矛盾后，乘客骂了我们，打了我们，我们坚守纪律打不还打，其结局可能是我们受了皮肉之苦，但是公安部门在处理时，会为我们做主，法律会为我们提供保护，解决的结果只能是对乘客绳之以法，对我们赔偿损失。虽然我们并不希望乘务员被打，但是在被打后，得到了适当的赔偿，领导上又给予表彰和奖励。与此相反的是，如果在挨了打骂后，乘务员一时感情冲动，“以牙还牙”，很可能导致互殴或群殴，造成双方都有不同程度的伤害。出现这样的结局，公安部门在处理时，轻者追究双方的责任，对双方都绳之以法，对造成的损失，双方各负其责。重者，加重追究我方责任，除绳之以法外，还要担负对方的经济损失。在绳之以法的过程中很有可能被拘留，甚至判刑。出现这样结果后，领导上还要严肃处理，轻者扣除奖金，重者给予行政处分，直至解除劳动合同。如果我们把这两种结局进行对比，不难看出，为了一时出气，是“以牙还牙”好呢，还是严守服务纪律好。从某种意义上讲，提出这个要求既是保证服务质量的需要，也是对广大乘务员的一种关心爱护。

另一方面，我们工作的重点始终是放在乘务矛盾的起因上。我们并不希望乘务员被打，我们绝不提倡“人家打了左脸，我们又把右脸伸过去”的阿Q精神。恰恰相反的是，我们希望乘务员在实践中不断总结挨打的教训，想点不挨打的措施，从根本上杜绝乘务员被打骂的现象。乘务实践证明，从一般意义上讲，乘务矛盾的发生发展都和乘务员的服务态度有着直接关系。只要我们认真履行服务规范，热情为乘客服务，注意举止言谈，处理乘务矛盾有理、有利、有节，我们的乘务员是不会挨骂挨打的，乘务矛盾也发展不到构成服务纠纷的阶段。至于个别不法分子上车滋事，那只能依靠法律去制裁。

（三）不盲目介入他人纠纷

乘客与本车组的其他乘务人员发生乘务矛盾后，由于意见分岐加大，使双方矛盾进一步发展到争执阶段，此时作为同车乘务员，千别不要义气用事、盲目介入。“为哥们姐妹两肋插刀”，甚至大打出手，不仅使原有的矛盾更加激化，扩大了后果，而且其结果是既害了自己，又害了同车的乘务员，得到的是事与愿违的结局，这样的教训是非常深刻的。例如，某乘客越站乘车，前门女乘务员令其补交票款，乘客强辞夺理，反诬乘务员没有报清站名，最后被迫无奈地补交了钱，下车后却破口大骂，此时后门男售票员勃然大怒，追下车用票袋猛击乘客，造成头部裂伤。公安部门依法对男乘务员行政拘留15天，并责成其承担经济损失。

事后此位售票员发自内心地说：“我再也不干这种傻事了！”

应当指出的是，我们讲的是不盲目介入他人纠纷，重点说的是不盲目，绝不是说同车乘员或驾驶员与乘客发生矛盾后，我们视而不见，听而不闻，袖手旁观。相反地，我们提倡积极介入，所谓积极介入就是，首先不要义气用事，要了解双方矛盾发生发展的原委，本着有利于缓和矛盾的原则，采取灵活的方法，劝解双方。如果一时难以调解，应该先使双方脱离接触。比如说，对乘客讲：“有什么事你冲我说，我来给您想办法。如果我解决不了还有我们领导，问题总是能解决的。来，您上我这儿来。哪位同志给这位乘客让个座，让他消消气？”这样一处理，乘务矛盾就会缓和下来。无论是否有人让座，乘客也不好意思再争吵，为进一步处理创造了条件，事后同车的驾驶员和乘务员会从心里感谢你。

五、及时汇报，协助处理

乘车过程中发生的乘务矛盾并不是都能够在车厢内得到妥善处理的。虽然广大乘务员认真贯彻领导的要求，严格要求自己，正确处理乘务矛盾，但是由于是年青人，缺少社会生活经验，总有控制不了自己的感情、使矛盾激化的情况。因此无论是自己还是同车乘务员，一旦和乘客发生有可能激化的矛盾，自己又暂时难以消除和正确处理，应当采取以下措施：

（一）及时汇报

一旦发生难以调解的乘务矛盾，要保持清醒的头脑，立即向领导汇报，让领导帮助调解处理。遇有较重大的纠纷时，要及时停车，驾驶员、乘务员相互配合保护现场，立即向领导汇报，并到附近公安部门或拨打“110”报案，请公安部门迅速制止事态的发展。在自己受阻的情况下，要通过前、后车或熟悉的老乘客打电话向领导汇报。千别不能隐瞒不报，造成难以控制的后果。汇报时要注意讲清：车号、时间、地点；纠纷简要经过；目前情况。

（二）及时找旁证

对影响较大或后果较重的乘务矛盾，以及双方分岐较大又难以说清的问题，要及时找证明人，即目睹乘务矛盾全过程的乘客。找证明人时要礼貌地问清乘客姓名、工作单位、联系电话，请他们实事求是地作证。如果乘客不能随车前往解决问题，可将记录的证明人情况提交领导。依据法律的要求，证明人应当是两个以上，最好不是自己的亲属和本单位职工。

（三）积极抢救伤者

乘务矛盾一旦造成有人受伤，不论是乘务员还是乘客，不论是谁的责任，都要按照人道主义的要求，积极抢救伤者。车组人员应有明确的分工，留一人看车，其余人员要争取乘客协助，一方面截车将伤者送到附近医院就诊，另一方面向领导汇报。

第四节 常见票务问题的处理

由票务问题引发的乘务矛盾屡见不鲜，处理好票务问题，是化解乘务矛盾，让乘客明白乘车，维护乘客正当利益，减少企业经济损失的一项重要工作。因此，售票员（乘务员）要认真履行岗位职责，主动售票，认真查验票，做到熟记站名、站号、记价方法，正规操作，唱收唱付，耐心细致，准确无误，才能减少由票务问题引发的矛盾。常见的票务问题和处理方法有：

一、乘客买票时易发生的矛盾

乘客买票时最容易发生的问题主要有：

(1) 买重票要求退票；

(2) 有意逃票；

(3) 忘记买票；

(4) 符合身高儿童不购票；

(5) 特殊人员的优惠。

“买重票要求退票”的，如果属于我们没有问清楚，就应该退票，签票后再出售。如果是乘客误购，则应耐心解释票务的有关规定，《公共汽电车车票使用办法》中明确规定：“车票售出，不予退票。”然后，尽量将乘客误购的车票卖出去，实在卖不出去时再向乘客表示歉意，乘客是会理解的。因乘务员疏漏造成的错售票应及时退票，退票时应与同车乘务员联系，从乘客手中拿过票，再把钱退给乘客。反之，如果拒绝退票并指责乘客，很容易激化矛盾。

有意逃票，就是主观故意不买票。遇到这种情况，要晓之以理，讲究方法，劝其补票。不要用刺激性语言给乘客难堪。

有些乘客乘车不买票，并非主观故意，比如，只顾与同伴聊天忘记买票，或以为同伴已经买了票等。乘务员要避免这种情况的发生，主动宣传，例如："刚才上来三位乘客，哪一位买一下票？"同时要问清同乘的是哪些人。一旦发现忘记买票的乘客，只要提醒一下一般都会买票。不要因为乘客暂时没买票就冷言相讽，这样容易引发不必要的矛盾。

儿童购票要掌握标准，标准掌握不好也是造成票务矛盾的诱因。对超高的儿童要劝家长买票，如果家长执意说小孩不够高时，乘务员应当用商量的口气说："要不然让您的孩子到售票台来量一量，不够高不会让您买票。"此时，一般理亏的乘客会主动补票。

特殊人员的优惠是指离休老干部、伤残军人、伤残人民警察、现役士兵（含武警）和盲人持有相关部门颁发的有效证件，可免费乘坐公交车辆。对于这些人员乘车，要看证件是否是本人的。这些人员的证件也有假的，这就需要乘务员有较强的业务能力和辨别能力，妥善解决，既要"打假"，又要照顾特殊群体。

二、收验票时易发生的矛盾

(1) 乘客不主动出示车票；

(2) 出示了车票乘务员没有看到；

(3) 所购车票损毁或丢失；

(4) 重复查验票。

要搞好查验票工作，避免与乘客发生矛盾，首先要照章办事，做好乘客下车前、中途和到终点站的查验票宣传。验票时绝大多数乘客都能给予配合，但是也有个别乘客不自觉，不愿意主动在下车时、乘务员收验票时拿出票来，乘务员反复宣传有的听而不闻。

收验票时最难处理的矛盾是乘客下车不主动出示车票。随着 IC 卡的使用，个别乘客不主动刷卡，处理这些矛盾首先应该在车上多做宣传，切勿说粗话、硬话，要做到验收车票时面带微笑，有礼有节，一视同仁地认真验收每一位乘客的票。在验票时切忌使用命令式的语言、语气，应做到“你急我不急”，既坚持原则又态度和气。个别人将票伸到乘务员眼皮下，我们可以不急不躁地说：“查验票是我们的职责，出示车票是您的义务，您这样做不对，请您今后注意。”这样即使是刁难的乘客也不便再发作。反之，此时讽刺、挖苦，必会引起争吵，激化矛盾。如果一把把票夺过来，会使我们非常被动。

在早晚高峰时收验票，由于车厢里人多，乘务员难免有看不到的时候，有些乘客当乘务员说到收验票时就主动拿出来让乘务员看，特别是老年乘客比较认真，他们往往把车票举起来说：“售票员，看一下票。”此时我们应当积极回应：“看到了，请您收好。”有的乘客确实掏出了票，但是由于售票员没看到或没看清，再次要求乘客拿出车票时，有的乘客会表现出不耐烦，甚至说一些不满意的话，这时售票员应当对乘客表示歉意，当乘客再一次拿出票时售票员应当说一声“谢谢”。

有的乘客购买了车票后不小心损毁或丢失，查验票时，要让乘客找一找，实在找不到，应当问明在哪儿上的，什么地方下车，告之下次注意即可。对确实是没有买票的，再让其补票。不要抓住不放，更不要讽刺挖苦。

发生重复查票一般有以下原因：一是稽查人员车上或车下查验票；二是前后门售票员查验票汇集到车的中部时，容易重复查中部乘客的票；三是售票员的原因造成重复查票。乘客对重复查票比较反感，应说明情况，求得乘客的谅解。

三、处理票务违章时易发生的矛盾

(1) 乘客拒绝补交票款；

(2) 使用违章车票乘车；

(3) 购买包票。

处理票务违章时容易出现的矛盾是：拒绝补交票款或虽交补款

却因态度引发口角。在处理时我们首先要在车厢内认真验票，发现问题尽可能在车厢内解决，切忌下车追票。一旦下车追票时，乘务员一肚子气，双方极易发生纠纷，遇有个别不法分子，还会伤害乘务员。相反应在车厢内解决，违章乘客特别是不法分子不敢轻举妄动。

遇到乘客无票乘车或其他票务违章行为时，乘务员应按规定处理，首先要控制自己的情绪，冷静地宣传市政府的规定，耐心动员乘客补交票款，如乘客带钱不够，可将乘客带到车队交领导处理，切勿当面挖苦乘客。

应该清楚，乘客使用违章车票被发现时，自己脸面已经很不好看，补交票款也是迫于无奈，“尴尬”正无处发泄，我们决不能给其提供发泄的机会。因此，在处理过程中切忌讽刺乘客，如“这么大人了，也不知道寒碜，坐得起车就坐，坐不起别坐！”这样一来极易激化矛盾，我们也很难得到广大乘客的同情和支持。

有的乘客对购买包票制度不了解，售票员让其买票时不情愿，甚至拒绝买包票，应当讲明有关规定，耐心解释，不急不躁。

在处理违章车票过程中我们应清楚自己的目的，我们的目的是让乘客补交票款，而不是解气、出气，达到目的后就要适可而止，不说多余的话。

四、使用 IC 卡易发生的矛盾

随着北京数字化建设的加快，IC 卡在北京公共交通的使用成为必然。在推广和使用 IC 卡的同时，必然存在乘客在乘车持卡消费的矛盾。正确处理使用 IC 卡过程中的矛盾，是乘务人员必须面对的一个问题。

IC 卡是集成电路卡的简称。现行使用的 IC 卡是非接触式 IC 卡，在使用时不需要与读卡机具接触，而是通过电磁感应的方式完成信息交换的卡片。使用 IC 卡乘车消费的包括乘客卡、员工卡。

常见IC卡消费的矛盾有：

(1) 乘务人员不让使用IC卡；

(2) 持卡乘客未刷卡；

(3) 一卡多人使用；

(4) 刷卡乘客出现“不完整交易”；

(5) 乘客在单一票制线路上重复刷卡。

乘务员不得无故拒绝持卡乘客持卡消费。如果属于设备调试、机械故障等客观原因不能刷卡时，乘务员要耐心向乘客作出解释，不要与乘客发生争执。乘客持卡消费时，当车载读卡机发生故障，而且现场没有其他读卡设施，致使持卡乘客不能持卡付费时，要让乘客免费乘坐当次车辆到达目的地。

遇有持卡乘客不刷卡，应当眼快口勤，及时发现，耐心劝导，让其主动刷卡，避免经济损失。处理持卡乘客故意逃票，要有旁证，妥善解决。不要讽刺挖苦，让乘客下不来台。

有的乘客认为反正刷卡刷的是自己的钱，与亲友乘车时想一人承担，一卡多人使用，乘务员遇到这种情况，一方面要制止，防止乘客利益受损失，另一方面要讲清道理，让乘客对一卡不能多人使用的规定给予理解。

不完整交易是指须两次刷卡完成一次正常消费，而只进行了一次刷卡的为不完整交易。遇到乘客出现不完整交易，读卡机会发出3声鸣响。由于系统对不完整交易设置了特定的扣款方式，对持卡乘客会有些损失。因此，乘务员要提示乘客乘坐分段计价线路时，注意上下车都要刷卡，避免出现不完整交易，以规避不必要的损失。

为避免乘客在单一票制线路上刷两次卡，乘务员应当在乘客上车时多做宣传提示，不要不闻不问。乘客多刷一次卡，损失自负，心情自然不悦，应适当开导，提醒下次注意。

总之，刷卡消费增加了乘务员的工作难度，特别是在早晚高峰时段，乘客拥挤，乘客在这样的环境下刷卡会产生厌烦或抵触情绪，有的甚至将这种情绪发泄出来，乘务员应当保持平和心态，积极疏导乘客，多说理解和关怀的话，不说埋怨泄气的话，才能缓解矛盾，减少纠纷。

第五节　常见乘务矛盾的处理

乘务矛盾的形式是多种多样的，情节也十分复杂，正确处理的方法也要依靠大家在实践中去探索，我们仅就经常遇到的矛盾做一些提示。

一、上车时发生的矛盾

乘客上车时最难处理的乘务矛盾是车已满员，乘客扒车不放，乘务员再三劝阻不听。

尽管这种情况现在已不多见，但是仍有遇到的可能。遇到这种情况时，乘务员首先要积极疏导车上的乘客，疏导语言要得当，如："来，大家侧侧身，往里挤挤，门口还有一位，让他上来。"如果该车门的确挤不动了，可和本车乘务员配合，让乘客从另一个门上车。三个门或两个门都已挤满时，可轻轻地用手拍乘客的肩膀，耐心地说："您看，我已经动员半天了，实在上不去了，您再等一辆好吗？"这样会收到较好的效果。反之，如果用力拉推乘客并命令乘客再等一辆车，会引起乘客反感，反而抓车不放。如果强行开车，拖带乘客，不仅严重地违反了企业的规章制度，而且很容易造成摔伤事故，引起乘务纠纷。至于"扒车"本身就违反了交通规则，这另当别论，只能依靠有关部门解决，因为我们只有教育、劝阻乘客的责任，没有纠正乘客的权力。

二、下车时发生的矛盾

乘客下车易发生的矛盾是忘记下车或下错了站。处理这个矛盾我们应该区别对待。在每到一站之前，我们先要报清站名，对不知道下车地点的特殊乘客，应该及时提醒。个别腿脚不便的乘客，不敢提前往车门走，怕站不住，对这样的乘客应通知驾驶员耐心等候，乘务员主动上前搀扶，避免夹摔。若是外地乘客人地生疏，有的人在车上、有的人已经下了车，应该通知驾驶员立即停车，让车上人下车。因为他们一旦走散再找到一起很不容易。这样乘务矛盾是可以妥善解决的，切忌在此时指责乘客“谁让你不下的，想什么呢，活该!”如果这样讲必会引起口角，导致纠纷。

三、乘客长时间候车发生的矛盾

早晚高峰时由于路堵、交通事故等原因乘客长时间候车，乘客心情急躁，急于上下班，往往易于向乘务人员发泄心中的不满，甚至出现过激的言论。处理这个矛盾我们应该冷静对待，耐心解释晚点原因，求得乘客谅解。不要置之不理，更不应火上浇油，如：“堵车赖不着我们，有意见爱找谁找谁。”对于乘客的牢骚也应当换位思考，容许人家发一发。面对乘客的牢骚，我们采取沉默的态度有助于缓和矛盾，避免乘务纠纷的发生。平峰时间由于发车间隔大造成乘客长时间候车，应当向乘客说明间隔时间。对于确因自身原因造成晚点，使乘客长时间候车，应当向乘客表示歉意，虚心接受乘客的批评。

四、因乘客原因发生的矛盾

个别人乘车时有意妨碍乘务员的工作，甚至寻衅滋事，遇到这种情况，我们首先不予理睬，继续正常热情服务。如果由于这些人的行为使乘务员无法正常工作时，我们则进行劝告，告诫他们的无礼行为是违法的。经历了这些过程我们就会得到多数乘客的支持。如果劝阻无效，驾乘配合可直接将车开到公安部门处理，注意请车上乘客作证。一定要牢记，在处理这种矛盾的全过程中，不要与不法分子争吵，不要让矛盾激化，防止不法分子借机制造事端，扩大事态，引起严重的乘务纠纷，要靠处理策略保护自己。

五、非乘客原因引发的物损人伤

在行车过程中，如果遇到车外人突然用砖头打碎玻璃，致使乘客受伤，乘务员要尽力抓到肇事者，送交公安部门处理。同时将伤者送往附近医院治疗，记下旁证人，并向领导汇报。如果抓不到肇事人，要特别记下旁证人，在送伤者就医时，要保管好伤者随身物品，及时向领导汇报。这类问题责任不属于乘客，乘务员不要自行处理，否则责任难以区分，留下后患。向领导汇报时，一定要准确汇报两个以上乘客证明人的姓名、单位、联系电话或住址，否则会给处理带来麻烦。另外，有的乘客在乘车过程会突然发病，甚至死亡。遇到这种情况，一方面要立即送往医院抢救，另一方面切记记清两个以上的乘客证明人，否则会造成事后其家属提出疑问，不相信我们介绍的情况，事情难以处理。

六、乘客发生误解的矛盾

有些乘客因不熟悉公交行业的特点和有关制度，有时误认为乘务员有意刁难而产生盾。经常遇到的问题是：

(1) 错买票要求退换而未达到目的。集体乘车时购重票，要求退票或换票乘务员未同意。

(2) 购票时不知票价或虽知票价但不够准确，提出异议未得到耐心解释，甚至解释后仍不相信。

(3) 对儿童乘车购票标准产生异议。

(4) 乘客票务违章行为受到处理时。

(5) 禁止携带易燃易爆或笨重物品乘车。

(6) 对购买包裹票有争议时。

(7) 乘车时将儿童放置在售票台上。

(8) 无人售票车、准无人售票车上车投币，特别是自己投币不设找赎。

(9) 调度发快车、区间车、部分站点不停车。

遇到上述问题时，我们要分门别类地耐心向乘客解释，宣传有关的规章制度，讲明具体情况，并设身处地地为乘客出主意、想办法，尽力打消乘客的误解，解决乘客的具体困难。千万不要自认为有理，就大声斥责乘客，生硬的态度只能造成更大的误解，甚至激化矛盾，引发纠纷。有的乘客对解释仍有疑虑，或对有关规定的本身有意见，提出找领导反映时，我们要持欢迎的态度，相信领导会实事求是地处理问题，进一步耐心细致地向乘客解释。不要以为乘客找领导是告自己的“状”，一见乘客记车号，就气不打一处来，说一些过激的话，如“告到哪我都不怕”、“领导还怕我三分呢”、“你找党中央、国务院去”、“你爱哪告就哪告去”等等，乘客真的找来，事情本来很清楚，领导也好处理，可是人家揪住你的态度不放，领导也无法为你的态度辩解。

七、车辆故障或行车事故发生的矛盾

车辆在运营中，由于技术、路况、会车、超车等各方面原因，发生车辆故障或行车事故，会导致乘客不满。常见的车辆故障和行车事故有：

(1) 半路抛锚。车辆抛锚的原因很多，较复杂的问题可能是发动机出现毛病，一般的则可能是油路、电路出现问题。

(2) 车辆刮蹭。轻微刮蹭一般不影响行车，严重刮蹭易造成车辆严重受损及人员伤亡。

(3) 车辆碰撞。被撞较轻一般不影响行车，被撞较重特别是发动机受损、油箱位置被撞会更危险。

(4) 轮胎故障。主要是行驶中轮胎无气、爆胎。

(5) 制动故障。主要是制动失效、制动距离过长、制动跑偏和侧滑。

(6) 交通安全事故：

①驾驶员为躲避行人或车辆采取紧急制动措施；

②发生车辆机械事故；

③发生行车安全事故；

④发生车辆失火事故。

遇到上述问题时，我们要以冷静的态度向乘客宣传解释，耐心疏导乘客换乘其他车辆。发生行车事故首先要救助伤员，保护现场，与急救中心、公安交通部门、上级机关及时取得联系，报告事故情况，协助相关部门调查、取证。一般的车辆技术故障，驾驶员可自行解决的要妥善解决。例如，车辆半路抛锚了，如果需要乘客协助推车，应以诚恳求助的语言动员乘客："各位乘客，本车熄火了，为了节省大家的宝贵时间，请您协助我们推一下车，谢谢大家!"切忌简单生硬命令式口气："都下去，推车"。如果是自身解决不了、无法继续运营的车辆故障，要向乘客说明情况，表示歉意，动员乘客换乘其他车辆，并尽快与抢修救援中心取得联系，最大限度减少交通堵塞。驾驶员在行车中，为了躲车、让车或者发生紧急情况时，采取紧急制动措施，乘务员要经常向乘客提示安全乘车，当出现紧急制动时，首先要问清有无受伤的乘客，如有乘客受伤要尽力抓到肇事者，然后将伤者送往附近医院治疗。

公交车如果在行驶中发生了交通事故，势必会影响乘客的出行并给乘客带来不便、麻烦或伤害。乘务员在依法依规妥善处理交通事故的同时，还必须及时地向乘客表达自己的歉意，应该说："各位乘客，因本车发生了交通事故，不能继续行驶，请各位换乘下一辆车，您所购买的车票依然有效。哪位乘客受伤了，我们带您去医院看病或留下联系方式。由于交通事故给您带来的不便、麻烦或伤害，我们深表歉意"。

当运营车辆行驶途中发生车辆故障时，乘务人员应根据故障情况，分三种方式向乘客宣传。一是当车辆发生简单故障时，驾驶员应迅速进行故障排除，驾乘人员应宣传："对不起，车辆发生了一点小问题，请大家原谅、稍候"。二是当车辆发生驾驶员不能排除的故障时，驾乘人员应宣传："对不起，车辆发生了故障，已不能继续行驶，请大家原谅"。同时要主动拦截下辆车，协助乘客换乘。三是当车辆发生危险的故障时，驾驶员要立即靠边停车，驾乘人员应及时打开车门，积极疏导乘客离开车辆并宣传："对不起，车辆发生了意外故障，请大家马上下车"。在条件允许的情况下，驾乘人员应拦截下辆车，协助乘客换乘。

正确处理乘务矛盾既有工作方法问题，也有对乘客的态度问题。在处理乘务工作各种矛盾过程中，我们应当掌握乘客心理，经常用换位思考的方法，设身处地为乘客着想，从自身查找问题，改进服务工作，就能够处理好乘务矛盾。

思考题：

1.为什么要正确处理乘务矛盾？

2.正确处理乘务矛盾的基本原则是什么？

3.为什么要牢牢树立服务意识？

应会题：

能够运用处理乘务矛盾的原则和方法妥善处理乘务矛盾。

第二篇　中级乘务员

第一章

中级乘务员基础知识

第一节　北京地理知识

一、北京行政概况

北京市简称京，为历史悠久的古都，世界著名的文化古城，中华人民共和国的首都，是全国的政治、文化中心和国际交往的枢纽。自从50多万年前周口店的“北京人”燃起了人类文明之火，3 000多年前燕蓟古城兴建，直至辽、金、元、明、清在北京建都，人类文明的脚步从未停息，一脉相承。北京位于我国华北大平原的西北端，面积为16 808平方公里。由于北京的西、北、东三面为太行山与燕山山脉环绕，山脉的交错，断裂形成了不少山口，这些山口自古以来就是连接蒙古高原、东北平原和西部地区的重要通道。北京的地理位置十分重要，历来都是兵家必争之地，同时也是历史上许多朝代定都的地方。

北京市最北端位于怀柔区石洞子村北，最南端在大兴区榆垡镇南永定河畔，最东端位于密云县花园村东大角峪，最西端在门头沟区东灵山顶。北京市的周边是河北省和天津市。北京市的改革开放，经历了30多年波澜壮阔的历程。30多年来，北京市坚持改革创新，致力科学发展，着力改善民生，促进社会和谐，经济社会发展取得了丰硕成果，积累了许多宝贵经验，同时也为下一步继续深化改革开放奠定了良好的基础。2010年北京市委市政府按照科学发展观的要求，推动南城加快发展，实现区域统筹协调发展的重要战略举措，对现有的行政区域进行了调整，目前行政区域划分为东城、西城、朝阳、海淀、丰台、石景山等六个城区和门头沟区、房山区、通州区、大兴区、昌平区、顺义区、平谷区、怀柔区、延庆县和密云县等10个远郊区县。截止到2010年，北京市常驻人口已超过2 000万，主要民族有汉族、回族、满族和蒙古族等。

北京气候特点：第一，降水集中且降水强度大；第二，降水量空间分布不均匀；第三，山前平原增温显著；第四，风向日变化显著；第五，四季分明，冬季最长，夏季次之，春、秋短促。

北京市的组织机构为：

(1) 北京市最高权利机关是北京市人民代表大会及其常设机关北京市人民代表大会常务委员会，下设各区县人大及常设机关。

(2) 北京市人民政府，是市人大的执行机关，下设各区县政府，区、县政府之下设街道办事处或乡政府，市政府还下设各职能局。

(3) 北京市高级人民法院和北京市人民检察院，为本市司法机关，下设中级人民法院及区县级法院和检察院。

(4) 中国人民政治协商会议北京市委员会，下设各区县级政协，为本市政治协商机构。

二、北京市的旅游资源

北京是中国历史古都和文化名城之一，有3 000多年的建城史和850年的建都史，古迹之多，园林之美，山水之胜，拥有众多辉煌的帝都景观和丰厚浓郁的文化底蕴，是闻名遐尔的东方古都。在国际上久负盛名，是我国目前最大的旅游城市。世界上最大的皇宫紫禁城坐落在京城的中轴线上，加上皇家园林颐和园、万里长城以及著名的北京四合院恭王府等等，全市文物古迹达7 300多项，旅游景点200多处。2009年，北京市旅游局评选出了我心目中的“新北京十六景”。新十六景点为：八达岭长城，国家体育场（鸟巢），国家游泳中心（水立方），故宫博物院，颐和园，天安门广场，天坛，北京王府井，什刹海（后海），北京欢乐谷，圆明园遗址公园，明十三陵，北海公园，卢沟桥，国家大剧院，周口店北京人遗址，见表2-1-1。上海世博会期间，“新北京十六景”等北京代表性的景观形象参与到了巡游表演中。通过巡游充分展示了老北京人的生活状态、京味文化、传统手工艺和非物质文化表演等内容，突出了老北京文化特色。

今天的北京古老与现代交融生辉，小胡同、老茶馆、新潮酒吧街、繁华商业区，无限的摩登元素与老北京地道的京味儿相互交融。2008年第29届奥运会的举办，更使这座历史文化名城生机盎然，迎来首都市政建设的新飞跃，为北京建设世界城市的发展目标增添了浓厚的色彩。

北京“新十六景点”一览表　　表2-1-1

景点名称	地　址	可乘公交线路
天安门广场	东城区长安街	乘坐1、2、5、10、20、22、37、52、59、82、99、120、126、728、专1、专2、地铁1号线均可到达
八达岭长城	北京延庆县	乘坐919慢、919直达快车区间、919大站快或在前门乘旅游集散中心旅游专线车
国家体育场（鸟巢）	北四环 北辰西桥东	乘坐81、82、510、607北辰西桥北下车；83、85、86国家体育馆下车；538北辰东路或国家体育场东下车；417、611、928慧忠路西口下车；386、407、656、658、696、689、740、939、944、944支、983、运通113线北辰桥西或亚运村站下车；84奥体西门下车；108、124、328、379、380、406、408、419、479、620、653、694、758、984、985、特2、特11路安慧桥北下车；387、558、快速公交3号线区/支线炎黄艺术馆站下车；484、628、751、913、运通110线洼里南口站下车；地铁8号线奥林匹克公园站下车

续上表

景点名称	地　　址	可乘公交线路
国家游泳中心(水立方)	北四环 北辰西桥东	乘坐 81、82、510、607 北辰西桥北下车；83、85、86 国家体育馆下车；386、407、656、658、689、740、939、944、944 支、983、运通 113 线北辰桥西下车；696 亚运村站下车；84 奥体西门下车；484、628、751、913、运通 110 线洼里南口站下车；695 中科院地理所站下车；地铁 8 号线奥林匹克公园站下车
故宫博物院	东城区 景山前街 4 号	乘坐 101、103、109、124、609、614、619、685、810、专 1 可到北门；乘坐 1、5、10、20、22、37、52、59、82、99、728、专 1、专 2、地铁 1 号线可到南门；乘 2 路、82 路东华门站或专 1、专 2 路故宫东门站下车可到东门；乘 5 路、专 1、专 2 路到西华门(故宫西门)站下车可到西门
颐和园	海淀区 新建宫门路 19 号	乘坐 330、331、332、346、394、608、626、690、696、718 路可到正门，乘坐 303、330、331、346、375、384、393、563、601、608、696、697、718、特 5、特 10、地铁 4 号线可到北门，乘坐 469、539 可到西门；乘坐 74、374、437、952 可到新建宫门
天坛	北京市崇文区天坛路天桥东侧	乘坐 2、6、7、17、20、36、69、71、105、106、110、120、504、626、707、729、特 11 路、快速公交 1 线天桥或天坛西门站下车到西门；25、34、35、36、39、43、60、116、525、610、614、684、685、687、723 法华寺站或地铁 5 号线天坛东门站下车到东门；53、120、122、614、958、特 3、特 12、运通 102 线天坛南门站下车到南门；6、36、110、707 路到天坛北门站下车到北门
北京王府井	东单大街的西边	乘坐 103、104、104 快、420、614、专 2、特 11 路新东安市场站或王府井路口北站下车或 10、20、37、41、59、99、120、126 路、地铁 1 号线王府井站或 2 路、82 路东华门站下车可到达

续上表

景点名称	地　址	可乘公交线路
什刹海	地安门西大街	乘坐 5、60、82、107、124、635 路鼓楼站或地安门外站下车；13、42、107、111、118、609、623、701 路北海北门站下车；55 路蒋养房站下车可到达
北京欢乐谷	朝阳区东四环四方桥东南角	乘坐 31、41 路到厚俸桥南或 674、680、687 路北京华侨城站下车可到达
圆明园遗址公园	海淀区 清华西路 28 号	乘坐 319、320、331、432、438、498、601、626、664、690、696、697、特 6 路圆明园南门站或 365、562、614、656、681、957 快 2、982、特 4 路、运通 105、运通 205 线清华西门站下车或地铁 4 号线圆明园站下车可到南门；365、562、614、656、681、957 快 2、982、特 4 路、运通 105 线、运通 205 线圆明园东门站下车可到东门
明十三陵	北京西北郊昌平县境内的燕山山麓	德胜门乘 925 路或 925 旅游专线可直达或先在德胜门乘 345 快到中国政法大学站、昌平东关站换乘 314 路可到达
北海公园	西城区 文津街 1 号	乘坐 101、103、109、124、614、619、685、专 1、专 2 路公交车至北海站下车到北海南门；乘 13、42、107、111、118、609、623、701 路公交车至北海北门下车到北门；乘 5 路、609 路公交车至西板桥站下车到北海东门
卢沟桥	丰台区永定河上	乘坐 309、329、339、458、459、624、661、662、978 路到卢沟新桥下车
国家大剧院	西城区 西长安街 2 号	同“天安门广场”
周口店北京人遗址	北京市西南房山区周口店镇龙骨山北部	从天桥坐 917、917(十渡)、917(张坊)线路到周口店路口下车，换乘房山 38 路即到。或到前门乘坐北京旅游集散中心旅游专线车可到达

北京城区近郊名胜古迹众多，许多地方都为广大游客所喜爱，有极大的旅游价值。以故宫为代表的一大批古建园林均已向游客开放，如东城区的古观象台、智化寺、孔庙、国子监、钟楼、鼓楼；西城区的宋庆龄故居、恭王府花园、月坛、白云观、妙应寺、西城区的先农坛、法源寺；海淀区的圆明园遗址、五塔寺、紫竹院、玉渊潭、植物园、大觉寺、卧佛寺等都已成为广大游客所熟悉的游览胜地。

近年来，北京远郊区县的旅游景点由于背靠青山绿水，自然环境异常优美，人文景观丰富，在改革开放政策的鼓舞下，经过当地人们的不懈努力，已形成“吃、住、行、游、购、娱”六大要素齐备的接待服务体系。去郊区旅游已成为北京市民休闲娱乐的首选之地，像昌平区的虎峪、碓臼峪、莽山；大兴区的麋鹿苑、北京濒危动物中心；房山区的石花洞、云居寺、上方山；怀柔区的幽谷神潭、云蒙山、雁栖湖；门头沟区的潭柘寺、百花山、灵山、妙峰山、平谷区的金海湖、京东大峡谷，丫髻山；顺义区的北京绿色度假村、焦庄户地道战遗址；通州区的运河度假休闲乐园、西海子公园；密云县的黑龙潭、司马台长城；延庆县的古崖居、松山森林旅游区等。

更值得一提的是，近年来北京大力开发的科技开发区，旅游度假村以及知名的高等院校也成了人们游览观光的好场所。

三、北京市的商业及旅游饭店

北京是个繁华的都市，北京的风味小吃历史悠久、品种繁多，比如艾窝窝、豆汁；北京体现着丰厚的文化底蕴，比如庙会；体现着城市深厚的历史底蕴，比如故宫；展示着丰富的艺术藏品，比如首都博物馆；承载着各大文化节演出和活动，比如国家大剧院；汇聚着世界各大知名品牌，创造了便利的休闲和购物环境，比如王府井大街和前门大街……可以说，北京已经具备了成为一流商业城市的各项基础条件。随着北京城市经济的发展和人民生活水平的不断提高，北京的商业街近年来得到长足的发展，不仅有像王府井、西单这样的大型综合商业街区，还形成了很多初具特色发展雏形的商业街，如餐饮街、茶叶街、花卉街、图书街、建材街、服装街、酒吧街等。北京有老字号 140 余家，涉及店铺、饭馆、作坊、企业、戏院、书店、文物、古玩、工艺等方面，这些老字号岁数长者已有几百年，短者也可以追溯到清末民初，清代旧店至今尚有多处，像全聚德、稻香村、同升和、同仁堂、荣宝斋等不但在北京有口皆碑，有些已走向全国甚至名扬海外。

随着国内外来京旅客的大量增加，北京的饭店、旅游业迅猛发展，在市区、郊区及旅游区，利用外资、国家与地方部门共同投资以及乡镇集资等多种方式，新建或扩建了许多不同档次的宾馆、饭店、旅社等。部分宾馆饭店一览表见表 2-1-2。

部分宾馆饭店一览表 **表 2-1-2**

名称	星级	地址
钓鱼台国宾馆	5	海淀区阜成路 2 号
北京饭店	5	东长安街 33 号
贵宾楼饭店	5	东长安街 35 号
王府饭店	5	金鱼胡同 8 号
长富宫饭店	5	建外大街 26 号
中国大饭店	5	建国门外大街 1 号
京广中心	5	朝阳区呼家楼路口
长城饭店	5	朝阳东三环北路 10 号
昆仑饭店	5	新源南路 2 号
希尔顿饭店	5	东三环东方路 1 号
新世纪饭店	5	首体南路 6 号
王府井大饭店	5	王府井大街 57 号
香格里拉饭店	5	紫竹院路 29 号
皇冠假日饭店	5	王府井大街 48 号
华侨大厦	5	王府井大街 2 号
国际饭店	5	建国门内大街 9 号

续上表

名　　称	星　　级	地　　址
天伦王朝饭店	5	王府井大街 50 号
港澳中心	5	东四十条立交桥
建国饭店	4	建外大街 5 号
京伦饭店	4	建外大街 3 号
新大都饭店	4	车公庄路 21 号
五洲大酒店	4	北辰东路 8 号
丽都假日饭店	4	首都机场将台路
赛特饭店	4	建外大街 22 号
和平宾馆	4	金鱼胡同 3 号
国贸饭店	4	建外大北窑
西苑饭店	4	三里河路 1 号
兆龙饭店	4	工体北路 2 号
奥林匹克饭店	3	白石桥首体北侧
民族饭店	3	复内大街 51 号
前门饭店	3	永安路 175 号
二十一世纪饭店	3	亮马桥路 40 号
台湾饭店	3	金鱼胡同 5 号
龙泉宾馆	3	门头沟水闸北路
保利大厦	3	东直门南大街 14 号

四、北京的交通

2004 年，北京市委市政府把优先发展公共交通作为解决北京交通问题的重要战略举措，在《北京交通发展纲要》中提出了“两定、四优先”政策。两定：确定发展公共交通在城市可持续发展中的重要地位；确定发展公共交通在社会公益性的定位。四优先：公共交通设施用地优先、投资安排优先、路权分配优先、财税扶持优先，进一步明确了城市公共交通的社会公益性定位和财政补贴政策。

2004年到2010年，同时，北京经济现代化、城市化和机动化步入了高速发展期。在享受机动化带来的方便、快捷的同时，随着人口快速增长与城市交通总体出行的显著增长，北京也面临城市资源和环境承载能力的尖锐矛盾。统计资料显示，北京常住人口从上世纪60年代的760万增长到目前的1 800万，机动车保有量从1993年的56.4万辆增加到目前的450万辆，使地面交通严重拥堵。

2010年12月，北京市政府公布了关于进一步推进首都交通科学发展，加大力度缓解交通拥堵工作的意见，将从“建、管、限”三个方面多管齐下治理北京交通拥堵。

2011年是全面实施十二五规划的第一年，解决交通拥堵问题成为了市委市政府重点解决的问题之一。力争全面建成适应首都经济和社会发展需要，满足全社会不断增长和变化的交通需求，与国家首都和现代化国际大都市功能相匹配的新北京交通体系。2011年，中心城50%的主干道和有条件的快速路均要开辟公共汽（电）车专用或优先车道，总里程由现在的114公里增加到300公里至350公里；全市轨道交通线网运营总里程将达到250公里至300公里；公共客运交通在交通建设投资中所占份额由18%提高到50%以上。

北京有北京火车站、北京西站、北京南站、北京北站四大火车客运始发站，投入运营的京广、京九、京沪、京哈、京包等几十条线路使北京连接着全国乃至世界。北京已成为全国性的铁路交通中心。2007年，全国铁路第六次大提速之后，“和谐号”动车组驶入了北京人的生活。

北京的省际长途汽车客运站有10个，其经营范围已辐射津、豫、冀、鲁、晋、辽、吉、蒙、苏、浙、皖等14个省市，运营线路400多条，长途汽车站一览表见表2-1-3。

长途汽车站一览表　　表 2-1-3

1	六里桥客运站	丰台区六里桥南里甲 19 号	乘坐 300 路、323 路、324 路、349 路、368 路、483 路、617 路、631 路、691 路、927 区、937 支路、944 路、944 支、968 路、特 2 路、特 7 路、特 8 路、运通 103 线、运通 108 线、运通 201 线可到达	石家庄、保定、邢台、太谷等
2	八王坟客运站	朝阳区西大望路 17 号	乘坐 11 路、30 路、31 路、595 路、621 路、715 路、985 路、973 路、988 路可到达	天津、沈阳、济南、太原等
3	木樨园客运站	永定门外海户屯 199 号	乘坐 2 路、71 路、366 路、678 路、996 路可到达	保定、石家庄、丰宁、梁山、青田、南京、杭州、义乌、温州等
4	丽泽长途汽车站	丰台区西三环丽泽桥东	乘坐 63 路、300 路、323 路、324 路、481 路、458 路、459 路、944 路、988 路、特 2 路、运通 103 线、运通 108 线可到达	石家庄、泰安、上海、怀安、南京、盐城、连云港、安徽、宿州、江苏、宝应、濮阳等
5	新发地长途客运站	新发地桥西侧 100 米路北	乘坐 353 路、377 路、381 路、410 路、423 路、434 路、454 路、474 路、483 路、497 路、529 路、631路、646 路、676 路、679 路、977 路、993 路、996 路、运通 115 线可到达	林东、荣城、驻马店等
6	祥龙赵公口客运站	南三环中路 34 号	乘坐 17 路、69 路、43 路、300 路、368 路、525 路、610 路、741 路、927 路、957 路、971 路、特 8 路、特 11 路、运通 102 线、运通 107 线、运通 202 线可到达	天津、大连、烟台、石家庄、温州、南京、杭州、南阳等

续上表

7	四惠长途汽车站	朝阳区建国路68号	乘坐1路、1路快、57路、312路、322路、363路、397路、402路、405路、455路、468路、475路、495路、496路、506路、553路、609路、671路、728路、753路、984路、984支、989路、地铁1号线、地铁八通线可到达	天津、唐山、承德、鞍山、抚顺、长春等
8	永定门长途汽车站	崇文区彭庄37号迤西	乘坐20路、53路、63路、72路、84路、102路、106路、122路、458路、692路、741路、927区、939路、943路、986路、958路、997路、特3路、特12路、运通102线、地铁4号线可到达	天津、连云港、锡林浩特、济南、东营、潍坊、青岛、太原、泰安、石家庄等
9	北郊长途汽车站	朝阳区华严北里甲30号	乘坐83路、305路、315路、344快、345路、618路、625路、658路、670路、695路、689路、919路、939路、地铁10号线可到达	承德、包头、二连浩特、东胜、临河等
10	莲花池长途客运站	西三环六里桥东北	乘坐1路、6路、38路、57路、74路、76路、300路、309路、323路、339路、340路、349路、390路、613路、617路、715路、687路、691路、917路、927路、941路、982路、993路、特7路可到达	信阳、沙市、武汉、临沂、周口、菏泽、太原、三门峡、黄陵等

目前北京市内的公共交通客运量主要由公共电、汽车和地铁承担。2002年9月北京第一条城市轻轨铁路开通，北京现有的地铁有1、2、4、5、8、10、13、八通、机场专线、亦庄线、昌平等线路。截止到2009年底，公交线路条数669条，线路长度17 589公里，线网长度4 152公里。2005年由前门到德茂庄的第一条快速公交线路BRT1投入运营，2008年7月底又相继开通了两条快速公交线路，分别是从朝阳门到杨闸和安定门到宏福苑小区。预计2011年将在阜石路上开通第四条快速公交线路BRT4，可以说贯穿北京的东西南北。它标志着北京公共交通事业向大容量、高速度和高环保效益

等诸方面又迈进了一大步。

第二节 手语知识

表情就是手语的形容词，这句话是一点没错的。聋人手语中很少有形容词出现，他们往往用表情代替。表情要练习吗？如果你要和聋人交流一定要注意表情，当然没有必要去练习，表情都是在语境中自然出现的，只要你和聋人交流，你一定会有表情变化，待到手语表达熟练的时候，表情也一定会很丰富的。聋人喜欢和表情丰富的人交流，尤其是正常人，如果你具有丰富的表情，聋人一定很喜欢和你交流。

公共电、汽车乘务人员为了更好地为广大乘客服务，适当地学习一些特殊语言作为交流工具是十分必要的，尤其是手语知识。因为聋哑人乘车很不方便，如果我们能与他们交流并给予特殊关照，就会给他们送去温暖和方便，进一步提高公交的服务水平，更好地塑造企业形象。

聋哑人表达思想，进行社会交往使用的是手语，手语包括手指语和手势语。

手指语简称指语，是用手指指式表示汉语拼音字母，按拼音顺序依次拼打、表达词义，是辅助手势语表达思想的方式，见图2-1-1。

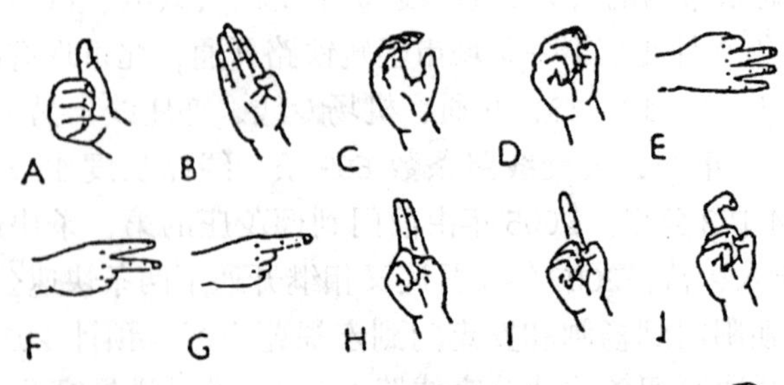

图 2-1-1

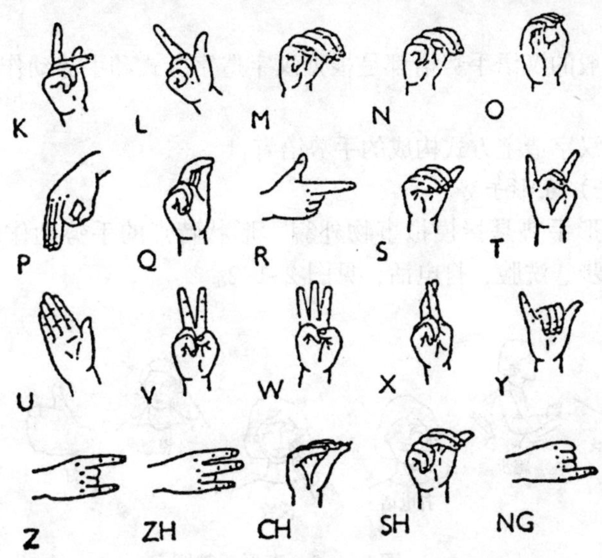

数字手势"0、1、2、3、4、5、6、7、8、9、10、20、30、100、1000、1万、1亿"

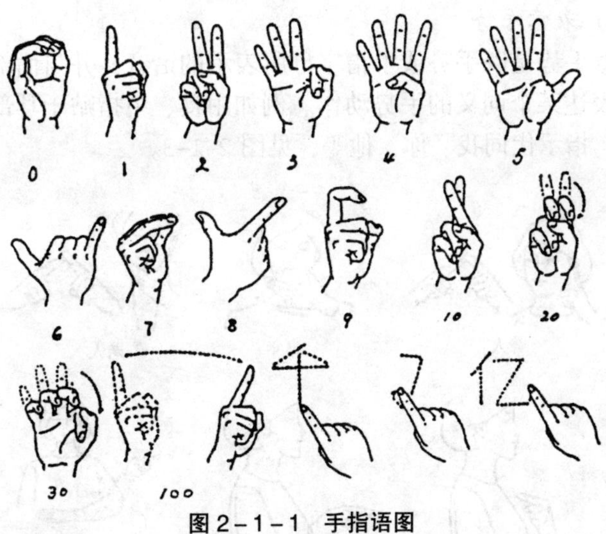

图2-1-1　手指语图

手势语是以手的动作配合口形及面部表情等，表达思想的一种工具。

一般的汉语手势语都是根据汉字造字方式和手势动作等方式构成的。

用汉字造字方式构成的手势语有：

(一) 表形手势

表形手势是指模拟事物外貌、形状特点的手势动作。例如写字、跑步、洗脸、打电话，见图 2-1-2。

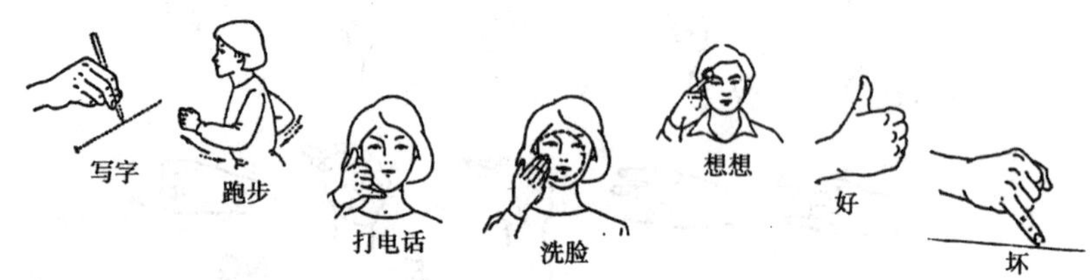

图 2-1-2 表形手势图

(二) 表意手势

表意手势是以手势或手指字母所表示的谐音，并与面部表情相结合，表达某个词义的手势动作。例如用食、中指贴于耳部，其意为聋人；指示代词我、你、他等，见图 2-1-3。

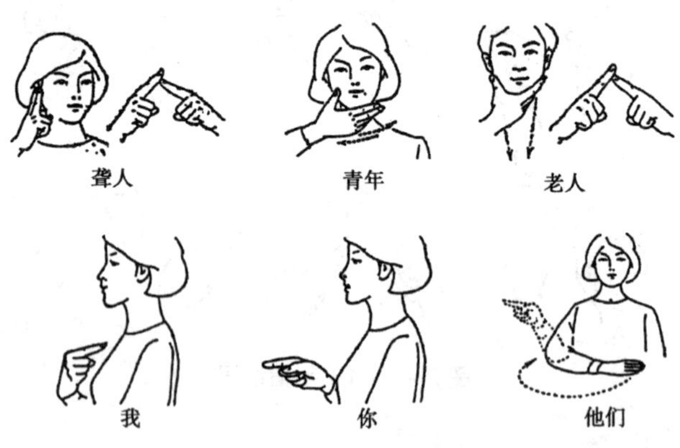

图 2-1-3 表意手势图

(三) 表音手势

表音手势是指借某一事物的手势或手指字母所表示的谐音，用来代替的手势动作。如“天气”就是借助数字“七”的音及手势的动作表示的，“意义”也是借助用数字“一”的音及手势动作表述，见图 2–1–4。

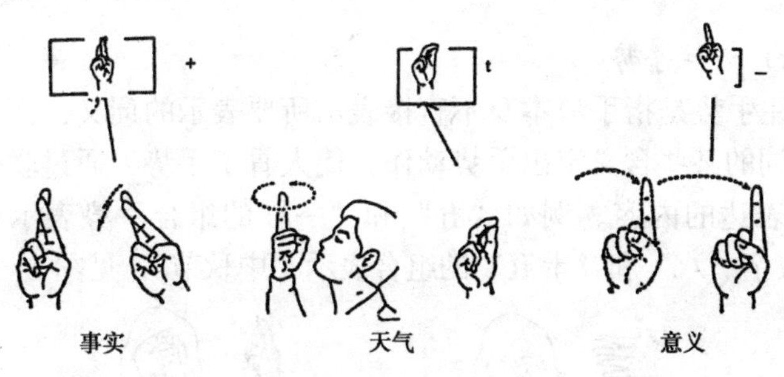

图 2–1–4 表音手势图

(四) 仿字（符号）手势

仿字（符号）手势是指用双手手指搭成（模仿）汉字字形。汉字笔画少的可用此办法，例如“工人”、“品德”和数学符号“+、–、×、÷”，见图 2–1–5。

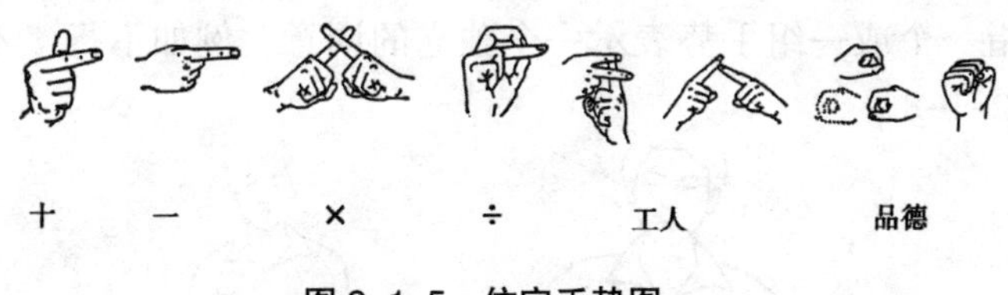

图 2–1–5 仿字手势图

(五) 书空手势

书空是指在空间（面前）或手掌上、桌面上，用食指写出汉字或手指字母的动作。这种办法主要是用于某些手势和手指字母不易表达的词汇，例如“了”、“几”，见图 2–1–6。

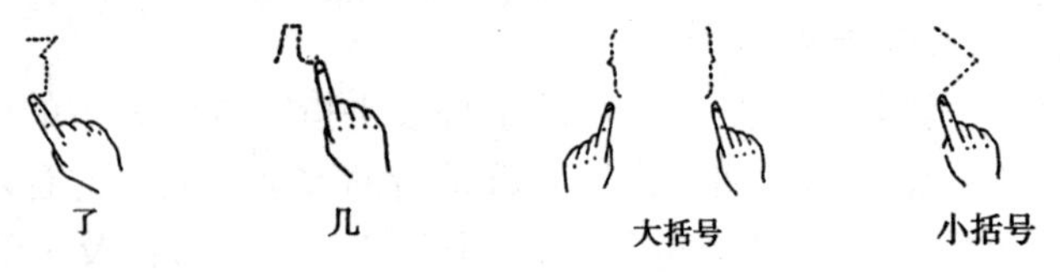

图 2-1-6　书空手势图

（六）专注手势

专注手势是指手势本身不直接表示所要表示的词义，而是以所要表示词的某些含义定出手势动作，使人看了手势，通过联想去了解他要表达的内容。例如“五”和“一”的组合手势表示“劳动节”，数字“八”和“十五”的组合表示“中秋节”，见图 2-1-7。

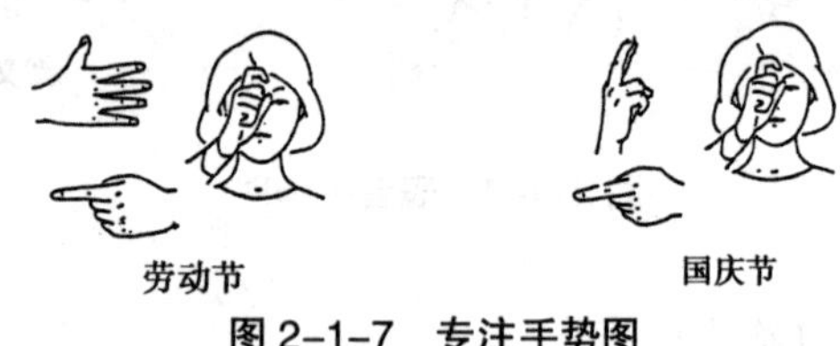

图 2-1-7　专注手势图

用手势动作方式构成的手势语又可分为独立手势、基本手势和组合手势，具体内容如下：

（一）独立手势

指一个或一组手势表示一个独立的词意，例如不行、不管等，见图 2-1-8。

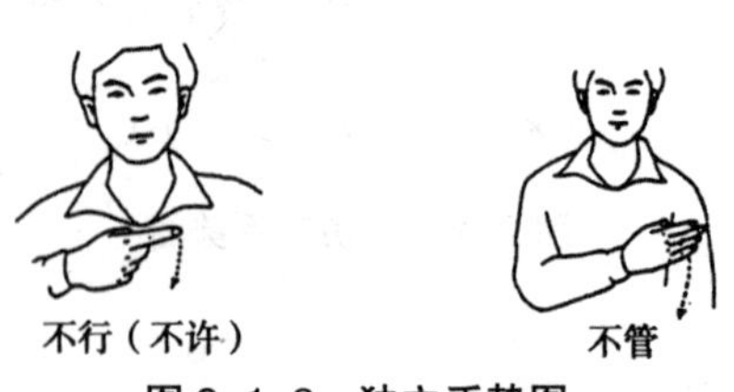

图 2-1-8　独立手势图

（二）基本手势

指一个手势表示一个或几个近义的词义，并可以同其他手势组合，构成新的词汇。例如自己、尊敬、指导、清楚等词属基本手势，如果和其他手势组合就可表达新的词义，例如“自己+尊敬=自尊”、“知道+清楚=明确”，见图 2-1-9。

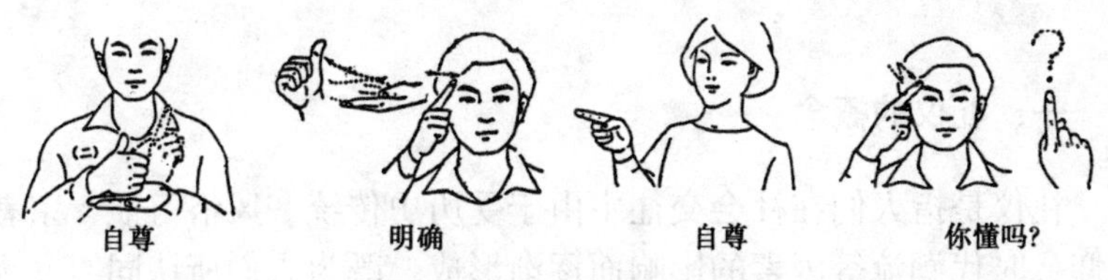

图 2-1-9　基本手势图

（三）组合手势

组合手势是指由两个或两个以上的基本手势组合表达新的词义的手势动作。例如，“手工”是一表形手势、仿字组合而成；“残疾人”是以仿字、指语两种手势组合而成；“所以”是由两个手指字母组合而成等等，见图 2-1-10。

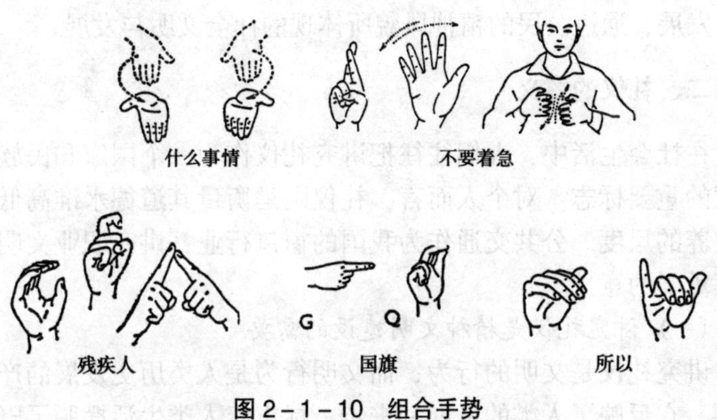

图 2-1-10　组合手势

用手语交往要切记注意口形及面部表情的配合，而且口形和表情要适当夸大。例如，问你好，就要面带笑容。

第三节　礼仪知识

一、礼仪的概念

礼仪是指人们在社会交往中由于受历史传统、风俗习惯、宗教信仰、时代潮流等因素的影响而逐渐形成，既为人们所认同，又为人们所遵循，以建立和谐关系为目的的各种符合社会道德规范、伦理规范精神及要求的行为准则。礼仪虽然更多地表现为种种外在形式，但却反映着精神文明的深刻内涵。在现代文明社会中占有极其重要的地位，反映出一个民族的道德文化和精神风貌。由于礼仪是社会、道德、习俗、宗教等方面人们行为的规范，所以它是社会文明程度和社会人道德修养的外在表现形式。

今天，人们对于礼仪的认识更多地已提升到文化的认识。礼仪文化是指一个国家、一个群体其政治、经济、文化、风俗、宗教等综合发展，通过公民的精神风貌所体现的社会文明与发展。

二、礼仪的意义

在社会生活中，人们往往把讲究礼仪作为一个国家和民族文明程度的重要标志。对个人而言，礼仪则是衡量其道德水准高低和有无教养的尺度。公共交通作为我国的窗口行业，讲究职业文明礼貌有其重要的意义。

（一）讲究礼仪是精神文明建设的需要

讲究礼仪是文明的行为，而文明行为是人类历史发展的产物和需要。它反映了人类的发展和进步，标志着人类生活摆脱了野蛮和愚昧。在人类文明史上，依次出现过奴隶制社会文明、封建制社会文明、资本主义社会文明，如今我们要建立的是社会主义社会的精神文明，这是人类精神文明发展的新阶段，是社会主义社会的重要特征。社会主义精神文明建设的根本任务是适应社会主义现代化的需要，培养有理想、有道德、有文化、有纪律的社会主义公民，提高整个中华民族的思想道德素质和科学文化水平。

在精神文明建设中，特别要加强思想道德建设，讲求社会公德、职业道德与纪律教育。礼仪属于社会公德的一部分，是思想道德与职业道德建设的基础部分，也是纪律教育中必不可少的一个方面。讲究礼仪反映了社会主义精神文明的程度和公民的精神风貌。同时，它又反作用于思想道德建设，促进社会主义精神文明的发展。可见，这种文明一旦与亿万人民群众行动相结合，就能成为改造自然、推动社会进步的原动力。在当前，它对加强国际交往、增进我国人民与各国人民的友谊，具有十分重要的现实意义和深远的历史意义。

（二）讲究礼仪是人际关系和谐的需要

人们都希望自己能在安定、团结、和谐的环境中工作、学习和生活。安定团结是党的方针政策，也是改革开放以来国家为广大人民群众造就的一种社会环境，人人都十分珍惜。如果人际关系紧张，火药味十足，见面、相处、离别时连句客气话都不讲，那么工作中必然会矛盾重重，甚至生活也会感到乏味无趣。所以，讲究礼仪是为人们创造安定团结环境的需要，是人际关系和谐的润滑剂。

（三）讲究礼仪是社会平等交往的需要

在社会主义制度下，人们的关系是同志式的互助合作关系，他们彼此尊重，相互关切，这是平等的要求和体现。高度社会化的大生产已经使整个社会分工愈来愈细，在这种生产方式中劳动和生活的人们通过长时间的实践，认识到人与人之间必须紧密配合，互相联系，互相关心，互相合作。人类社会在高度社会化大生产的条件下，除了在阶级社会中的阶级关系之外，还有人际关系这一重要方面，即在社会化大生产中，要求彼此地位平等、相互协作、相互关心、相互帮助，也正是这种要求，成为人们平等交往中共同的礼仪基础。

社会交往是人类生活的影子。可以说，自从有了人类社会，便有了人与人之间的交往。没有社会交往，人类的生活是无法想象的。人们参加社交活动，可以调节紧张的生活，建立友谊，交流感情，融洽关系，广结良缘，增长见识，拓展信息。现代化的社会对人们的社交活动提出了新的要求，社会越发展，物质生活水平越高，对人的社会交往的要求就越高。为此，人们就更需要认真学习在社会平等交往中有关礼仪方面的知识。

（四）讲究礼仪是文明社会公民应有的行为规范

人与动物的区别，不仅在于人会说话、能劳动，更重要的是人类讲究礼貌礼节，这说明人已脱离了野蛮和愚昧，生活在文明社会之中。所以，在社会中，每个人都应该学会尊重他人，其表现首先就是对别人要有礼貌。实际上，人人都有自尊心，并希望别人尊重自己，希望在别人眼里自己是一个受人欢迎的人。如果自己不注重讲究礼仪，甚至庸俗粗鲁，蛮不讲礼，就不可能被别人瞧得起，更谈不上得到别人的尊重。因此，作为文明社会的公民，就必须约束自己的言行，养成讲究礼仪的良好习惯。

我国古语有“诚于中而形于外”之说，即只有思想“诚”，才能在实际中讲究礼貌礼节。社会主义社会的职业文明是建立在人与人相互平等、相互尊重的思想基础上的，只有尊重别人、关心别人、体贴别人，才会在职业交往中注意自己的言行，养成良好的职业礼貌习惯，同时自己也会受到应有的礼遇。因此，讲究职业礼貌不仅是现代公交企业发展应具有的职业行为规范，而且也是人际关系和谐的需要。

（五）讲究文明礼仪是做好乘务服务工作的先决条件

公交企业对乘客提供优质的服务，对加速我国社会主义物质文明和精神文明的建设具有十分重要的意义。处事适宜、待人以礼是公交人的应有风范，也是中华民族的优良传统。乘务服务的直接目的，是为了最大限度地满足不同乘客的正当需求，为此，就必须了解掌握应有的职业礼仪规范，懂得乘客的服务消费情感需求，以便采取正确的服务方式，使他们乘兴而来，满意而归。

三、乘务礼仪

乘务礼仪就是公交服务礼仪，主要包括乘务人员的仪表仪容、着装规范和行为举止等三个方面的内容。公交企业乘务人员因特殊的工作性质——窗口行业，特殊的工作环境——流动车厢、流动乘客，特殊的工作程序——为每一位乘客送去温暖并完成售票工作，因此乘务岗位的礼仪就显得非常重要。

(一) 乘务人员的仪表

仪表，是指人的外表，它包括容貌、姿态、风度以及个人卫生等方面。

公交乘务人员在运营服务当中，每天接触成千上万的乘客，其仪表仪容，不仅代表着自身和企业的形象，展示着人格和企业的信誉与尊严，而且还体现着社会的文明程度、道德水准，反映着民族和时代的风貌。在某种程度上可以说，乘务人员仪表是公交服务质量不可缺少的组成部分。因此，公交乘务人员对乘务仪表要有明确的、高度的认识，在服务当中注重和规范自身的仪表仪容。

乘务人员的仪表应当是：仪容整洁，仪表端庄，举止大方，待客有礼。

我们所讲的仪表端庄是指乘务人员的服饰、装扮。我们的乘务员绝大多数是青年人，其中女青年又占着多数。爱美之心人皆有之，青年人特别是女青年又更加刻意打扮自己，处处显露着青春活力，这本来是无可非议的，但是，我们的工作是服务性的工作，而且不像饭店、宾馆那样有固定的服务场所，我们工作的岗位是车厢，服务的特点是马路车间，单车作业，这一点在郊区，特别是边远郊区线路显得尤为突出，根据工作岗位的特点，我们提倡乘务员的仪表要端庄，要适度。

所谓端庄、适度是指在工作岗位上乘务员的服饰要适合工作的需要，不要过份追求时髦或新潮，不要过分地引起他人注意，应该穿统一配发的服装。至于离开工作岗位之后，完全可以按照自己的心愿去装饰自己。化妆已经成为许多女同志装扮的重要手段，在工作岗位上，略施淡妆、突出东方女性的美，显得更有活力，是无可非议的，但我们坚决反对浓妆艳抹。乘务实践已经证明，那些身着奇装异服、梳着新潮发型、浓装艳抹的乘务员，别说是正确处理乘务矛盾了，往往未曾开口就在多数乘客心目中受到非议，更引起不法分子寻衅滋事，本身就会引发乘务矛盾。因此我们认为，仪表端庄会给乘客留下美好的印象，不仅为正确处理乘务矛盾、热情为乘客服务奠定基础，而且也是乘务员自我保护的一项措施。

北京公交集团公司对乘务人员仪表的具体要求是：

1.对男乘务人员的仪表要求

(1) 发型

保持头发清洁，修剪得体，两侧鬓角不超过耳垂底部。前面不遮盖眼睛，后面不超过衬衣领底线。不刻意留怪异发型或光头。

(2) 面部和胡须

上岗之前要搞好个人卫生，特别是面部卫生，剃净胡须，修剪鼻毛。

(3) 手和指甲

保持手的干净，无污浊斑迹。指甲清洁无污垢，修剪整齐，长度不超过 2mm。身体纹身部位不得外露。

(4) 饰物

工作时间、工作场合不得佩戴耳（鼻）环、耳钉、脚链等饰物。允许佩戴的饰品要求从小、从细、从一。

2.对女乘务人员的仪表要求

(1) 发型

可留各式短发和长发，但发型不宜奇特。

(2) 化妆

工作时间可化淡妆，保持容貌的清雅、秀丽、自然。切忌浓妆艳抹、香味刺鼻。

(3) 手和指甲

保持手部干净，无污浊斑迹。指甲清洁无污垢，修剪整齐，长度不超过 2 毫米。身体纹身部位不得外露。

(4) 饰物

工作时间、工作场合不得佩戴鼻环、脚链等饰物。佩戴耳环(钉)、项链、戒指等饰物要得体，要求从小、从细、从一。佩戴发卡、头饰应美观得体。

(二) 乘务人员的着装规范

乘务人员规范的着装反映着公交员工的文明素质和精神风貌，也体现着公交企业的形象。能给乘客良好的第一印象，能增强自信心，更好地完成工作任务。乘务人员应当按照企业规定规范穿着职业装。

1.职业装着装规范

职业装应做到干净、平整，无破损、无异味。穿着应做到端正、规范，按季节更换职业装，各季服装不混穿。

(1) 夏装

夏装为短袖衬衫和西式长裤，应整套穿着。衬衫领口平整，衣扣除领口第一颗扣子可敞开外，其他全部系上。西裤应干净平整，系好拉链和扣子，衣袖和裤腿不能挽起。不准穿拖鞋或凉鞋拖穿。

(2) 春秋装

春秋装为长袖衬衫、马甲和猎装应整套穿着。猎装外衣的钮扣须全部系好，不得敞胸露怀。衬衫领口平整，衣扣除领口第一颗扣子可敞开外，其他全部系上。衬衫下摆须掖入裤内，袖扣系好，袖口不得卷起，衬衣内可套穿其他衣服，但不得外露。佩戴领带、领花时应系好领扣。春秋装上身可单独着衬衣和马甲。

(3) 冬装

冬装为防寒服，冬季可单独着防寒服，也可内着春秋装，外罩防寒服。单独着防寒服时，长裤不作要求。防寒服外不得套穿其他服装。

2.职业装标志及饰物佩戴

(1) 胸牌、星级卡

上岗时必须佩戴胸牌和星级卡。胸牌应戴在左侧上衣口袋上沿居中位置处。星级卡应正确悬挂在胸前，正面向外，不得将其卡装在衣兜内，不得随意挂在纽扣上或其他位置。胸牌和星级卡无破损。

(2) 领带、领花

在重大节假日、重要活动、重要会议或其他规定场合，应佩戴领带、领花。佩戴领带、领花时应系好领口。领带系端正，领花贴近领口。

3.职业装换季时间

夏装着装时间为6月至8月，春秋装着装时间为9月至10月和4月至5月，冬装着装时间为11月至次年3月。

乘务人员要按要求正确穿着职业装，不可搭配其他服装，不准随意改动职业装。穿鞋要与职业装搭配协调。

(三) 乘务人员的行为举止

公交乘务人员的行为举止，主要是指乘务人员在服务当中表现出来的仪态、站立、行走、动作等。乘务人员的一举一动，是一个人精神面貌的外在体现，也是对乘客态度一种由内而外的自然流露。乘务人员的行为举止既能够体现出自身性格、文化素质和道德修养，也能够反映出乘务人员的心理状态和文明程度。北京公交集团公司把“和蔼可亲礼貌待客，积极主动询问需求，热情周到体贴照顾，宾至如归笑迎笑送”作为文明服务行为基本内容和标志，强调和突出“得体规范的着装，温文尔雅的举止，细致周到的服务”，突出重点照顾“老、幼、病、残、孕”、外埠及国际友人的乘车，使文明服务行为贯穿公交运营服务全过程。

乘务人员在车厢服务中应做到举止大方，行为得体。举止大方是指乘务人员在工作岗位上表情、言谈、行为要得体，不卑不亢，既要热情为乘客提供服务，又要掌握好言谈、表情、行为的分寸。我们所表达的意思，所使用的语言，所采取的行动，所流露的表情，要能为乘客所接受、所肯定。

1.坐姿

坐姿要稳重、端正。售票员在售票台上的坐姿要端正，温文尔雅。不要歪倚斜靠，犯困打盹，腿脚伸得很远或翘二郎腿。坐时应克服不雅的坐姿，包括半躺半坐、前仰后倾、歪歪斜斜、两腿跷在售票台上、坐在椅子背上，等等。不雅的坐姿会给乘客轻浮、疲惫且缺乏修养的印象，是失礼和不雅观的。

2.立姿

立姿要端正、挺拔。乘务员在站立时要保持身直、挺胸、两肩平正，给乘客留下挺拔、舒展、健美的印象。在车辆运行中服务，要在保证安全的基础上，尽可能保持立姿美，如站立售票可身体倚门，依靠座位作为支撑，保持身体平衡，但不可靠在乘客身上。站立应克服不雅的立姿，包括弯腰驼背、斜腰曲腿等。不雅的立姿会给乘客懒散、缺乏力量、不健康的印象。

3.走姿

走姿要优雅、轻盈，有节奏感。在车厢中行走要保持“轻、稳、灵”，不要给乘客留下忙乱无章、慌慌张张的感觉。在人多拥挤打串票时要礼貌用语在先，如“对不起，我过去一下”，然后方可从乘客身后侧身走过，动作要轻，不可横冲直撞。这些小节不注意，既影响自身形象，也表现出对乘客不够尊重。行走时应克服不雅的走姿，包括左摇右晃、重心不稳、步履拖沓、踢拉着鞋走路、内外八字脚等，不雅的走姿不仅有失风度，也破坏了行走时的平衡对称及和谐一致的感觉。

4.对其他姿势的要求

在车厢服务中，乘务人员的一个表情、一个动作都是一种无声的形体语言，正确的形体语言，可以起到事半功倍的作用，错误的形体语言，会起到不好的作用。

手势。手势是乘务人员在车厢服务中使用最多也最灵活方便的肢体语言，有极强的吸引力和表现力。手势的运用要规范适度，简洁明确，自然亲切。疏导乘客运用手势掌心应斜向上方，手势的摆动宜亲切自然，动作宜慢忌快，注意不要攥紧拳头，更不能用食指点乘客。售票员在配合驾驶员进行安全行驶时，可用手势向车辆、行人示意，但不应探出身体用手敲击车身。

表情。表情是心理活动的寒暑表，表情可以辅助甚至代替有声语言，乘务人员在服务中的表情如何，是向乘客传递信息最有效的方式。自然真挚的表情是塑造良好服务形象的必要内容。乘务人员对待乘客的表情应当是友善坦诚，率真自然，适度得体，温文尔雅。要学习李素丽的微笑服务，充分发挥微笑在表情中的魅力，让乘客感到亲切温暖。可以说，车厢是舞台，乘务人员是这个舞台上的演员，当你登上这个舞台的时候，就应当把个人的喜怒哀乐放在一边，笑迎八方乘客，演好自己的角色，全身心投入工作。因此，要注意自己的表情，对乘客不可趾高气昂、盛气凌人、目中无人、表情木讷。

（四）谈吐的礼节与礼貌

交谈是人们传递信息和感情、彼此增进了解和友谊的一种方式，是一种有来有往、相互交流思想情感的双边或多边活动，同时，交谈也是一件十分有意义的活动。从谈话中，我们可以体会出一个人的学识与修养。说话时或是指手划脚、音调高昂，或是口沫横飞，或是儒雅君子、淑女之风、彬彬有礼，直接地会让听话者对说话的人产生难以磨灭的印象。因此，在与人交往时，应特别注意自己的谈吐礼节与礼貌。

交谈，一要“听”，二要“讲”。当你听别人讲话时，思想要集中，要认真听，不可左顾右盼，或者搔头掏耳，甚至面带倦容，哈欠连天。要让别人把话讲完，不要轻易打断别人的谈话。如确实需要插话或打断对方的谈话，可以用商量、请求的口气要求对方同意，比如说声“对不起，打断一下好吗”之类的话。别人谈话时，如果出现了错误、不妥之处，我们不应嘲笑，特别在人多的场合，尤其不可如此，这会伤害对方的自尊心。如确有必要提醒对方，应在事后诚恳、委婉地当面指出。

谈话要真诚，不要装腔作势、言不由衷，不要胡乱赞美、恭维别人，也不要盛气凌人，武断专横。只有彼此真诚，大家才能推心置腹地交谈。

四、民族礼仪

我国是历史悠久的文明古国，几千年来创造了灿烂的文化，形成了高尚的道德准则、完整的礼仪规范，被世人称为文明古国、礼仪之邦。民族礼仪是由各民族传统的风俗习惯形成的共同遵守的礼节，是待人接物时有礼貌的表达方式。我国共有 56 个民族，百万人口以上的民族就有 15 个。在这里我们简要介绍蒙、回、藏、维、哈、朝 6 个民族对问候或感谢的表达方式。

蒙古族。蒙古族人性格豪爽，并很讲究礼节。同辈相遇都要问好，说声“门德”。遇到长辈时要首先请安，否则视为无礼。他们热情好客，对来客不论是熟人还是陌生人总是出帐篷迎接。随后主人把右手放在胸前，微微躬身，请客人进入蒙古包。

回族。回族人信奉伊斯兰教。在礼俗方面，有尊敬长者，禁止用食物开玩笑，不用禁忌的东西做比喻，禁止背后议论别人的短处，外出必须戴帽，不能露顶等等。

藏族。见到长辈或尊敬的人，要脱帽，弯腰过 45°，有的地区合掌与鞠躬同时并举，合掌要过头，表示尊重，这种致礼方式多用于见长者或尊敬的人，见到平辈人头稍低一下即可。

维吾尔族。亲友相见，握手问好，然后躬身后退一步右臂抚胸，妇女在问候之后，要双手扶膝躬身道别。

哈萨克族。宾主相见或见长辈和尊者，要以手贴胸欠身问好。

朝鲜族。亲友相见相互点头，鞠躬行礼。

五、涉外乘务礼仪

随着国际交往的不断扩大，越来越多的国际友人从世界各地来到中国的首都北京参观访问、旅游观光、探亲度假、留学深造，这是北京朝着与国际化大都市接轨方向发展的必然趋势。作为首都窗口行业的北京公交，在车厢服务中乘务人员经常遇到外宾乘坐我们的车辆，乘务人员在与外宾的接触过程中，我们代表的不仅仅是自己，也代表着公交的形象、首都的形象，甚至代表着整个国家的形象。了解和掌握乘务涉外礼仪知识，对于提高服务技能，更好地服务外宾乘客有着重要意义。下面就涉外乘务礼仪进行介绍。

(一) 涉外礼仪的基本原则

在涉外交往中，应当依照国际通行的涉外交际礼仪规范标准，遵守涉外礼仪的基本原则，既表达敬意、礼让，又表现出乘务人员的人格和国格。涉外服务礼仪的基本原则具体可以概括为以下几个方面：

1.维护形象

在国际交往中，一个人形象不仅真实体现一个人的教养和品位，反映一个人的精神风貌与生活态度，而且表现他对待涉外交往对象所重视的程度，以及他所属民族和所属国家的形象，所以，必须时时刻刻注意维护自身形象，特别是要注意维护自己在正式场合留给初次见面的外国友人的第一印象。

(1) 仪容。在国际交往中，通常要求男子不蓄须，不使鼻毛、耳毛外露，不留长发；女子则不剃光头，不宜暴露腋毛，不宜化妆过于浓重；任何人都不准刺字、纹身，不准蓬头垢面。

(2) 表情。在国际交往中，最适当的表情应当是亲切、热情、友好、自然。不论是表情过度夸张，还是表情过于沉重，无任何表情，都是不应该的。

(3) 举止。在涉外交往中，每个人都要有意识地对自己的举止动作多加检点。要坚决改正诸如当众挖耳孔、剔牙齿、抠脚丫等不文明的举止动作，要认真纠正诸如对人指指点点、就座后高翘“二郎腿”，并且脚尖或鞋底直对着他人抖动不止等失敬与人的举止动作，更要努力学习那些文明、优雅的举止动作，真正做到“站有站相，坐有坐相”。

(4) 服饰。一个人的服饰不仅体现个人的审美品位，也充分反映个人修养。在涉外交往中，对服饰不加以重视，将会影响自己的个人形象。

(5) 谈吐。与外国朋友进行交谈时，一定要遵照国际惯例，自觉降低音量。同时，还应使用规范的尊称、谦词、敬语与礼貌语。

(6) 待人接物。与他人相处时的表现，亦即为人处世的态度，一个人修养再好，要是他不懂得待人接物，那么也将难以在人际交往中获得成功。重视待人接物，不光要善于运用常规的技巧，最重要的是要善于理解人、体谅人、关心人、尊重人。

2.不卑不亢

从容得体，堂堂正正。在外国人面前要自尊、自重、自爱、自信，表现得坦然乐观，豁达开朗，从容不迫，落落大方。在一切对外交往中，既不可妄自菲薄，也不应当高傲自大，盛气凌人，孤芳自赏，目空一切，自以为是，对交往对象颐指气使，冷漠无情。在涉外交往时，都必须意识到自己是代表着自己的国家，代表着自己的民族和自己的所在单位。

3.主权平等

(1) 国家的尊严受到尊重；

(2) 国家元首、国旗、国徽不受侮辱；

(3) 按照国际公约规定，国家的外交代表享有外交特权和豁免；

(4) 不强制他国接受自己的意志，不干涉别国的内部事务；

(5) 在相互交往中，实行对等和大体上的平衡。

主权平等是现代国际关系的基本准则。在礼宾序列、文字的使用问题上，也应当体现各国主权平等的原则。

4.信守约定

是指在一切正式的国际交往之中，都必须认真而严格地遵守自己的所有承诺。

(1) 在人际交往中，许诺必须谨慎；

(2) 对于自己已经作出的约定，务必要认真加以遵守；

(3) 万一由于难以抗拒的因素，致使自己单方面失约，或是有约难行，需要尽早通报、解释，并向对方致以歉意，主动承担损失。

总而言之，在涉外交往中，必须诚实守信，说话算数，办事讲究信誉，绝不在信誉方面进行“形象自残”。

5.入乡随俗

在涉外交往中，要真正做到尊重交往对象，首先就必须尊重对方所独有的风俗习惯。

(1) 世界上的各个国家、地区、民族，在其历史发展的具体进程中，形成各自的宗教、语言、文化、风俗和习惯，并且存在着不同程度的差异；

(2) 尊重外国人所特有的习俗，容易增进中外双方之间的理解和沟通。

当自己身为东道主时，通常讲究“主随客便”，而当自己充当客人时，则又讲究“客随主便”。在本质上，这两种做法都是对“入乡随俗”原则的具体贯彻落实。

6.求同存异

是指在涉外交往中为了减少麻烦，避免误会，“求同”就是要遵守礼仪的“共性”，“存异”则是不可忽略礼仪的“个性”。涉外礼仪大体有三种主要的方法可行：其一，是“以我为主”。所谓“以我为主”即在涉外交往中，依旧基本上采用本国礼仪。其二，是“兼及他方”。所谓“兼及他方”，即在涉外交往中基本采用本国礼仪的同时，适当地采用一些交往对象所在国现行的礼仪。其三，则是“求同存异”。

世界各国人们使用的见面礼仪往往不同，其中最为常见的就是日本的鞠躬礼，韩国人的跪拜礼，泰国人的合十礼，中国人的拱手礼，阿拉伯人的按胸礼，欧美人的吻面礼、吻手礼、拥抱礼等，这些都表现了礼仪的个性。而礼仪的共性则表现在世界各国通行的握手礼，在任何国家、与任何人士交往，握手礼作为见面礼节都是适用的。

7.热情适度

同外国人打交道时，不仅待人要热情友好，更为重要的是要把握好待人热情友好的具体分寸，要做到“关心有度”、“批评有度”、“距离有度”、“举止有度”。

注意不要随便采用某些意在显示热情的动作，也不要采用不文明、不礼貌的动作及开玩笑等。

8.谦虚适当

谦虚适当原则是指在涉外交往中虽然不应该自吹自擂、自我标榜、一味地抬高自己，但是也绝对没有必要妄自菲薄，自我贬低，过度地对外国人进行谦虚、客套。

在对外交往中，特别是在面临如下情况时，务必要将“谦虚适当”原则付诸行动。要敢于并且善于充分从正面肯定自己，而切勿随意过分否定和贬低自己，具体而言有以下几点：

（1）当外国友人赞美自己时，一定要落落大方地道上一声“谢谢”，这么做，既表现了自己的自信和见过世面，也是为了接纳对方。此时此刻，没有必要羞羞答答，也不必假客气。

（2）在涉外交往中，当需要进行自我介绍，或者对自己的工作、学习生活、服务、特长进行介绍时，要敢于并且善于实话实说。不敢肯定自己，不会宣传自己，往往会使自己错失良机。

（3）一旦涉及自己正在忙什么、干什么的时候，不要说什么自己是“瞎忙”、“混日子”，那样的话，有可能被对方看做不务正业之人。

（4）当有必要向外国友人赠送礼品时，既要说明其寓意、特点与用途，也要说明它是为对方精心选择的。

9.不宜先为

所谓不宜先为，即在涉外交往中，对自己一时难以应付，或者不知道到底怎样做才好时，明智的做法是尽量不要急于采取行动。

不宜抢先冒昧行事，须静观周围之人，采取与之一致的行动。

10.尊重隐私

在国际交往中，人们普遍讲究尊重个人隐私，并且将尊重个人隐私与否，视作一个人在待人接物方面有没有教养，能不能尊重和体谅交往对象的重要标志之一。一般而论，在国际交往中，收入支出、年龄大小、恋爱婚姻、健康状况、家庭住址、个人经历、信仰政见、所忙何事等方面的私人问题，均被海外人士视为个人隐私问题。

11.女士优先

是指在社会交往中，女士处于尊者地位，享受相应的礼仪待遇。在一切社交场合，每一名成年男子都有义务主动自觉地去尊重、照顾、体谅、保护女士，为女士排忧解难，并且一视同仁。但是也要遵守尊老（上）爱幼（下）的原则。

男女见面，女士为尊；介绍时，把男士介绍给女士；握手时，女士先伸手；男女同行，女士走在比较安全的一边；平时男左女右；进出门口、电梯、汽车，女士为先；男士与两位女士同行，应走在最左边；两男一女同行时，女士走在中间。

外国人强调“女士优先”的主要原因，并非是因为妇女被视为弱者，值得同情、怜悯，最为重要的是，他们将妇女视为“人类的母亲”。

12.以右为尊

在国际交往中，“以右为尊”都是普遍适用的。依照惯例，将多人进行并排排列时，最基本的规则是右高左低，即以右为上，以左为下；以右为尊，以左为卑。凡在交际场合，有必要确定“以右为尊”。

（二）涉外乘务服务规范

1.涉外称呼

对外宾的称呼是车厢服务的开始，我们要针对不同的人予以不同的称呼。对外国已婚女子应称呼“夫人”，对外国未婚女子称“小姐”，对年长而婚姻状况不明的女子应称呼“女士”，对外国男子应称呼“先生”，对地位尊贵的男子可称“阁下”。

2.车厢交谈

在车厢服务中要使用文明用语“你好”、“请问到哪里”、“谢谢”、“再见”“欢迎再来”等。对不懂汉语的外宾，要学习和使用《乘务英语100句》，进行简单交谈。交谈困难，可请车厢其他乘客协助。有些外宾在乘坐公交车时，可能与我们乘务人员交谈，应当礼貌应答，不要采取不予理睬的态度，这样是很不友好的。谈话内容应当是乘车、旅游、天气以及普通应酬的话，不要问及女士的年龄，不要谈论公事或涉及他人隐私的事，以防泄密。

3.车厢服务

在接待外宾乘客时，要为他们提供热情周到的服务，服务态度要和蔼热情，从容得体，落落大方，不卑不亢。注意语言得体，对外宾和内宾要一视同仁。要掌握热情适度的原则，做到关心有度、距离有度、举止有度。比如，我们有些乘务员不能把握热情的分寸，明明是年轻力壮的青年，偏要让内宾给外宾让座，甚至让妇女、老年人给外宾让座，这样使内宾不满，外宾也感到尴尬。

乘坐公交车的外宾大多对线路、地理环境不熟悉，以最便捷的乘车路线到达目的地是他们最大的需求，这就要求我们的乘务员想乘客之所想，急乘客之所急，给他们指路，准确告诉外宾的换乘路线。

在乘务工作中，对可能出现的对外乘务矛盾，要本着友善的态度妥善解决，对个别违章外宾乘客要做到有理、有节。对涉外纠纷要维护自身形象，不做有损国格、人格的事情，要及时与上级保卫部门、公安部门取得联系，进行解决。切不可一时感情冲动，做出不理智甚至是违法的事情。

（三）涉外乘务的禁忌

1.乘务言行忌

在接待国外乘客中，要注意使自己的言行符合有关规范。具体的禁忌包括：忌姿势歪斜、手舞足蹈、以手指人、拉拉扯扯等；在谈话中，忌荒唐淫秽、评价他人、非议宗教、嘲弄异俗等；在说话的语气上忌大声辩论、“抬杠”争辩、恶言恶语、争吵辱骂、出言不逊等；在具体礼节上，忌过分热情、冷落他人、乱接话茬、独占话题、寻根问底、轻易表态、纠缠不止等。

2.个人卫生忌

在个人卫生及行为上，忌蓬头垢面、衣装鞋帽或领口袖口不洁；在工作场合，忌挖眼屎、抠鼻涕、挖耳、剔牙齿、剪指甲等不文明、不卫生的动作；在环境卫生方面，忌随地吐痰、乱弹烟灰、丢果皮纸屑或其他不洁之物；忌讳口中大蒜、韭菜等气味。

第四节　一些国家的禁忌

了解一些国家的礼仪和禁忌知识，有助于我们的乘务人员在车厢服务中，对外宾应当说什么，不应当说什么，应当做什么，不应当做什么以及应当注意的问题，进一步提高涉外乘务接待水平。下面我们简单的了解一些国家与我国社交礼仪的差异。

1.翘拇指

在我国和一些国家表示称赞、了不起、第一的意思，而在美国、法国表示拦路搭车。

2.伸食指和中指

在我国表示第二或数目字“2”的意思。在英国则有两种含义，当做这一手势时，手掌朝着对方，表示胜利；若手背朝着对方，则表示侮辱。

3.单伸食指

在我国表示数字“1”和提请注意的意思，在美国表示请对方稍等，在澳大利亚则表示“请再来一杯啤酒”。

4.食指作弯曲状

在我国表示“9”的意思，在日本表示小偷，在菲律宾表示门锁、上锁，在印度尼西亚表示心肠坏、吝啬，在新加坡是死亡的表示还表示拳击比赛中的击倒。

5.拇指与食指合拢

在我国表示“0”的意思，这两个手势合在一起在美国则表示同意、了不起、顺利。

6.中指、无名指、小指伸直

在我国表示“3”的意思，在日本、韩国、缅甸是表示金钱，印度尼西亚表示什么也干不成和干不了，突尼斯表示傻瓜、无用。

7.点头

在我国，人们习惯表示同意、认可，摇头表示否定、反对。但在斯里兰卡、印度、尼泊尔等国，人们却以摇头表示同意、点头表示不同意。

第五节　乘务英语

乘务英语和日常乘务用语应是互相对应的，本章节归纳总结了乘务的日常用语而忽略情景对话。在 2004 年，公交总公司联合北京语言大学出版了一本《公交乘务英语 100 句》，本章节参照于此书进行编写。

一、礼貌用语

（一）招呼用语

（1）“Hello”和“Hi”是打招呼是最常用的词语，意思是“喂，你好”，回答可以同样是“Hello”或“Hi”。

（2）“Good morning”（早上好）是一种常用的招呼语，中午 12 点前都可以用，回答也是“Good morning”。下午（从午后到傍晚这段时间）见面时的招呼语是“Good afternoon”（下午好）。晚上见面时的招呼语是“Good evening”（晚上好）。

（3）对外籍乘客的称呼用语。“Sir”（先生）是西方人们对男士的称呼，“Miss”（小姐）是对未婚女子的称呼。对已婚女子称“Madam”，对婚姻状况不明的女子可称“Ms”。

（4）“Welcome aboard”是欢迎乘客上车的一句用语。在对乘客表示欢迎时还可以说“Welcome to Beijing”（欢迎到北京来）或“Welcome to China”。

（5）“How do you do”是在正式场合初次见面时打招呼的用语，意思是“你好”，回答同样是“How do you do”。

（6）“Nice to meet you”是正式场合常用的寒暄语，回答是“Nice to meet you，too”。

（二）告别用语

（1）“Good-bye”是最常用的告别用语，意思是“再见”，回答可以同样是“Good-bye”。类似的告别语还有“Bye-bye”，朋友或熟人相互告别时也可以说“Bye”。

（2）“Have a nice day”也是道别时的常用语，表示“祝你愉快”。回答可以是“You too”也可以是“You have a nice day，too”。

（3）“See you later”是一种常用告别语，回答可以同样是“See you later”或者“See you”。如果知道下次再见的时间，在道别时可以加上表示时间的词语，比如“See you tomorrow”（明天见），“See you next week“(下周见)，“See you next month”（下月见）等。

（三）感谢与答谢

（1）“Thank you”是常用的表示感谢的用语。还有一些其他表达感谢的用语，如：“Thanks”（谢谢），“Thank a lot”（多谢）。

（2）“You are welcome”是回答感谢的常用语，意思是“不用谢”、“不用客气”。我们还可以说：“Not at all”（不必客气）、“Tha's Ok”（不用谢）。注意：“welcome”在“You are welcome”中与在“Welcome aboard”中的用法不同，在前者是形容词，在后者是动词，意思也完全不一样。

（3）“Excuse me”是一种客套话，常用于与陌生人搭话、请人让路、要求插话等场合。

（4）“Thank you very much”中的“very much”是“非常”、“太”的意思，用于加强语气，也可以说：“Many thanks”或“Thank you so much”。

（5）“My pleasure”是回答感谢的常用语，是“It' s my pleasure”的简缩形式，表示“很高兴为你服务”、“很高兴帮助你”、“不必客气”的意思，还可以说“Don't mention it”或“That' s all right”

（四）道歉用语

（1）“Sorry”是道歉时最常用的表达方式，也可以说“I'm sorry”、“I'm terribly sorry”（非常抱歉），语气比“I'm sorry”要重，也可以说“I'm very sorry”。

（2）“I didn't catch you”（我没听懂），这里，“catch”是“听到、领会”的意思，这句话也可以说成“I didn't understand”(understand，懂，理解）或“I didn't get what you said”意思都一样。

（3）“Say it again”表示“再说一遍”的意思，也可以用“Repeat it”来表示。

（4）“Could you say it again”（你能再说一遍吗）也可以说

“Would you please say it again” （请你再说一遍）。

（5）“Pardon”或是比较正式的说法，“I beg your pardon”这句话的直接意思是“对不起，请原谅”，用以表示没有听清楚，需要对方再说一遍。

（6）“I made a mistake”是“犯错误”、“做错了事情”的意思。

（7）“I apologize”（我向你道歉）是比较正式的道歉方法，也可以说“I owe you an apology”。

（8）“It doesn't matter”（没关系）是回答道歉的常用语。另外还可以回答“That's all right”或是“It's all right”。

（9）“I see”表示“我听明白了”。

（10）“No problem”表示“没问题”、“可以”。

（五）“请”

“please”是“请”的意思，表示礼貌。在向乘客提出请求或要求时一般都应用“please”。“please”可以放在句首，也可以放在句尾，比如：“Get ready，please”。

（六）提供帮助

（1）“Do you need any help”是主动向对方提供帮助时的常用句。

（2）“What can I do for you”与“Can I help you”、“May I help you”类似，都是服务员招呼顾客或向顾客提供服务时的常用句式。

（3）“help somebody do something”表示“帮助某人做某事”，比如：“I'll help you do it”（我来帮你干这事）。

二、报站

（1）“This is the No.…（数词，注①）bus，bound for…（地名，注②）”是“这是……路公共汽车，开往……”的意思。这里的“This is”可以省略，只说“The No.…bus，bound for…”意思不变。

注①：数词 1~10

1：one　2：two　3：three　4：four　5：five

6：six　7：seven　8：eight　9：nine　10：ten

1路车至10路车分别是 the No. One bus，the No. Two bus…the No. Ten bus。bus可以省略，比如："809路车"可以读做"the No. Eight O Nine"。

注②：中国地名的英文有些采用意译的方法，如：the Forbidden City（故宫）；有些采取音译的方法，比如：Wangfujing（王府井）；有些采取部分音译、部分意译的方法，比如：the Quanjude Roast Duck Restaurant（全聚德烤鸭店），Chang'an Street（长安街）。

"trolleybus"是无轨电车。X路无轨电车与X路公共汽车的表达方式近似：the No. + 数词 +trolleybus，如："the No. One O Three trolleybus"（103路无轨电车）。

（2）"Please get ready for arrival"的意思是"请为到站做好准备"。

（3）"We've arrived at" 是"我们已经到达……"的意思，"We've"是"We have"的简缩形式。比如：We've arrived at the Forbidden City（故宫到了）。

（4）"Where is this bus bound for"的意思是"这车开往哪儿"。

（5）"We don't stop at…"（……站不停车。）"stop"在这里是动词"停"。在动词"stop"前加"don't"构成了否定句。例如：We don't stop at the Zoo（我们动物园站不停车）。另外，"stop"还有名词"车站"的意思，例如：The next stop is Xidan（下一站是西单）。

三、疏导乘客

（1）"Please board the bus from the front door"（请前门上车）。

（2）"Move to the middle of the bus, please"（请往中间走）。"move to"表示"向……移动"。

（3）要求对方不要做某事要在动词前加"don't"，"don't"是"do not"的简缩形式，例如：

"Don't stand at the door"(不要在车门处停留)。

"Don't exit from the back door, please"(请不要从后门下车)。

(4)"Don't stand at the door"是"不要站在车门口处",也就是"不要在车门处停留"的意思。

(5)"board the bus"和"get on the bus"一样都是"上车"的意思。"exit"和"get off"一样都是"下车"的意思。"board"和"exit"是比较正式的用法,而"get on"和"get off"比较口语化,是非正式的用法。

(6)"Please allow these passengers to get off before you get on"这句话是乘务员对在站台等候上车的乘客说的,意思是"请允许车上的这些乘客在你们上车前下车",也就是"先下后上"。

(7)"in…fashion"的意思是"以……的方式","in an orderly fashion"就是"井然有序地"。比如:"Board the bus in an orderly fashion, please"。

四、售票

(1)"Fares, please"是公共汽车乘务员售票时的专门用语,意思是"请买票"。也可以说"all fares, please"。"Any more fares"的意思是"还有要买票的吗?"

(2)表示"……元钱",先说数词,后面加"yuan",如:"one yuan"(1元),"five yuan"(5元)。"yuan"没有复数形式,在任何情况下都是"yuan",如:"ten yuan"(10元)。但美元"dollar"、英镑"pound"和欧元"euro"等外币都有复数形式,比如:"ten dollars"(10美元)。

(3)"Here are your tickets"意思是"这是你的票",这里的票是复数(5张)。如果是1张票,应说"Here is your ticket"。

(4)"How much is…"是问价钱的常用句型,意思是"……多少钱?"在英语中钱被认为是不可数的,因此再问某物多少钱时不能用"how many",而要说"how much",如:"How much is the fare"(车票多少钱)。

(5) “One yuan per ticket” 意思是 “1元1张票”、“每张票1元”，也可以用 “One yuan each” 来表达。

(6) “How many…” 表示 “……多少……”，后面跟可数名词，如：“How many tickets do you want”?

(7) 人民币单位 “角” 在英语中是 “jiao”，比如：“five jiao”，“分” 是 “fen”。

(8) “Here is your ticket and your change” 意思是 “给你票和找给你的钱”，这里的 “change” 是 “零钱” 的意思。

(9) “Where do you want to go” (你要去哪儿) 问对方去哪儿，要在句首用疑问词 “where”，后面要用 “do” 这个助动词。“want to” 表示 “想要”。

(10) “I want to go to Tsinghua University” 是 “Where do you want to go” 的回答，这个回答也可以缩减为 “Tsinghua University”，省去 “I want to go to”。“Tsinghua” 是清华大学老的英文名字的拼写方法，一直沿用至今。

(11) “I can take the bus free of charge with my ID card” 意思是 “我可以凭证件免费乘车”。“free of charge” 是一个常用短语，意思是 “免费”。

(12) “Could you please show me your ID card” 意思是 “请您出示您的ID卡”，“Could you…, please” 是一种客气的提出请求或要求的句式，“please” 也可以前移至 “you” 后面。

(13) “Where will you get off” (你在哪儿下车)? 回答是 “I'll get off at…(地名)”，如：“I'll get off at the National Library” 是 “我将在国家图书馆下车”。

(14) “Where did you get on” (您在哪儿上的车)? 回答是 “I got on at Zhongguancun”。

(15) “Do you have…” 表示 “你有…吗”? 比如：“Do you have any change” (你有零钱吗)?

(16) “Does my boy (girl) need to buy a ticket?” 此句是乘客问乘务员孩子是否需要买票，这个问句的回答是 “Yes, he does”

(他要买票)，如不需要买票，回答应是“No, he doesn't”(doesn't是does not的简缩形式)。

(17) “His height is above 1.3 meters” 1.3 读作 one point three (point, 点)，这句话的意思是“他的个子已经超过了1米3了”。

(18) “Please swipe your IC card” (请刷你的IC卡)。

(19) “One ticket to your bag, please” (请打一张包票)。

(20) “This is a self-service bus” (本车是无人售票车)。“self-service”是“自我服务”的意思，即“自助”，此处是指“无人售票”。

(21) “All the fares are one yuan each” (车票一律1元)。

(22) “Put your money into the slot of the box, please” (请把钱投入投币箱)。

(23) “Please tender the exact fare” (请准备好零钱)。

(24) “No change will be given on this bus” (恕不找钱)。

五、提供信息

(一) 提供时间信息

(1) “What time is it” (几点了)？是询问时间的常用句型。“Do you have the time, please?”是询问时间的有一种方法。还可以问“Could you please tell me the time?”

(2) 要表示X点整时，可以用“It's+数词”的句型，比如：“It's seven” (7点)，也可以省略“It's”，直接说“Seven”。表示整点时间还可以用句型“It's+数词+o'clock”，例如：It's seven o' clock。

(3) 要表示X点X分也可以使用“It's+数词”的句型来表示，但数词要由两部分组成：点+分。比如：It's eight thirty-five (8点35分)，It's nine forty (9点40分)，It's five thirty (5点30分)。

(4) “half”是“一半”的意思。在谈论时间时，half就是“半小时”。表达X点半，可以用“It's half past+点”的句型，例如：It's half past eight (8点半)。

(5) 要表示X点过X分 (过的分小于30) 也可以使用“It's+

分+past+点”的句型，比如：It's five past ten（10点5分），It's twenty-three past twelve（12点23分）。

(6) Are there any buses now（现在还有车吗）？“Are there any + 名词（复数）…”是问“……有……吗”的句型。回答是“there aren't.”意思是“没车了”，如果回答是“还有车”，应该说“Yes, there are。”

“There're + 名词（复数）…”是“某地有……”的陈述句的句型。如果句中的名词是单数，动词要用 is。

(7) “The last bus departs at ten thirty at night”（末班车晚上10点30分发车），“The last bus”是“末班车的意思。”“首班车”是“The first bus”。

表示“在X点”要在时间的前面加“at”。

(8) “There're night buses from ten p.m. to five a.m”（晚上10点到凌晨5点有夜班车。）“night buses”的意思是“夜班车”。“from… to…”是“从……到……”的意思。“a.m.”表示凌晨到中午12点前的时间，“p.m.”表示中午12点到晚上12点前的时间。

(9) “How long does it take to get to …(地名)”（到首都机场要多长时间）？“How long does it take to + 动词…”是问“做某事需要多少时间”的句型，比如：“How long does it take to get to the Great Wall”（到长城需要多少时间）？句中的“take”表示“需要、花费”。这句话的简短回答是“About…（时间）”，意思是“需要大约……”。

(10) “rush hour”是“交通高峰时刻、交通拥挤时间”的意思。

（二）提供到站信息

(1) “How many more stops are there till the bus arrives at…(地名)”（到……还有几站）？“How many + 名词（复数）are there…”用来问“……有多少……”，比如“How many passengers are there on the bus”（车上有多少个乘客）？

(2) “There're four more stops after this one”（过了这站还有4

站)。句中“more”放在数字后表示“又、再”，比如“One more ticket, please”(再买1张票。)句中的“one”指代前面提到的“stop”(站)，以避免重复。

(三)提供换乘及地理信息

(1)“Does this bus go to…(地名)”(这车去…吗)？简略的肯定回答是“Yes, it does”，否定回答是“No, it doesn't”。

(2)“Do I need to change somewhere”(我需要在什么地方换车吗)？这句话肯定的简略回答是“Yes, you do”，否定回答是“No, you don't”，“change”在这里是“换车”的意思。

(3)“This bus can get there directly”中“direcly”是“直接”的意思，意思是不用倒车。

(4)“Where do I change for…(地名)”是问“我去……在哪儿换车”？用“where”开始的问句是问“……在哪儿”？比如：“Where do you want to go”(你要去哪儿)？回答就直接用地名就可以了。

(5)“You got on the wrong bus”(你上错车了)。这句话也可以说成：“You took the wrong bus”或“You're on the wrong bus”。

(6)“You're going in the opposite direction”(你乘坐的方向反了)。

(7)“Cross the street and take the bus of the same route”(过马路乘坐本路汽车)。表示“相同的”要用“the same”来表达。“本路公交车”的英文是“the bus of the same route”。

(8)“(向某个方向)转”用“turn”这个动词，如：turn left(向左转)，turn right(向右转)，turn back(向回转)。“在(某个地方)”用“at”，如：turn right at the first traffic light, turn left at the intersection(在十字路口左转)。

(9)“It's just in front of you”中的”It's“在此处译为“它在”，表示位置。比如：It's just on your right/left(他就在你右/左边)。

(10)“You can't miss it”直译是“你不会错过的”，也就是“你不会看不见的”。

(11)“be far from…(地点)”是“离某处远”的意思，比如：

be far from the bus stop（离汽车站远），be far from the bank（离银行远）。

(12) 表示地理方位的单词及短语：

① “at the crossing”是“在十字路口”，和“at the intersection”意思相同。

② “next to”表示“在…旁边”，也可以用“beside”（旁边），比如：next to the restaurant（在饭馆旁边），beside the cinema（在电影院旁边）。

③ “westward”是“向西”的意思，“walk westward”是“向西走”，也可以说“go westward”。

六、处理突发事件

(1) “There's something wrong with…”是“……有问题故障”的意思。

(2) “I'll take you to catch the later buses”是“我带你们乘后面的车”。

(3) “The bus won't be in service”意思是“车不再走了”。“be in service”是“(车辆) 在使用中”的意思，“not be in service”即“(车辆) 不再使用中”，也就是“不走了”。

(4) “Let the elders and children go first, please”（请让老人小孩先走）。

(5) “Take good care of your belongings”（请照顾好你的物品）。

附录：

北京市部分主要场所名录

1.交通

首都机场　Capital International Airport

北京北站　Beijing Northern Railway Station

北京南站　Beijing Southern Railway Station

北京西站　Beijing Western Railway Station
北京站　Beijing Railway Station
二环路　The Second Ring Road
三环路　The Third Ring Road
四环路　The Fourth Ring Road
五环路　The Fifth Ring Road
六环路　The Sixth Ring Road
地铁1线　Subway Line One
地铁环线　Subway Loop Line
地铁建国门站　Jianguomen Station
地铁西直门站　Xizhimen Station
地铁复兴门站　Fuxingmen Station
京津高速公路　Beijing-Tianjin Expressway
城铁　Urban Railway/Inner City Railway

2.体育场馆

首都体育馆　Capital Gymnasium
工人体育场　Workers' Stadium
奥林匹克中心　Olympic Center
国家体育场　National Palaestra
国家体育馆　National Gymnasium
国家游泳中心　National Swimming Center
工人体育馆　Workers' Gymnasium
老山自行车馆　Laoshan Cycling Gymnasium
北京射击馆　Beijing Shooting Gymnasium
奥林匹克水上公园　Olympic Park on the Water
奥运村　Olympic Games Village
亚运村　Asian Games Village

3.旅游景点

颐和园　Summer Palace
天坛　Temple of Heaven

故宫　Forbidden City
天安门广场　Tian’anmen Square
景山公园　Jingshan Park
中山公园　Zhongshan Park (Sun Yat-sen Park)
紫竹院公园　Purple Bamboo Park
劳动人民文化宫　Workers’ Palace of Culture
雍和宫　Yonghe Lamasery
圆明园　Yuanmingyuan Park (the old Summer Palace)
香山　Fragrant Hill Park
八大处　Eight Great Sites
植物园　Botanic Garden
北海公园　Beihai Park
北京动物园　Beijing Zoo
八达岭长城　Badaling Great Wall
慕田峪长城　Mutianyu Great Wall
司马台长城　Simatai Great Wall
金山岭长城　Jinshanling Great Wall
明十三陵　Ming Tombs
清陵　Qing Tombs
世界公园　World Park
奥运森林公园　Olympic Forest Park
地坛　Temple of the Earth
大观园　Grand View Garden
中华民族园　Chinese Ethnic Culture Park
老北京全景园　Old Beijing Panorama Park
广济寺　Temple of Vast Succour
法源寺　Temple of the Source of the Law
碧云寺　Temple of Azure Clouds
卧佛寺　Temple of the Recumbent Buddha
大钟寺　Great Bell Temple

潭柘寺 Pool and Zhe Tree Temple

云居寺 Temple of the Cloud Dwelling

白云寺 White Cloud Temple

牛街礼拜寺 Cattle Street Mosque

北堂 North Church

孔庙 Confucius Temple

北京周口店猿人 Peking Man Cave

卢沟桥 Marco Polo Bridge

钟鼓楼 Bell and Drum Towers

古观象台 Ancient Observatory

4.宾馆

北京饭店 Beijing Hotel

中国人饭店 China World Hotel

贵宾楼饭店 Grand Hotel Beijing

东方君悦饭店 Grand Hyatt Beijing

前门饭店 Qianmen Hotel

长城饭店 Great Wall Sheraton Hotel

西苑饭店 Xiyuan Hotel

丽都假日饭店 Holiday Inn Lido

建国门饭店 Jianguo Hotel

昆仑饭店 Kunlun Hotel

王府饭店 Palace Hotel

友谊饭店 Friendship Hotel

钓鱼台国宾馆 Diaoyutai Guest House

国际艺苑皇冠假日饭店 Holiday Inn Crown Plaza

长富宫饭店 Hotel New Otani Chang Fu Gong

京广新世界饭店 Jing Guang New World Hotel

燕沙中心有限公司凯宾斯基饭店 Kempinski Hotel Beijing Lufthansa Center

新世纪饭店 New Century Hotel

香格里拉饭店　Shangri-La Hotel

港澳中心瑞士酒店　Swissotel Beijing-Hong Kong Macau Centre

五洲大酒店　Beijing Continental Grand Hotel

北京国际饭店　Beijing International Hotel

北京新大都饭店　Beijing Mandarin Hotel

首都宾馆　Capital Hotel

赛特饭店　Scitech Hotel (CVIK Hotel)

凯莱大酒店　Gloria Plaza Hotel

京伦饭店　Jinglun Hotel

北京和平饭店　Peace Hotel Beijing

天伦王朝饭店　Tianlun Dynasty Hotel

兆龙饭店　Zhaolong Hotel

渔阳饭店　Yuyang Hotel

5.商场

新东安市场　Sun Dong An Plaza

燕莎友谊商城　Lufthansa Friendship Shopping Center

赛特购物中心　Scitech Plaza

百盛商场　Parkson

贵友大厦　Guiyou Mansion

当代商城　Modern Plaza

东方广场　Oriental Plaza

北辰购物中心　North Star Shopping Center

家乐福　Carrefour Supermarket

双安商场　Shuang An Market

庄胜崇光白货　Sogo Department Store

王府井步行街　Wangfujing Pedestrian Street

西单购物一条街　Xidan Market Street

前门大栅栏商业街　Qianmen Market Street and Dashilan

琉璃厂文化街　Liulichang Culture Street

秀水街　Xiushui Street

中关村电子街　Zhongguancun Electronics Street

6.餐饮

肯德基　Kentucky Fried Chicken

麦当劳　McDonald's

全聚德烤鸭店　Quanjude Roast Duck Restaurant

老舍茶馆　Laoshe Teahouse

天桥茶馆　Tianqiao Teahouse

莫斯科餐厅　Moscow Restaurant

王府井小吃一条街　Wanfujing Snacks Street

必胜客　Pizza Hat

星巴客　Starbucks Coffee

罗杰斯　Rogers

乐杰斯　Le Jazz

阿凡提家乡音乐餐厅　A Fun Ti Hometown Music Restaurant

7.娱乐

长安大戏院　Chang An Grand Theater

北京音乐厅　Beijing Concert Hall

首都剧场　Capital Theater

北展剧场　Theater of Beijing Exhibition Center

保利大厦国际剧院　Poly Plaza International Theater

恭王府戏楼　Gongwangfu Peking Opera Theater

百思特迪厅　Best Discotheque

滚石迪厅　Rolling Stone Discotheque

杰杰迪厅　JJ Discotheque

梨园戏院　Liyuan Theater

中国木偶剧院　China Puppet Theater

朝阳剧院　Chaoyang Theater

海淀剧院　Haidian Theater

世纪剧院　Century Theater

中国儿童艺术剧院　China Children's Art Theater

麦乐迪　Melody KTV

8.银行

中国银行　Bank of China

中国工商银行　Industrial and Commercial Bank of China

中国建设银行　China Construction Bank

商业银行　Commercial Bank

招商银行　China Merchant Bank

光大银行　Ever Bright Bank

民生银行　Minsheng Bank

9.医院

北大医院　Hospital Attached to Beijing University

同仁医院　Tongren Hospital

协和医院　Xiehe Hospital

友谊医院　Friendship Hospital

北医三院　No.3 Hospital Attached to Beijing University

儿童医院　Children's Hospital

10.展览馆/图书馆

北京展览馆　Beijing Exhibition Center

国际会议中心　International Conference Center

中国美术馆　China Art Gallery

农展馆　Agriculture Exhibition Hall

中国国际展览中心　China International Exhibition Center

炎黄艺术馆　Yanhuang Art Gallery

中国历史博物馆　Museum of the Chinese History

中国人民军事博物馆　Chinese People's Military Museum

自然博物馆　Natural History Museum

鲁迅博物馆　Lu Xun Museum

宋庆龄纪念馆　Song Qingling Museum

北京图书馆　National Library of China

首都图书馆　Capital Library

11 高校

北京大学 Peking University

清华大学 Tsinghua University

北京语言大学 Beijing Languages and Culture University

北京科技大学 Beijing University of Science and Technology

北京农业大学 Beijing Agriculture University

北京师范大学 Beijing Normal University

北京外国语大学 Beijing University of Foreign Studies

北京邮电大学 Beijing University of Post and Telecommunications

人民大学 People's University

首都师范大学 Capital Normal University

思考题：

1.北京行政区域共划分哪些区县?

2.你如何理解北京的旅游资源?

3.请写出各区县旅游景点两个。

4.写出五个一万平方米以上的大商场及其所在位置和可到达的乘车路线。

5.北京有哪几个火车站，写出到达每个火车站的各五条公交线路。

6.写出五个长途汽车站的名称位置以及能到达的三条公交线路。

7.什么是礼仪? 礼仪有什么意义?

8.涉外礼仪的原则是什么?

9.涉外乘务的禁忌是什么?

10.北京行政区域共划分哪些区县?

11.你如何理解北京的旅游资源?

12.请写出各区县旅游景点两个。

13.写出五个一万平方米以上的大商场及它们的所在位置和可到达的乘车路线?

14.北京有哪几个火车站，写出到达每个火车站的各五条公交线路。

15.写出五个长途汽车站的名称位置以及能到达的三条公交线路。

16.什么是礼仪？礼仪有什么意义？

17.涉外礼仪的原则是什么？

18.涉外乘务的禁忌是什么？

19.各种礼貌用语的英语表达。

20.报站的英语表达。

21.疏导乘客的英语表达。

22.售票的英语表达。

23.提供信息的英语表达。

24.处理突发事件的英语表达。

应会题：

1.会用手语和聋哑乘客进行表达和交流。

2.会运用少数民族礼仪接待少数民族乘客。

3.正确掌握运用乘务员岗位礼仪知识，并能够指导初级乘务员。

4.会用手语和聋哑乘客进行表达和交流。

5.会运用少数民族礼仪接待少数民族乘客。

6.正确掌握运用乘务员岗位礼仪知识，并能够指导初级乘务员。

7.掌握各种与乘务工作有关的英语表达。

第二章

中级乘务员相关知识

第一节　客流调查及基本调查方法

一、客流调查和调度的基本方法

为保证运营车辆在某段线路上配置合理，必须知道这段线路上所需乘坐公共交通车辆的人数。如何确定这个人数的多与少，就是我们要开展的客流调查工作。

客流是指人们出行需要乘坐的公共交通车辆以实现其位置移动而达到出行目的地乘客群，也可以解释为：客流是在公共交通线路某一方向上、某一段上，在一定时间内用某种交通工具来实现位置移动乘客的总称，这个乘客群的数量大小就是客流量。客流量大就意味着需要车多，但客流量大小在一天内也不是不变的，早、晚上下班和上下学人较多，其他时间就少；商业集中的地方乘车人就多，其他地方人就比较少。客流调查就是要计算出在某一段路程上、某一个时间内、某一个方向上客流量的大小。客流调查的方法很多，有随车客流调查法、目测客流调查法(驻站客流调查法)、问询客流调查法等。

（1） 随车客流调查法。是在线路运行的每辆车中安排专人记录每个站上下车的乘客数量，以及车站上留站人数多少的一种全面调查。

（2） 目测客流调查。是在中途站（一站或多站）或客流较大的高峰断面上设置调查员，在规定的时间里，以目测的方法记录上下车乘客人数、车厢内人数、留站人数和通过车次的一种断面调查法。

（3） 问询客流调查法。是指派调查人员通过问询的方式，在车上或到工厂、学校、街道、社区等客流交替量较大的地区进行走访、询问，并在已制订的表格中填写内容，待资料整理完毕时，可汇总出某线路可能出现的客流大小，这为车辆配置和编制计划很有帮助。

公交实行 IC 卡后，根据刷卡记录可以更为准确地记录并统计客运总量，并可以对各条线路、各个站点的客流情况进行精确的统计分析，从而为公交掌握客流变化情况提供了丰富的信息，也为公交进行线路调整和线网优化、实行科学调度提供了可靠的依据。

总之，对客流调查是公共交通运营管理的基础性工作，必须经常地、系统地进行。只有掌握了客流的规律才能合理地配备车辆，编制符合实际的行车时刻表，缓解高峰时乘车的拥挤、平峰时车辆空驶造成的资源浪费，使运营调度工作科学化。

二、运营调度的基本方法

公共交通客流受社会政治活动、经济发展和科学文化生活的影响，同时还受市政施工、交通受阻等影响，因此，它不可能使所配车辆在任何时间里都相适应。当造成计划班次与运量不相适应、出现大间隔时，就要求调度人员采取灵活机动的措施和多种调度方法进行调整，以弥补计划调度的不足。现介绍几种常用的调度方法，使乘务员能正确理解调度意图，并在实施中向乘客做好宣传、解释，避免乘客误解。

(一) 全程发车法

指车辆往返于线路全程，逢站必停，这是运营调度的基本方法。

(二) 调头法

指由起点站到本线路某中间站或中间站到中间站调头，用以解决断面客流，平衡运行调度方法。这种方法原则上用于高峰时间。

(三) 大站快车调度方法

指车辆往返于线路全程，但只是在几个客流量大的站点停车的一种调度方法。这种调度方法适用于线路客流量大，断面客流量极不均衡，而且全程车又难以畅通的情况。

(四) 直达车调度法

指由起点站到本线路的重点站，沿途不停车的一种调度车辆的方法。它适于线路乘客交替少、乘客集中的线路。像重大节日、重大社会活动、旅游线路，以及工厂、单位职工上下班接送班车路线等等，都常常应用此方法。

(五) 跨线车

指当客流方向一致时，由一线路转换另一线路，使用的联运调度方法。这种方法跨线路直接运送乘客，可减少乘客转乘时间，及时到达目的地。

第二节 客运合同

一、基本概念和法律特征

(一) 客运合同的概念

客运合同是我国 1999 年 10 月 1 日起施行的《合同法》中运输合同的一种。它是承运人将旅客及其行李从起运地点运输到约定地点，旅客支付票款的合同。

(二) 城市公交车客运合同的概念

城市公交车客运合同的概念为：从事公交服务的承运人将乘客

从城市内的某个起运地点按照规定的线路、站点和时间运输到城市内的约定地点，乘客支付票款的合同。

（三）客运合同的法律特征

（1）客运合同的标的是运送旅客的行为，旅客为合同的一方当事人。

客运合同是承运人和旅客之间订立的协议，其内容是旅客支付票款并获得客票，承运人向持票旅客提供运送服务。在该合同中并不涉及第三人，客运合同中的权利义务内容最终是由承运人和旅客承担。

（2）客运合同采用票证形式为标准化合同，具体体现为客票。

合同法第293条规定：客运合同自承运人向旅客交付客票时成立，但当事人另有约定或者另有交易习惯的除外。通常，一般的客运合同以承运人向旅客交付客票为合同成立的条件，而城市公交运输具有其自身特定的交易习惯，不提前预售某班次车辆的车票，而是乘客先上车，然后再购票，这一习惯具有一定的特殊性，与一般客运合同旅客提前购票、持票上车的规定有所不同，但因旅客按照承运单位对旅客约定的运输线路、停车地点上车后，已于承运单位形成了合同关系，则双方客运合同即可成立。例如，旅客乘坐公交车辆，通常是先上车后买票，那么客运合同生效时间是上车之时。再有，乘坐火车，通常预购车票之后距离乘车还有一段时间，在此期间如不乘车还可以退票转让他人，因而乘坐火车客运合同生效时间应是承运人检票即履行合同义务，不管是否是当时购票人。还需要说明的是如果超越了客票上规定的乘坐时间，承运人可以不退票款，也不再承担客运义务。

二、客运合同双方的义务

客运合同生效后，承运人与旅客即受合同中格式条款的约束，双方均须履行各自的义务。

（一）旅客的义务

1.支付票款

旅客必须按票上的规定支付标准票款（按规定免票的除外）。

如果旅客无票乘运，超程乘运或持失效客票乘运，承运人均可按规定加收票款，如果旅客拒付票款，承运人可以拒绝运输。

2.遵守客运规章

客运合同生效后，旅客必须遵守客运中的规章制度。例如，携带行李按规定交款；携带易燃、易爆、有毒、有腐蚀性、有放射性以及有可能危及运输工具上人身和财产安全的危险品或者其他违禁物品，承运人可以将违禁物品卸下、销毁或者送交有关部门。旅客坚持携带或者夹带违禁物品的，承运人应当拒绝运输。

（二）承运人的义务

1.运送旅客

承运人必须按客票上规定的时间、班次、路线、方式运输乘客。承运人迟延运输的，应当根据旅客的要求安排改乘其他班次或者退票。承运人应当按约定或通常的运输线路将旅客在合理的期间内运输到约定地点，承运人未按约定路线或通常路线运输而增加的票款，旅客可以拒绝支付增加部分的票款。

2.提供服务

承运人在运输过程中应当向旅客及时告知有关不能正常运输的重要事由和安全运输应当注意的事项，并且提供必要的设施和生活服务。例如，铁路运输中免费提供饮水与厕所，航空客运中免费提供一定饮料和食品等。如果承运人擅自变更运输工具而降低服务标准的，应当根据旅客的要求退票或者减收票款；提高服务标准的，不应当加收票款。承运人在运输过程中，应当尽力救助患有急病、分娩、遇险的旅客，但不意味着承运人必须承担救助义务。

3.保障旅客的安全

承运人应当将旅客安全地运输到目的地。《合同法》第302条规定：承运人应当对运输过程中旅客的伤亡承担损失赔偿责任，但伤亡是旅客自身健康原因造成的或者承运人证明伤亡是旅客故意、重大过失造成的除外。前款规定适用于按照规定免票、持优待票或者经承运人许可搭乘的无票旅客。《合同法》第303条规定：“在运输过程中旅客自带物品毁损、灭失，承运人有过错的，应当承担损害赔偿责任。旅客托运的行李毁损、灭失的，适用货物运输的有关规定”。可以看出承运人在第 302 条中承担的是“无过错责任”，而在第 303 条中承担的是“过错责任”。

在实践中，旅客可以在订立客运合同之外自愿购买人身保险，在运输过程中发生的保险事故，旅客可以依保险合同要求保险公司赔偿，但并不能免除承运人的责任。

第三节　行车安全知识

公共交通具有全天侯不间断运营服务的特点，这就要求驾驶员不但能在风和日丽的气候条件下做到安全驾驶车辆，而且要在恶劣的自然气候中确保安全行车。作为乘务员也应当掌握雨、雾、风、雪天气和特殊道路环境对行车安全的影响及必须采取的安全措施，以便随时提醒或协助驾驶员照顾好行车安全，维护广大乘客的乘车利益。

一、雨天行车安全措施

（一）雨天对行车安全的影响

雨天对驾驶员行车的影响主要有三个：一是由于地面湿滑，增大了制动距离，要求驾驶员比平时提早采取制动措施；二是驾驶员视线受到来自个方面的严重干扰；三是道路上其他交通参与者行为异常给安全行车带来极大的干扰。

下雨对驾驶员的视力有严重的影响。由于天色阴暗，能见度降低，光线透过率大大减小，虽然玻璃上装有雨刷器，但仍然充满雨雾，反光镜失灵，前方地面反光，使交通环境恶化，给安全行车造成困难。

下雨时，道路上其他交通参与者的行为因降雨而发生异常，例如，刚下雨时，许多行人因事先没带雨具，在横穿马路时往往是低头猛跑而不顾及周围的情况，骑车人也往往低头骑车而不太注意来往车辆，或雨帽遮挡骑车人视线，这就增加了事故的隐患，要求驾驶员增强随时预防隐患的意识。

（二）雨天行车操作方法

1.久旱初雨

雨水和路面上所积聚的油污、泥土及渣油相混合，形成危险的“润滑剂”，使道路异常溜滑。行车时必须谨慎，操作机件的动作应轻缓（包括方向盘、离合器、制动器和油门踏板），严格控制行车速度，做好防滑操作的思想准备。

2.濛濛细雨

雨丝虽细却下个不停，雨刷刮不净风挡玻璃上的雨水，因而造成驾驶员视线模糊。行人和骑车人因雨具的遮挡，听觉和视觉都受到限制，对交通情况不易掌握，当车辆临近时，还可能突然转弯或横穿马路，并且容易滑倒。因此，必须采用防滑操作，控制车速，密切观察行人、骑车人的动态，并与车辆、行人等保持较宽的前距和横距。

3.久雨不晴

久雨不晴，路面积水较多。如果车速快或轮胎胎面花纹磨损过多，轮胎便容易产生“水滑”，使车辆的方向失去控制。因此驾驶员在此情况下必须控制车速。

4.阵雨、暴雨前

乌云笼罩，狂风大作。骑车人、行人往往会因为天气骤变而埋头急奔，寻找避雨场所。遇到这种情况驾驶员必须谨慎慢行，注意观察动态，随时警惕突然情况发生。交通状况过于混乱时，可暂时靠边停车，待情况好转再继续行驶。遇有积水路段过水后要轻摩刹车。水深超过轮胎半径时，不得冒险通过。

如大雨倾盆而下，可降低车速并开启小光灯防雾灯，以示来车和行人。

（三）乘务员的协助

（1）提醒驾驶员注意防滑、减速，保持前后两侧的安全距离，进出站照顾好慢行车。

(2) 在通过有积水的路段时，务必提示驾驶员减速慢行，避免将水溅到路人身上。

(3) 在有积水的站台停靠时，提醒驾驶员尽量靠边停靠，方便乘客上下车。

(4) 遇到风挡玻璃出现雾气时，协助驾驶员及时擦拭。

(5) 通过较深积水路段时，协助驾驶员察看情况，确保行车安全。

二、雾天行车安全

对驾驶员来说，雾天是最恶劣的交通环境。国外称雾是道路凶狠的“刽子手”，这是因为在雾天最容易发生交通事故，而且最容易发生恶性交通事故。

(一) 雾天对行车的影响

(1) 雾天能见度极低，使驾驶员看不清楚运行前方和周围的交通情况。

(2) 由于道路上雾气与积聚的油渍、泥土的混合而使制动距离增加，给安全行车造成困难。

(二) 雾天安全行车操作方法

勤鸣笛，开雾灯。要充分利用各种车灯以提高驾驶员自己与周围其他交通参与者的能见度。驾驶员在雾天行车时应当将风挡玻璃、各种车灯擦拭干净，并开启防雾灯、近光灯及尾灯以示目标。要适当利用汽车喇叭与其他交通参与者交换信息，多鸣喇叭，以警告车辆和行人。如听到来车的喇叭声，应短鸣喇叭应答，以免相互刮撞。

拉开距离，减速行驶。雾天因视距短，路面湿滑使制动效能大为降低，制动距离增加。驾驶员要降低车速，使制动距离小于驾驶员的可见距离。要增大跟车距离，以防止由于下雾时能见度降低而引起追尾。雾天行驶在交叉路口或弯道上时，极易发生事故，所以在到达路口和弯道之前，应放慢车速，采取平稳制动，以防止侧滑。

能见度低，及时停车。雾天行驶能见度在 30m 以内，时速不得超过15km；能见度在 5m 以内，应当停车。市郊公路上的迷雾往往一阵浓一阵淡，车辆在浓雾中盲目行驶易出事故，所以浓雾地段，不可冒然驶入，须降速或停车，待弄清情况后，再行通过。

（三）乘务员的协助

（1）提醒驾驶员减速，执行雾天行车措施。

（2）协助照顾好进出站、转弯时的行车安全。

（3）大雾天气，能见度较低的情况下，使用报话器进行安全提示宣传，必要时下车引路。

三、风天行车安全

（一）风天对行车的影响

风天飞沙迷漫，视距减小。有些行人或骑车人为躲避风沙会突然横穿马路或埋头骑车、行走；有些骑车人受风沙影响，致使车辆失控、驶人道路中央或摔倒，使驾驶员措手不及，对安全行车威胁较大。

（二）风天行车操作方法

驾驶员在风天行驶的措施应该是与自行车或行人放宽横向距离，减速慢行，遇到人车不盲目行驶，视线不清及时停车。

（三）乘务员的协助

（1）提醒驾驶员减速，执行风天行车措施。

（2）协助照顾好进出站、转弯时的行车安全。

四、雪天行车安全

我国的东北、西北、华北等地区，一年中有相当长的时间处于寒冷季节，降雪量大且频繁，常出现路面积雪或结冰。这样的气候条件给安全行车带来很大的困难。

（一）降雪和积雪结冰道路对行车的影响

1.驾驶员视线受阻，能见度大大降低

大雪纷飞时，雪花源源不断落在风挡玻璃上，加之车外寒冷，车内温度相对较高，驾驶员和乘客呼出的呵气在风挡玻璃上凝成一层薄薄的霜，因而可视距离大大缩短，能见度降低。

2.车辆易产生滑溜

在积雪或结冰道路上行车时对驾驶员威胁最大的是滑溜，滑溜有以下 4 种：

（1）后轮滑溜。后轮被刹住，车辆发生滑动，这是最常见的车辆滑溜现象。

（2）前轮滑溜。前轮被刹住，由于车辆失去方向控制而发生滑溜现象。

（3）动力滑溜。由于加速过猛所引起，在积雪结冰或泥泞道路上驾驶员加大油门快速行驶时常发生这类滑溜现象。

（4）横向滑溜。在转弯时如车速过快最容易引起车辆横滑、甩尾，甚至倾覆。

3.道路上其他交通参与者交通行为的改变

积雪、结冰，使行人改变了以往行走的方式，因为路滑，一般心情比较紧张，因此行人在积雪结冰的道路上行走时，常常怕脚下打滑，而将注意力集中于脚下的路面，身体重心放得较低，前倾而且小步慢行。

自行车等慢行车由于车太窄，与路面接触面积小，在积雪、结冰的路面上容易横滑，因而骑车较慢，在遇到情况时，特别容易滑倒。

（二）冰雪天气的行车措施

在大雪中行车，驾驶员视线不清，盲区较大，能见度低，因此应及时清除风挡玻璃上的积雪，以开阔视野，使视线尽量少受影响。在行驶中还应适时开启近光灯和小光灯，以便向其他车辆或行人示意。

（1）当道路被大雪覆盖难于便认时，要根据地形、路边树木、交通标志或电线杆等来判断行驶的路面和路线，并适当控制车速，握稳方向盘，沿路中心或路中积雪较浅的地方缓慢行驶。

（2）在积雪较深时，由于阻力很大难于起步，可先铲除车前 1m 以内的积雪，然后缓缓行进。如积雪深度超过车身最低处或保险杠时，应停驶。

（3）在结冰道路上起步时，应缓抬离合器，油门逐渐加大，以防止车轮滑动或侧滑。如起步困难，可在驱动轮下铺垫砂土、炉渣等，以提高附着力。在行驶中，要严格控制车速，时速不准超过20公里，行驶速度要均匀平稳，不可突然加速或减速。行驶中严禁空挡滑行，尽量少用制动，如遇情况，要利用发动机的牵阻作用制动，不能使用紧急制动，以防车辆侧滑。

(4) 寒冬季节，人们因穿戴厚重，致使视听和动作不灵敏，反应迟缓。在结冰道路上，行人和自行车容易滑倒，因此必须放宽前距和横距，以防意外。结冰道路会车时，应提前降低速度，选择宽平地点，加大横向间距，缓行交会，避免停车交会。在结冰的道路上行驶还应加大与前车的距离，并严禁超车。

(5) 在冰道上转弯时，要提前减速，转弯半径要大，不使方向盘急转急回。如发现车辆侧滑，转动方向盘不能按转向角度转弯时，不要急躁慌乱，只须放松制动踏板，使车轮保持滚动，并将方向盘朝车尾侧滑方向转动少许，即可使车辆稳定下来。

(6) 在结冰道路上车辆进站时，要利用发动机的牵阻作用降速，也可用减挡的方法来降速，但要慎用制动。停站时，车辆不要过于靠边，因路边斜度较大，若过于靠边，容易产生侧滑，造成碰撞乘客、站台设施等事故。

(7) 车辆通过结冰坡路时，应视坡度大小，选择适当的中低挡行驶，尽量避免中途换挡或停车。下坡时，挂低速挡，严格控制车速。

(三) 乘务员的协助

(1) 下雪天，提醒驾驶员注意减速，执行雪天行车措施。

(2) 在积雪、结冰道路上行驶时，提醒、监督驾驶员严格执行安全行车措施，保持车距，量好左右的车挡子。

(3) 使用报话器对上下车乘客进行防滑提示，对车外自行车和行人进行安全宣传。

(4) 前风挡出现雾气或结冰时，协助驾驶员及时擦拭、清除。

五、特殊道路环境与行车安全

(一) 特殊道路环境对行车的影响

当前，随着城市化进程的不断扩大，城市道路施工改造，机动车日益增多，行人络绎不绝，各种复杂路况时有发生。公交车作为城市地面交通运输的主体，面对城市道路复杂多变的现象，驾驶员会从以下方面受到影响：

(1) 在情绪上，驾驶员容易急躁，心情烦乱易给车辆行驶造成危险。

(2) 在视觉上，驾驶员收集交通信息会受到干扰，眼花缭乱，少量信息也易失真，从而导致驾驶操作错误。

(3) 在听觉上，驾驶员会因听觉受到影响或刺激变得反应迟钝，情绪烦躁，会影响收集、分析交通信息，导致驾驶操作失误。

(二) 特殊道路环境行车措施

(1) 行车时必须谨慎驾驶，严密注意行人和车辆的动态，对交通情况的变化做出正确的判断。

(2) 注意观察交通指挥信号和交通标志，服从交通民警的指挥，克服急躁情绪，保持适当车速。

(3) 会车时要注意对方车速，除随时做好停车准备外，还要注意观察车后面视线盲区内的行人或自行车突然横穿道路。

(4) 行驶在施工、繁华、转弯路段时，要注意观察道路环境，思想集中、耐心谨慎，严格控制车速，做好随时停车的准备，一旦发现突变现象，要采取果断措施，绝不可犹豫不决或抱侥幸心理。

(5) 随着城市公共交通的发展，连接城乡的公交线路相继开通，一些公交车辆需要在高速公路上行驶，为了保证乘客的乘车安全，需要进行必要的安全提示。

(三) 乘务员的协助

(1) 车辆起步、转弯或通过复杂路段时，须提醒乘客坐好扶稳，头手勿伸出车窗外，防止意外发生。

(2) 提醒车厢内“老、幼、病、残、孕”及怀抱婴儿者坐好扶稳，尽可能给予照顾。

(3) 如遇有乘客在车厢内走动，叮嘱乘客要扶好站稳。

(4) 迅速检视车厢乘客物品摆置是否安全，视情给予协助。

(5) 当车辆驶入高速公路时，乘务人员需提示安全注意事项，如“车辆驶入高速公路，请您扶稳坐好”。

思考题：

1.客流调查方法有几种？

2.基本调度方法有几种？

3.什么是客运合同？

4.简述客运合同中旅客的义务。

5.简述客运合同中承运人义务。

应会题：

能协助驾驶员在雨、雾、风、雪天气和特殊道路环境下做好安全行车工作。

第三章

中级乘务员基本业务技能

第一节 乘务工作技巧

乘务员是公交企业“两个效益”的直接实现者。乘务员在运营过程中，通过车厢服务使乘客的乘车需求得到满足，同时通过票务工作实现公交企业职工劳动所创造的价值。公交企业生产过程与服务过程相统一的特点在乘务员的工作中得以充分体现。乘务员的劳动是公交企业服务生产交通的关键因素。因此，乘务员不仅要热爱公交事业，树立全心全意为人民服务的思想，还要苦练基本功，提高自己的服务本领，讲究服务艺术，追求服务质量。一名合格的乘务员应该具有丰富的业务知识、较高的服务技能和灵活的服务方法。

一、服务专业知识的范围

（1）了解本市的历史和地理概况。

（2）熟悉本市主要街道、娱乐场所、名胜古迹、机关、工厂、医院、学校等地理情况。

(3) 熟练掌握本市公共交通线网情况。

(4) 掌握本路线乘客集散点及客流变化规律。

以上几个方面内容在其他章节已作介绍。

二、服务技巧

(一) 售票技巧

公交企业是服务性的生产企业，而不是纯福利性单位。公交企业要讲社会效益，同时也要讲经济效益。公交企业经济效益实现的条件是向乘客提供有偿服务。这种有偿服务中包含着公交企业全体职工的劳动。公交职工劳动所创造的价值的最终实现手段是售票。因此，乘务员一定要熟练掌握售票技巧，为企业经济效益的实现尽职尽责。

1.观察与提示

在一般情况下，乘务员应通过目测，记清刷卡乘客或投币乘客，迅速掌握需要购票的人数及特征，并及时动员需要买票的乘客及时购票。

2.售票

(1) 一般情况下，首站发车后，两名乘务员应分别从前门、后门走向中门售票。努力做到售清底票。

(2) 中途售票时，乘务员可按照“五先五后”的工作程序去做：先卖零钱，后卖整钱；先卖近道，后卖远途；先卖站着，后卖坐着；先卖零散，后卖集体；先卖拿钱快的，后卖拿钱慢的。

(3) 收钱时，乘务员要注意唱收唱付，即要向乘客口述收到人民币的数额与找还人民币的数额。这样做可有效地避免或减少失误。另外，在售票工作中，为了便于工作，乘务员要学会掌握好票款中零钱与整钱的比例，即要存有必要的零钱，以备找钱之需，又要注意把钱化零为整，以便于结账。一般是随卖票随处理掉过多的零钱，具体的方法是先找小额后找大额。

3.画票

画票是票务制度的一项重要的内容，又是售票、验票工作的技术手段。画票是对售出车票有效乘坐区段的记录，其目的是防止乘客坐过站，同时为乘务员验票提供重要的依据。画票的具体方法是：

(1) 乘务员售票时应在票面上画出红线或蓝线，所标明乘坐方向。一般情况下，红线表示上行，蓝线表示下行。红蓝线画过的号码代表乘客所指示的站址，以证明售出的车票在某站到此站的区段内有效。画笔时，画上排号笔向上挑画，画中排号笔横画，画下排号笔向下斜画。号要画准，不得连笔。

(2) 画票时，乘务员应问清乘客上下车的地点，以确定票价。具体办法是，用票面上的大号减小号，计算出其乘坐站数。然后，按照本线路所实行票制、票价售票，乘务员画票时应画在相应的票号上。两张票拼售时，一张画足段，一张画长线。

(二) 照顾与疏导技巧

照顾乘客是乘务员职责的一项重要内容，特别是对老、幼、病、残、孕及抱小孩乘客，乘务员就更应照顾好他们。疏导则是乘务员维护正常的乘车秩序的一个重要手段。在这些工作中也存在着技巧问题。

(1) 照顾乘客的技巧有许许多多，例如“搀、扶、抱”的技巧，即老人、病、残疾人上下时的搀扶方法，帮助乘客扶抱不同年龄的婴幼儿方法，劝解乘客争吵的技巧，甚至还包括对突然发病乘客的急救技巧。但是，对众多弱势乘客来说，他们最需要的照顾是找座。在“老、幼、病、残、孕”这五种乘客上车时，乘客员应积极主动地为他们找座位。除了宣传、动员之外，还有以下几种常见的找座方法：

①鼓励式找座。乘务员可有针对性地对某位乘客讲：请哪位同志给这位×××乘客让一个座？若发现有人做出初步反映时，乘务员应及时招呼照顾对象：请您到这边来，这位同志准备给您让座了。然后应替照顾对象向让座的同志致谢。

②协商式找座。乘务员在售票过程中已初步了解了身边乘客的目的地。当需要找座时，乘务员可以选择快到站的乘客，与之协商，请该乘客让座。

③在必要时，乘务员可明确要求某个座位上的乘客，特别是坐在专座上的乘客，起来让座，可以说：这位同志，帮忙给这位乘客让个座，谢谢！

(2) 疏导技巧。疏导是乘务员维护正常乘车秩序的一种手段。它关系乘客上下车方便，能够达到多载客，同时又可以使乘客得到一个相对舒适的乘车环境。在一般情况下，乘务员可采用引导式疏导方法进行疏导，即乘务员及时、准确地找出卡住车厢关键位置的乘客，明确要求其往里走，同时动员其身后的乘客一起移动。对带行李、包裹的乘客，必要时，乘务员可帮助他将物品往里拿，并动员他向里移动。

疏导的注意事项：疏导时，乘务员首先应做到态度和蔼，因为这是我们乘务人员在请求乘客的协助；其次，乘务员要保证向里移动的乘客准点下车，以示对该乘客的谢意，同时也为其他协助疏导的乘客提供了心理保障。

(三) 验票技巧

乘车购票是乘客的义务，查验票是乘务员的责任，也是保证公交企业经济效益得以实现的重要手段。虽然实行 IC 卡后，查验车票已不再是乘务员服务工作的重点，但是只要存在售票环节，就应当掌握查验车票的技巧。

(1) 揣摩心理，观察动态，防止逃票。

逃票者的心理是复杂的，这复杂的心理必然会在行为上流露出来。乘务员在验票时必须仔细观察乘客动态，掌握逃票者的心理特点，采取相应的措施，制止逃票行为的发生。下面给大家介绍几种主要的逃票行为表现。

①上车就躲，或在人多处或在角落里，特别是在无乘务员的那个车门口靠里一点处，目的是不引起乘务员注意，躲过乘务员的预先验票，开门后再趁乱下车。

②上车不躲，或是在车门装作不下车，待车下乘客上车时突然下车；或手握零钱，边看乘务员边下车，目的是趁乘务员工作忙，工作无法做细的机会，溜下车去。

③表情镇静，或嘴含废车票，目的是利用有些乘务员的粗心大意混过验票。

每一名乘务员在工作中应认真研究，不断总结逃票行为的特征，以获得更大的主动。这里有一点应该加以强调的是，现在的逃票行为大多已不是出于经济上的原因，而主要是出于思想上的问题。因此，乘务员在验票工作中，不应盲目地以相貌、衣着、言谈举止作为判断依据，也不应在工人、农民、北京人、外地人等概念上划分，乘务员应严格按照工作规程进行工作，这样就可以有效地防止逃票行为的发生。

①中途验票方法。一般来讲，乘务员应在车辆行至每个站距的三分之二处开始逐一验查下车乘客的车票。通道车上负责中、后的乘务员应先验离自己较远的那个门的乘客，后验自己身旁车门口的乘客。乘务员一定要在停站前查清门口下车乘客的购票情况。开门后，乘务员应重点查验车厢内挤出或跑出来的乘客。

②重点验票法。重点验票是乘务员有目的地要求某一乘客出示车票，也叫做“点将验票”。这种方法适用于提前验票时不合作的乘客，也适用于上下车乘客多，车内拥挤不堪，乘务员一时无法进行正常验票工作的特殊情况。

③终点验票方法。车辆将运行到终点时，乘务员应提前 1 至 2 站查验车票。两名乘务员应从前、后门开始，查至中门会合，要逐个查验。对掏票动作慢的乘客要耐心等待，对睡觉的乘客要唤醒查验。

(2) 结账的方法。

结账是每一名乘务员每天必须做的工作，结账的方法是每一名乘务员必须掌握的业务技能。

公交企业现用的结账单，它既是票务部门配给的配票单，也是接班时对票的凭证。结账时你作什么班型，就在那个班型号上结账，如早班，就在一班上结；中班，就在二班上结。结账时，乘务员将所做班型的那一栏与总配给张数一栏对齐折好，用总配给张数减去移交的张数，就是所卖的张数。结账时，账单要求干净整洁，不准在账单上乱写、乱画。交账时，要把流动金核准、封存好。

三、服务方法示例

服务工作具有综合性、灵活性等特点，是一种较繁杂的系统工程。在服务工作中，乘务员仅仅了解一些技巧是远远不够的。乘务员只有根据运营生产中的具体情况，灵活运用这些技巧，使之形成一整套服务方法，才能达到提高自己服务水平的目的。下面我们将一些优秀乘务员总结的具体服务方法介绍给大家，以供学习、借鉴。

（一）不同时间的服务方法

1.首车时

首车乘客大多数经常在同一时间、地点乘同一辆车。一般来说，他们的工作地点离家较远，不坐首车就不能保证按时上班。此时，乘务员应尽量等追车的乘客，以保证其按时到达目的地，同时驾乘人员要配合好，保证正点行车。

2.末车时

乘末车的乘客一般都有点特殊情况，等车时，心躁不安，生怕车过去。此时，驾驶员、乘务员一定要保证准点行车。中途遇人招手，要停车搭客，问清下车地点，尽量使乘客就近下车。

3.上、下班高峰时

上班怕迟到，下班怕道路堵塞，车慢拥挤，希望等车时间短，运行情况正常。往往一辆车来，乘客就不顾一切往上挤。此时，乘务员应有时间观念，尽量配合驾驶员保正点，不私自甩站，勤疏导，方便上下车。若车辆满载，应耐心动员车下乘客等下次车。如果车辆因故障不能继续运营，乘务员要尽快疏导乘客转乘。

4.节假日时

游览探亲多，全家同乘车，乘客怕“分家”。此时乘务员要细心观察，关门不能急，要让他们一块上车，一起下车，避免乘客“分家”。

5.冬季

冬季天气冷，客流大，车上拥挤，车下乘客因天冷而不愿等。此时，乘务员要勤疏导，多动员，耐心劝导扒车乘客。乘务员不要对混乱的乘车秩序放任不管，应尽最大的努力配合驾驶员正点行车。

6.下雪时

下雪路面滑，车辆的脚踏板也滑，不安全因素增大。下雪后，车速慢，车的间隔大，往往车一到站，乘客便扒车不放。此时，乘务员要对车内乘客勤疏导，以求多载客。对车外乘客要耐心劝导，以求保正点。另外，乘务员要对乘客与道路上的行人多宣传以保证行车安全。

7.夏季

天热车挤，车内异味浓，乘客希望通风好，车内设施干净。此时，乘务员要搞好车辆卫生，打开窗户。夏季乘客衣服薄，易夹伤，乘务员在关门时要特别小心。

8.下雨时

夏季遇雨，没带雨具的乘客急于上车，乘务员应尽量让他们上来。车辆运行中要把车厢玻璃、天窗关好。乘务员有责任提醒乘客脱下雨衣。

（二）不同地点的服务方法

1.起始站

高峰时，乘客多，争着上车；非高峰时，乘客少，抢座位。乘务员应提前进站开门，做到车等乘客。上车后，乘务员要搞好宣传，报清路别、方向。若遇放站，调放区间车时，乘务员应事先告诉乘客，以免误乘。同时乘务员应要求乘客安排好其携带的行李物品，不要堵塞通道。

2.在火车站前

时间性强，客流集中。乘客携带行李物品多，怕上不去车，特别怕搭错车。乘务员应用普通话提前报站及转乘线路，请乘客提前做好准备，并按路途远近科学地疏导乘客。若遇询问，乘务员要耐心解答。

3.在文艺、体育、娱乐场所前

时间性强、客流集中，乘务员应对沿线的情况心中有数。突发性客流信息要及时反馈给调度员，以便增加车辆，提高运力，及时疏散乘客。乘务员还要提醒乘客下车，告诫乘客注意安全。

（三）特殊情况下服务方法

1.“老、幼、病、残、孕”乘客乘车

遇有“五种人”上、下车时，乘务员应创造条件，优先让他们上、下车。在条件许可时，乘务员应作必要的搀扶，或者请求其附近的乘客代为照顾一下。上车后应积极地为他们找好座位。关门时切勿以常人的速度计算关门的时间。

2.乘客抱生病的婴幼儿乘车

乘客看病心切，病儿怕挤、怕风，乘务员应及时为乘客找座，并关好座位前边的车窗。如果孩子病情加重，应照顾就近下车，或帮助采取其他应急措施。

3.乘客晕车

乘客表情痛苦，坐立不安，总想呕吐，乘客员应主动问候，安排乘客到通风的正座就坐。

4.遇有突然休克的乘客

首先应将病人平放在地板上，或组织乘客进行现场急救，或采取其他应急措施。

5.集体乘车

幼儿集体乘车，幼儿活泼爱动，阿姨担心，怕丢怕磕，乘务员应根据条件扶上抱下，并要多宣传，勤提醒，发动乘客协助工作，确保幼儿安全乘车。

学生集体乘车。争先恐后，爱说爱动，玩耍嬉闹。乘务员要做好宣传工作，提醒他们注意安全，头、手不要伸出窗外，行驶中要拉好扶手，不要乱跑乱钻。提醒他们勿走散，注意安全。

成人集体乘车。成人集体乘车容易出现两个问题，一是容易买重票，二是因种种原因造成车上、车下两“分家”，特别是外地乘客更加突出。乘务员应提醒乘客互相联系，防止买重票，坐过站，同上、同下，防止“分家”。

6.乘客“分家”

车起动后，发现乘客车上、车下“分家”时，乘务员要根据情况妥善处理，如乘客地理熟悉，或双方已有了联系，则可不必停车解决。

7.乘客买重票

当乘客买重票要求退票时，乘务员应首先向乘客讲清撕下的票不能退的原因，然后可与同班乘务员联系，积极替乘客卖出，如确实卖不出去了，则应向乘客表示歉意。

8.乘客坐错了车，坐过了站

有些乘客或因地理不熟，或因盲目抢上，或因没有注意，而坐过了站，坐错了车，或乘错了方向。对坐过站的乘客，在条件许可时通知驾驶员让其下车，条件不允许时，应耐心解劝。对上错车的乘客，应积极指导他就近换车。对乘错了方向的乘客，除了指导他转乘之外，有条件时，帮助他处理好已购买的车票。

9.儿童违章乘车

有的儿童没钱买票坐上了车，乘务人员发现后，要对他耐心教育，然后问清下车地点，到站提醒，确保安全。不得硬将儿童赶下车或带到末站。

10.乘客行李过多

当乘客携带过多行李上车时，乘务人员要注意，对于携带笨重、易燃易爆物品的乘客，乘务人员应向他们宣传有关规定，谢绝上车。对于携带一般行李物品的乘客，乘务人员应按路程远近安排好放物品的地方，下车时提醒该乘客早做准备。

11.乘客带腥物上车

乘务人员发现乘客带腥物上车后，应督促其包好、放好。切勿放任不管，引起乘客之间的纷争。

12.乘客带小件易碎品上车

在车内较空时，可以让这类乘客上车，关门不要急，上车后提醒他注意自身安全和身边乘客的安全，并向他讲清，如出现物损人伤应由其本人负责。

13.乘客之间发生争吵

制止乘客间的争吵是乘务人员的责任。当争吵发生时，乘务人员要及时加以调解和劝阻。如果调解无效，可将双方调开，防止矛盾激化，切勿放任不管。

第二节　工作质量考核及服务指标计算方法

一、乘务员工作质量考核

城市公共交通企业无论是编制计划或检查计划的执行情况，考核运营生产消耗和运营服务效益都是通过一系列指标来反映的。各个指标既表示一个事物的现象和数量，又体现它们之间的联系和制约关系，因此，指标之间便构成一个明确的指标体系。对车厢服务质量指标进行统计的目的，就是对乘务人员的服务质量的比较和鉴定进行明确的定量分析，从而不断地加强服务管理，改进服务工作，使企业取得最佳的社会效益和经济效益。利用统计指标对车厢服务质量进行检查考核，是保障公交企业不断提高服务水平的基础管理工作内容之一，并为考核、分配提供依据，进一步激发职工的社会主义劳动积极性。

根据建设部《现代城市公共交通企业统计指标规范》和《城市公共交通企业升级考核标准》，现对有关公共交通企业乘务员车厢服务质量方面的主要统计指标含义、规定标准、统计范围、考核和计算方法，说明如下：

（一）乘务员服务规范项目

乘务员服务规范项目是指乘务员在文明服务、礼貌待客、主动售票、认真验票、热情照顾，以及解答询问等方面，必须做到的规范化服务标准，根据住房和城乡建设部《公共交通企业国家级升级考核标准》中对车厢服务进行考核的四个方面 12 条标准中有关乘务员的考核内容，本书具体归纳出以下 10 项：

(1) 报站清楚。包括报路别、方向，预报站名，报到达站。说话要让乘客听得清，听得懂。

(2) 主动售票。包括监督刷卡，主动问票，人多时立席售票，人少时离席打串售票。

(3) 认真验票。包括提前验票，重点查票，正确处理违章车票。

(4) 照顾安全。包括车停稳开门，关好门走车，不夹不摔；在进出站、拐弯、调头及通过繁华地区街道时，协助驾驶员搞好安全行车。

(5) 有空让上。包括积极疏导，不硬卡甩乘客，不使乘客分家，车满员时要耐心劝等，协助驾驶员走好准点。

(6) 礼貌周到。包括积极疏导，不硬卡甩乘客，不使乘客分家，圆满解答乘客询问，语言文明等。

(7) 服务周到。包括有条件时下车服务，主动照顾老、幼、病、残、孕及有困难的乘客上下车，并帮助找座位，根据气候变化及时调整车窗玻璃。

(8) 佩戴工号。要求按规定佩戴或挂出工号。

(9) 遵守服务纪律。包括工作严肃、坚守岗位、服装整洁、不闲谈、不做与工作无关事宜。

(10) 礼貌用语。包括同乘客讲话时要用“请”、“您”等词语；失礼时主动说“对不起”；得到乘客的支持或配合说“谢谢”等词语。

(二) 乘务员服务规范项目合格率的计算方法

服务规范的10项具体内容，必须以对运营车辆在途中的检查为依据。车厢服务项目考核指标的计算方法包括：

(1) 乘务员服务规范项次合格率（项目执行率）。其指标的计算是指执行合格的项目数与应执行的项目数之比。其计算方法：

乘务员服务规范项次合格率

$$=\frac{\text{检查中执行合格的项目总数（项）}}{\text{应执行项目数}\times\text{被检查人次}}\times 100\%$$

(2) 乘务员服务规范人次合格率。乘务员服务规范人次合格率（人次执行率），是指公共交通企业执行服务规范标准的乘务员人次数与被检查乘务员人次总数之比，用以反映执行服务规范标准合格人次的程序。其计算方法：

$$乘务员服务规范人次合格率=\frac{检查中执行服务规范合格人次}{被检查乘务人员总人次}\times 100\%$$

(3) 违纪率（违反服务纪律人次率）。违纪率是指城市公共交通乘务员违反服务纪律人次数与被检查乘务员人次总数之比。用以反映乘务员遵守服务纪律的情况和企业、线路及车组车厢服务质量优劣的考核指标之一。根据城市公共交通汽车、电车、长途汽车乘务人员贯彻执行的具体服务纪律内容，凡在车厢服务检查中，乘务员违反服务纪律条款之一者，为一人次违纪。其计算方法：

$$违纪率（违反服务纪律人次率）=\frac{违纪人次}{被检查乘务人员总人次}\times 100\%$$

(4) 遵守票务制度合格人次率。遵守票务制度合格人次率是指城市公共交通乘务员在车厢服务工作中，遵守票务制度人次数与被检查乘务员人次总数之比。用以反映乘务员在车厢服务中遵守票务制度的合格程度，并根据公交企业制订票务制度管理规定和性质划分标准，统计违反人次及违章情况，作为乘务员考核评比、奖励惩罚依据。其计算方法：

$$乘务员遵守票务制度合格人次率=\frac{乘务员遵守票务制度合格人次}{被检查乘务人员总人次}\times 100\%$$

二、车厢服务质量的检查途径

为适应广大乘客对城市公共交通日益增长的服务要求，公共交通企业除逐步建立起一套运营服务质量的管理、检查和考核制度外，还必须建立并加强专职服务质量检查机构。这对加强服务工作管理，提高车厢服务工作管理，提高车厢服务水平起着积极的作用，并构成完整的服务质量管理，成为最基础的重要工作内容之一。不检查就不能反映质量，不利于进行指标考核，对人数众多的乘务人员难以进行明确的定量分析和比较鉴别，从而也就不能有效地控制低水平的服务。

城市公共交通企业组织各级车厢服务质量检查，应坚持以自查为主，上级抽查为辅的原则，安排检查考核工作，一般采取的方式有：

（一）专业人员检查

是由行管员、稽查员、质检员等专业人员进行的检查。检查的内容一般是有固定的或针对服务质量的薄弱环节有侧重的检查。以迅速改变低水平的服务状况，使服务质量稳定地保持在一定的水平上。检查的方法是多种多样的，有明查、暗查、抽样查与全面检查，随车检查与驻站检查等。检查采取抽样的原则，也可适当增加检查数，以提高抽样检查的可靠性。专业人员的检查结果是车厢服务质量定量分析的主要依据。

（二）干部现场检查

由各级管理人员深入运营第一线，增加与乘务人员的接触，掌握服务现场动态。通过检查、督促、帮助、辅导，不断积累第一手资料，及时发现运营服务中的薄弱环节。经进一步详细了解，认真分析，有针对性地提出改进方法和建议，这就能直接促进服务质量的提高。

（三）接受社会舆论的监督

如乘客的来信、随车征求乘客意见、接受报刊电台的指导和评论是服务现场信息反馈渠道之一。在车厢内的乘客意见簿，以及平时召开的乘客座谈会等会有效反映服务动态，这些是对公共交通企业车厢服务质量的重要客观鉴定。

三、车辆清洁考核

车辆是一个流动的、人员密度较高的公共场所。车辆清洁卫生，防止各种疾病交叉感染，为乘客创造一个清洁、优美、舒适的乘车环境，是乘务员满足乘客物质和精神方面的需求及服务现场质量管理的一个重要内容。

城市公共交通的车辆整洁，不仅直接反映着公共交通企业职工的精神面貌和企业管理水平，它也从一个侧面反映城市精神文明建设的程度，所以车辆整洁是考核的重要指标之一。公共交通车辆整洁考核项目包括车容、标志牌、设备的清洁等。

(一) 车辆清洁标准

车身无泥点，玻璃无污痕；

外顶无泥道，座位无尘土；

车门无油污，地板无积土；

轮胎无积泥，座仓无杂物；

脚踏板无积物，废票不乱扔。

(二) 车辆整洁的重点考核项目与计算方法

1.重点考核项目

(1) 车身（外部无积泥、脏物及积垢）；

(2) 座位（干净，无积水、无油腻）；

(3) 玻璃（清洁无积垢）；

(4) 地板（地板及脚踏板无脏物、污垢）；

(5) 车门（无油迹渗漏）。

2.考核指标与计算方法

(1) 车辆清洁车次合格率。车辆清洁车次合格率是指城市公共交通运营车辆的车身、玻璃、地板、座位、车门等重点项目，符合清洁规定的程度，即达到车容、车貌“四净”标准要求程度。检查中，只要其中一项不合格，即作为整车不合格。其计算方法为：

$$车辆清洁车次合格率=\frac{检查车辆中清洁合格车次}{检查车辆总车次}\times100\%$$

(2) 车辆清洁项目合格率（项次合格率）。车辆清洁项目合格率是指城市公共交通企业对运营车辆按检查的10项标准的合格项目数与被检查车辆的项目总数之比。用以反映运营车辆在清洁项目上的合格程度。其计算方法：

$$车辆清洁项目合格率=\frac{检查运营车辆中清洁合格项目数}{检查运营车辆总车次\times10项}\times100\%$$

(3) 车辆整洁合格率。车辆整洁合格率是城市公共交通企业运营车辆的车容、设备、标志牌、清洁等，达到规定整洁合格程度。

车辆清洁可按10项检查项目，用百分制考核，每项10分（根据考核项目，按实际达到的水平，适当增减分)。

例如，车身合格满分计 10 分，考核要求指外部无积泥、无脏物及积垢，其中某项不合格就要扣分。考核车组标准为：

100 分为清洁（卫生）标兵车；

90 分以上合格车；

90 分以下为清洁不合格车。

计算方法：

$$车辆整洁合格率=\frac{检查车辆整洁合格车次}{被检查车辆总车次}\times 100\%$$

（三）考核方法

(1) 实行逐级考核。即集团公司对分公司，分公司对车队，车队对车组进行考核。考核方式有两种：一种为明查，主要目的是发动群众，造成声势，这是为完成特定的政治任务或特殊要求动员群众搞清洁；另一种为抽查，是逐级常规考核的依据。

(2) 制订常规考核制度。即分公司对车队每月（周）要考核一次，各车队对车组每周（天）要考核一次。根据管理规定，列为逐级考核评比统计资料，并与经济责任制挂钩，作为逐级考核的奖惩依据。

(3) 凡运营车辆清洁不达“四净”重点考核项目为脏车，要严格执行脏车不准出场，不准站发，要待搞好清洁达到合格标准后方能投入运营。

四、信访管理考核

在我们社会主义国家里，人人都是服务对象，人人又都为他人服务。我们的社会对人的关心、社会的安宁和人与人之间关系的和谐，是同各个岗位上的服务态度、服务质量密切相关的。乘客的来信来访，是对我们城市公共交通在精神文明建设的一个时期、一个单位和一名乘务员工作优劣的客观鉴定。乘客来信来访，不管是表扬、批评还是建议，都反映了广大乘客对我们公共交通企业的鼓励、爱护、支持、信任和关心。同时，人民来信来访工作又是一件政策性很强的群众性工作，对信访工作处理不当，会对公共交通企业甚至给党和国家带来难以挽回、难以弥补的政治影响和损失。乘客的来访又是我们对职工进行职业道德教育，不断改进服务管理的重要考核依据，因此，作为一名乘务员必须提高对人民来信来访工作管理的水平，自觉接受广大乘客的监督。加强信访工作管理，是我们公共交通企业和职工与广大乘客加强联系，增进相互理解，依靠人民群众搞好城市公共交通事业，不断提高公共交通企业管理工作的重要途径。

根据乘客来信、来访的内容划分，一般有表扬信、批评信、建议信、询问信和检举信等。凡是乘务员在运营车厢服务中，由于礼貌待客、热情服务、体贴照顾“五种人”、拾金不昧等情况，收到乘客来信表扬或受到报刊、电台、电视台等新闻单位表扬报导的，均按表扬信件统计，并根据企业管理规定统计上报，作为对乘务员个人考核，作为评优、升级、奖励的依据。

城市公共交通企业对在一定时期内，对人民来信数量和性质加以统计、比较、分析，作为衡量公共交通企业的社会效益和运营服务质量管理水平及乘客对车厢服务质量满意程度的依据。下面就人民来信的性质划分、考核标准、及指标统计方法阐述如下。

（一）人民来信的性质划分

凡是乘客的来信、来访、来电具有批评内容的可以划分为严重投诉和一般投诉。

（1）恶性投诉。凡来信中反映的内容、情节属下列情况之一的，经调查核实情况基本属实的，均属恶性投诉。

①属于无视国家法规、企业规章制度，严重违反乘务纪律，损害企业声誉，在社会上造成严重影响，或殴打乘客造成对方有物质损失、人身伤害的。

②属于有歧视和谩骂国际友人，港、澳、台同胞，边远少数民族和市级以上各界人民代表、政协委员，造成极坏的政治影响和后果的。

③属于乘客来信来访批评，确属我方负主要责任，又因有关管理人员处理不当，工作拖拉，严重失职，致使性质恶化，造成乘客

上告或登报批评的。

④属于歧视讽刺，刁难外地乘客，或有谩骂、推搡乘客情况的；

⑤属于工作中不负责任，造成乘客家人分家或夹摔事故，并有较严重后果的。

⑥属于工作中严重违反乘务纪律，违章乱罚款的。

(2) 一般投诉。凡反映乘务员在车厢服务工作中有下列情况之一的，属一般投诉。

①属于工作不够认真，解答询问不够耐心，照顾不够周到的；

②属于车上有空不让上，夹人不道歉，用气门催吓乘客的；

③属于违反乘务纪律，反映工作不严肃，看书报、闲谈、睡觉、吃东西或擅离职守等现象的。

此外， 乘客来信反映内容，属于批评性质，但有下列情况之一的均不列为投诉。

①属于乘客来信不署名，又无单位和地址的，经调查核实情况又完全不符的；

②属于乘客对城市公共交通企业的有关规章制度不熟悉，不了解而来信批评，需要给予解释的；

③属于乘客来信批评，虽有姓名、地址和工作单位，但经调查核实，情况失真或无中生有，甚至对乘务员进行报复的。

(二) 投诉统计考核指标

投诉统计考核指标，是公交企业单位在一个时期内，定性批评信总件数与单位同期驾驶员、乘务员、调度员人数的比率，这是城市公共交通企业经济责任制考核指标和服务管理部门同业务专业考核指标之一。

其计算方法：

$$\text{投诉统计指标}=\frac{\text{单位定性批评信总件次}}{\text{单位同期驾乘调职工人数}}\times 100\%$$

五、车厢服务事故（服务纠纷）考核

车厢服务事故是乘务员在服务工作中与乘客发生矛盾、造成一定后果的服务质量问题。服务事故的发生次数和性质，是直接反映城市公共交通一个时期精神文明建设程度和服务质量优劣的重要标志之一。

为使乘务员进一步了解服务事故的考核内容，本节重点对车厢服务事故的构成标准和责任划分。恶性服务事故的考核标准和考核指标的统计及计算方法阐述如下。

(一) 服务事故的构成标准和责任划分

1.服务事故的含义

凡当班乘务员与乘客发生矛盾、冲突，使车辆不能正常运行或双方都有物损人伤的情况，均列为服务事故，即乘务纠纷，并根据纠纷所造成的政治影响、致伤程度、影响运营工作和经济损失等情况，确定事故的性质。

2.服务事故的责任划分

服务事故的责任划分，一般有3种：即我方责任、双方责任和彼方责任。

(1) 我方责任。凡当班乘务员与乘客发生纠纷，起因责任在我方，在争执过程中，我方首先开口骂人、动手打人。

(2) 双方责任。凡当班乘务员与乘客发生纠纷，起因责任在乘客，但在争执过程中，我方没有做到得理让人，而发生互打、互骂。

(3) 彼方责任。纠纷责任属于乘客，当班乘务员做到“打不还手、骂不还骂”，“得理让人、以理服人”。

(二) 恶性服务事故的考核标准和处理规定

1.考核标准

在乘务工作中凡发生责任乘务纠纷，构成下列情形之一者，为恶性服务事故。

(1) 政治影响。凡与国际友人、全国或各省市的人民代表、政协委员发生属于我方主要责任，造成政治影响恶劣的乘务纠纷。

(2) 致伤程度。凡因殴打乘客，造成对方骨折或伤口缝合×针以上（含×针）的乘务纠纷。

(3) 经济损失。凡纠纷后果造成对方经济损失，包括物损、人伤、医药费、工资和治安罚款等一切开支，由我方负责款项达到规定限额(企业自定标准）的乘务纠纷。

(4) 影响运营。因纠纷使车辆单方向被阻在一小时以上不能通行，或造成本车停驶两小时以上不能正常运营的。

(5) 纠纷性质。凡属我方主要责任的乘务纠纷，其虽然没有达到以上四种严重程度，但因纠纷当事人被公安部门拘留或发生纠纷的情节属非常恶劣的。

2恶性服务事故的处理规定

(1) 凡发生恶性服务事故所造成双方物损人伤的经济损失，一律由责任者承担，企业不负责经济赔偿责任；

(2) 凡发生恶性服务事故，受到公安部门拘留的职工，行政要给一定处分；

(3) 凡发生恶性服务事故，被公安部门拘留15天（含15天）以上者，行政要给予一定处分；

(4) 凡发生恶性服务事故，被公安部门拘役、劳动教养或被逮捕的，应依法解除劳动合同；

(5) 凡连续受到公安部门拘留或第三者盲目介入，激化矛盾扩大事态，而造成恶性服务事故的要从严处理。

对乘务员在工作中正确执行各项规章制度，而被乘客无理殴打致伤，本人能严格遵守乘务纪律，做到“得理让人，以理服人”，“打不还手，骂不还骂”的，根据事迹要给予表彰、奖励。

(三) 服务事故的考核指标和计算方法

计划控制率是指计划数与公交企业单位期末驾、乘、调人员总数的比例，实际控制率是指实际发生服务事故件数与同期末驾、乘、调人员总数的比例。控制率的计算单位为件次每千人。

城市公共交通企业通过服务事故控制率的计划与实际指标完成情况，来衡量公交企业车厢服务质量考核指标、完成计划目标的差距和作为落实经济责任制考核的依据。其计算方法：

$$服务事故计划控制率=\frac{计划控制件次}{期末驾乘调总人数}\times 100\%$$

思考题：

1.掌握乘务工作技巧对提高服务质量有哪些实际意义？

2.掌握验票工作技巧对实际工作有哪些意义？

3.售票技巧包括哪几个方面？

4.列举二至三个不同时间的服务方法，说明它们各自的特点。

应会题：

1.能够对初级乘务员进行服务规范考核辅导。

2.会计算车厢服务人次合格率和车辆清洁车次合格率。

3.会对乘客来信性质进行划分。

4.会划分车厢服务事故（服务纠纷）的责任、性质。

第四章

乘务心理与行为

“乘务”就是公共交通服务。乘务是乘客和乘务员共同的行为。乘务是一个过程，对乘客来说是由候车、上车、位移、下车等环节组成；对乘务员，则由辅助过程、服务过程组成。公共交通全部乘务过程是由准备、传递、控制三个阶段组成。本章从乘务活动目的出发，具体研究乘客心理与行为及其服务对策，帮助乘务人员通过对乘客心理的了解，在工作中实施不同的服务方法，满足乘客的乘行需要，不断提高服务质量。

第一节　乘务心理、乘务行为概述

一、乘务心理

在车厢服务中，人是主体，它包括服务者和被服务者。心理学是研究人类心理现象发生、发展规律的科学，它反映的是一般人的心理规律，包括人们的心理过程、个性倾向和一般个性的特征等。乘务心理研究的则是人们在乘坐公共汽电车过程中所发生的各种心理现象及其行为规律。例如，早高峰，客流构成与过去发生了较大变化，表现在老年人外出晨练的多，来车就要上，上车后希望乘务员帮助找座位，乘务员照顾不周到，心中就不满意，回家打电话，投诉态度差。乘务员要根据不同乘客心理需求，掌握和总结乘客的行为规律，满足乘客乘行中各种需求，才可以说是完成了全过程的服务。要做好全过程的服务，确实不是件简单的事。人们常说：一人难称百人意。何况人是有着极其复杂的心理活动，在乘务中，乘务员很难观察到人的心理活动。只有在言谈举止表现出来后，乘务员才能了解乘客的心理需求。例如，有位乘客低声对你说：乘务员，我的腰有病，希望能给找个座位。只有这时，你才会知道原来这位乘客身体不好，怕挤。这种心理需求如果不通过乘客言谈表现出来，乘务员是难以判断出来的。

人们乘坐公共汽电车和乘务员提供服务是普遍的、经常的社会活动。尽管每个人乘车过程和乘务员的服务过程是在特定的空间和时间内实现的，但由于人的心理活动千差万别，因而形成了乘务过程中不同的心理现象和规律。我们常常看到，在乘务过程中，有的乘客上下车行动敏捷，有的迟缓，有的乘客态度谦和，有的则傲慢无理。在个人身上表现出来的这些个性心理特征，反映了人的心理活动是通过心理现象表现出来的，它包括人的认识过程、情绪过程和意志过程，即知、情、意三个方面。其中遗传因素、文化修养、职业和社会角色以及社会环境，都会对人的心理产生重要的影响。

二、乘务行为

行为是个体受心理支配表现出的内部或外部活动。人的行为表现为生理性行为和社会性行为。行为是受思想支配的。乘务行为是乘务员在服务过程中服务语言、礼仪、职业道德、服务技能、文化素质的集中反映，既包括个人行为也包括企业行为。企业行为是通过个人行为表现出来的。例如，在工作中，职工在为乘客服务时，礼貌待客、热情服务，满足各种乘客的需求，使乘客能在和谐、愉快的气氛中达到乘行中的心理满足，既包括个人行为也包括企业行为。

研究乘务行为不可避免地要涉及乘客的乘车行为。它包括乘客的表情、举止、相互间的关系以及对乘务员服务效果的影响等内容。在这里人的行为往往表现出社会性。它是受许多条件制约的。如，外界的自然环境、社会环境、个人的生理环境的影响等，个人心理活动会支配其乘行中的各种行为，表现出个人的行动倾向。如，交通堵塞、长时间候车，使人的心理产生烦燥情绪，这种烦燥情绪就会导致乘务员与乘客之间的矛盾，个人的行动倾向就会不同，表现在乘客方面，易怒、不理解。表现在乘务员方面是服务不耐心、不能文明待客。研究乘务行为目的是使乘客与乘务员之间的关系更加融洽。两者之间相互理解、相互作用，是乘行中形成良好环境的关键。

三、乘务心理、乘务行为的研究

乘务心理与乘务行为的研究任务是以满足乘客需求，提供优质服务为目标，运用科学的知识和方法，探讨公交服务者和被服务者各种人员的心理行为特点与规律，解决服务中出现的新问题。

（一）乘务心理、乘务行为研究的意义

在管理工作中，最重要的是对人的管理。随着社会的进步，生产力的提高，机器代替了人工，电脑也代替了一部分人脑的功能，但是设计和使用电脑的仍然是人。因此，重视人的因素，发挥人的主动精神和内在潜能，是企业发展的需要。管理的实践证明，对人的管理如果只靠简单的行政命令、强制手段，不仅无助于调动人的积极性和创造性，而且会适得其反。因此，研究乘务心理、乘务行为，对于公交企业管理有着重要的意义。

1.有利于调动职工的积极性

人是乘务活动的主体，乘务心理与行为就是要研究人的能力、优缺点、心理的特点，通过各种方法充分挖掘职工内在的潜力，激发出正确的服务动机，调动他们工作的积极性、创造性。

2.有利于提高管理者的管理水平

管理既是科学，又是艺术。管理者如果掌握乘务心理的基本知识，将有助于管理者提高领导水平丰富领导艺术。

3.有利于提高“两个效益”

乘务活动，既包括社会效益也包括经济效益，掌握乘务活动的基本规律，了解职工的心理活动，帮助他们树立一种将职业道德和服务意识一体化的心理环境，逐步提高职工的心理素质，把企业精神和企业作风体现在每一次乘务活动中，有助于树立良好的企业形象，提高服务质量，使企业的竞争更加充满活力。

了解乘客的需求，掌握服务的对策，无疑可以使乘务员更周到、有针对性地为乘客服务，满足乘客乘行中的需求，加深乘客对公交工作的理解，形成乘务员与乘客之间的良好人际关系。

（二）乘务心理与乘务行为研究的原则

任何事物的发生、发展和变化都是有规律的，乘务心理与行为现象也不例外。因此研究乘务心理、乘务行为必须遵循以下原则：

1.客观的原则

人的心理、行为受外界条件的影响，是主观世界对客观世界的反映。因此，研究乘务心理与行为的首要原则是客观性的原则。这个原则要求在乘务活动中对乘客和乘务员的心理、行为作出客观、实事求是的判断，对获得的事实作出全面的分析和充分研究，以便找出其规律性。

2.发展的原则

这是研究乘务心理和行为必须遵循的原则。这一原则要求不仅要阐明研究对象的心理品质和行为养成，而且要考虑其历史状况，特别是揭示那些刚刚产生的心理、行为特点，这样才能对乘务活动中出现的问题有正确的了解和预测。

（三）乘务心理、乘务行为研究的方法

1.细心观察

这种观察是在自然条件下进行的。我们知道，人的行为是受心理支配的，这种心理的表现会通过脸部的表情，如喜、怒、哀、乐和语言等行为表现出来。乘务员在工作中细心的观察可以帮助乘客解决乘行中的需求。如，在乘务过程中，抱孩子的乘客期盼座位的眼神，老年人不肯向车厢里走的固执，外地乘客的东张西望，病人脸上痛苦的神情，都在向乘务员传递信息。在此基础上运用科学原理解释所观察到的现象，制订相应的对策，不断改善服务方法，有助于提高服务质量。

2.认真分析

这种方法是在细心观察乘务活动中人的心理变化的基础上，来揭示人的心理行为特点和规律，从而找出实质性、规律性的东西。如，外埠乘客在乘行中往往会左顾右看，每到一站都会站在车窗附近往外看，乘务员如果通过观察，就可以分析出外地乘客为什么会如此紧张，原因是外地乘客对地理环境不熟悉，乘车时心里比较紧张，惟恐乘错车、坐过站，需要乘务员报站清楚、主动询问、到站提醒，耐心地解答乘客询问，当好他们的向导。通过对乘客的观察分析，找出行之有效的服务方法。

3.反复实践

它是通过反复多次检验，从实践中得出科学结论的方法。如，乘务活动中，乘务员用什么样的语言更适合特殊乘客的需要。如何把握好用语的音调、语气和节奏，使乘客在乘行中能感受到乘务员热情的服务，通过实践可以摸索出服务语言和服务方法的规律。

4.不断总结

许多乘务员在实践中不断摸索，分析乘客心理特征及心理需求，提供有针对性的服务，为乘客排忧解难，从中积累了很多好的经验。如，李素丽是公交 20 世纪 90 年代涌现出的劳模，她在学习和继承几代公交人优质服务工作经验的基础上，又融合了自己的乘务工作实践和所掌握的知识加以发展、创造出了《李素丽服务法》。书中贯穿了公交人辛勤工作、热情待客、不断总结探索服务方法的历史脉络。这些好的经验，需要认真归纳、不断地总结，从中找出规律性的东西，积少成多，并上升为理论，再用于指导服务工作。

第二节　乘客心理与行为

研究乘客的心理与行为，首先要弄清楚乘客到底需要什么，乘客的这种需要能产生什么样的乘行行为和动机，与服务工作的关系如何。只有弄清了它们之间的关系，才能进一步了解乘客的共性心理与个性心理。

一、乘客的需要、动机与行为

（一）需要

需要是在一定条件下，人的有机体对客观事物的需求。如，成年人有对工作的需要，学生有对学习的需要，乘客的需要就是安全、正点、周到地被送到目的地，达到乘行的心理满足。

1943年美国心理学家马斯洛（A.maslow）就提出了人的“需要论”，这一理论流传甚广。马斯洛把人的需要归为五大类。这五大类需要互为关联，即生理上的需要、安全上的需要、感情和归属上的需要、地位和受人尊敬的需要。以上五种需要，人们并不是都能得到满足。一般来讲，等级越低者越易达到满足。这个理论对乘客也是适用的，具体分析如下：

第一级，交通工具便利需要。它包括候车时间不能太长，线网密集，可供选择的线路多，出行乘车距离步行不太远，乘车时不拥挤，准点能到达等。

第二级，乘行中的安全需要。当乘客第一级需要得到满足后，就想满足安全的需要。要求驾驶员行车平稳、驾驶技术好，乘务员照顾乘客周到，不给乘客“分家”，不出现车门夹人、摔人的现象，乘行中人身财产能受到保护，能安全到达目的地。

第三级，乘行中的服务需要。要求驾乘人员对待他们能以礼相待，能感受到他们乘行的需求，渴望乘务员态度和蔼，能把乘客当成朋友，工作中对他们服务热情等。

第四级，环境舒适的需要。当以上三级需要均达到满足后，乘客就会追求心理上的更高层次的需要。如，乘行中车厢环境优美，乘行环境不拥挤，要求座椅无尘土、地板干净，坐下不脏衣物，手扶设施不脏，车厢气氛融洽，乘客间相处和睦等。

第五级，受人尊敬的需要。这一需要包括内部和外部尊重。内部需要是希望自己在不同环境中有实力。外部需要是希望在公众面前有威望，能受到大家的尊重。这种需要属于较高层次的心理需求。表现在乘行活动中，希望乘务员语言恭敬，不讲讽刺、挖苦的话，注重礼节，不能表现出轻视、满不在乎的神情等。

以上五种需要是由低级向高级发展的，有时候，这五种需要对于每个人来说是不同的，其需要的先后顺序也有所不同。如打工族乘客，他们背井离乡、举目无亲，靠自己的努力很不容易找到一份工作，在乘行中他首先需要的是上班不迟到，不被老板炒鱿鱼，其次是受人尊重、服务态度好、乘行安全、环境舒适等。而老年乘客又恰恰相反，他们大多数是退休在家，工作一辈子不容易，闲暇时外出散心，希望在乘行中不拥挤、安全有保障、服务态度好、受人尊重、车厢环境好。

根据乘客的不同需要，可以看出，他们的需要具有如下特点：

第一，需要总是指向于某种具体事物，是对一定对象的需要。人对具体事物和对象的需要的满足，是离不开一定条件的。无论是满足哪一类的需要，都应具备一定的外部条件。如，乘客对乘务服务设施的需要、对驾驶员安全驾驶的需要、对车辆舒适的需要等，都是指向一定的实物和对象。

第二，已经形成的需要，决定着他的行动及其需要内容的选择。如，由于时间上的紧迫，乘客在选择出行工具时，他们往往以快捷的交通工具为首选，一旦乘客选择了代步交通工具，完成了乘行的目的，心理上达到了满足，就会在交通工具方面有新的选择。

第三，需要并不因获得满足而终止，有些需要还可以重新出现和产生。如，上班族，在早高峰，他们需要车辆能准时到达，在到达工作岗位后，这种对车的心理需求就慢慢淡化了，心理的需求转化到工作上。当工作结束后，对车的心理需求又重新出现，盼望能尽快来车，与家人团聚。周而复始，“车”对于上班族的需求永不终止。但由于工作地点的改变，乘行的交通工具会随之发生变化，自行车代替了公交车，他们对车的需求也就停止了。如此，可以说明，某些需要是与周围环境的变化特点相适应的。乘客的需要也是永无止境的，当一种需要达到满足后，他们会追求另一种心理的需要。

（二）动机

动机是激励人们行为的原因。如，上班是为了工作，车辆正点就成了人们渴望的要求，见到熟人打招呼是出于礼节的需要。这些活动的原因，在心理上称它为动机。

了解动机对于人的作用具有重要的意义：

1.人们行动的效果，受动机的制约

如，乘客乘坐公交车是为了省时，反之亦然。

2.动机只能表现在人的活动中

即从行动中来判断人的动机。用推理的方法来研究认识人的动机，并进而了解人的行为。如，一名外地乘客，他乘车的主导动机是为了游览名胜古迹，那么在乘行中他会对乘务员的宣传、服务用语非常感兴趣，因而对乘务员的热情服务要求很高。反之，如果他只是乘车办事，就会对时间要求较高。所以动机决定了他的出行目的。

3.动机还可以由刺激产生

这种刺激可分为内在因素和外在因素。如，一名乘客由于工作中遇到了不顺心的事，要发泄心中不快，因此产生内部刺激。在回家的途中，长时间等车不来，产生外部刺激，最终导致乘客行动和言语的过激。上车后，易与周围乘客发生矛盾，与乘务员发生口角，这种强烈的不满情绪还会导致其产生过激行为，甚至会导致纠纷的后果。由此可见，动机对人的活动起着非常重要的作用。

（三）行为

人的行为是千差万别、千变万化的。不论乘客是男是女、是老是少，都具有共同之点。其行为共同特征有以下几点：

1.行为是自发的

人的行为是完全自动自发的。外界因素能影响其行为，但无法发动其行为。如，乘客乘坐公交车是完全自觉自愿的，但由于候车时间较长，迫使乘客改变乘行工具，其行为受外界因素影响，但乘客选择乘坐什么样的车，是任何公交职工不能控制的。

2.行为是有原因的

任何一种行为的产生都有其起因。遗传和环境可能是影响其行为的主要因素，外在条件也可能影响其内在的动机。如，车厢乘行环境差，使乘客产生厌烦心理，相互间易产生摩擦，受外部乘行条件的影响，原本文质彬彬的人也会由于乘行条件差，心理因素发生变化，表现出对小事计较，易与其他乘客发生口角，使其内在的动机变化。

3.行为是持久性的

任何一个人的行为，在没有达到目标时，是持久的，不会终止的，只会改变其行为方向，由外在的行为转为潜在行为，但是仍会不断地向目标进行。如，乘客的乘车行为，许多老年乘客，喜欢等候他们较熟悉的车辆和乘务员，宁愿候车时间长，也要坐在自己喜欢的乘务员车上，只有这样，心里才会踏实。这种候车行为是持久性的。

4.行为是可改变的

人们的行为受各种条件制约，具有可塑性。如，上班乘客每天的乘行方式基本是固定的，但随着环境的不断变化，出行的方式也会改变。他们受环境的制约，其出行的方式会有不同的变化，如道路拥堵，造成乘客候车时间长，上班迟到，乘客的乘行方式会有一定的变化，如，改线乘行、改变出行工具等。

以上特点说明人的行为都是围绕满足需要进行的。

（四）需要、动机与行为之间的关系

人的行为是由动机所支配的，动机由需要引起，行为的方向是寻求目标、满足需要。动机是行为的直接原因，它驱动和诱发人们从事某种行为、规定行为的方向。

二、乘客的共性心理与行为

当乘客产生乘车动机的时候，心里就会寻求一些需求，这种需求的满足程度，会产生不同的乘车行为。在乘车过程中，安全、迅速、准点、舒适、尊重是乘客的共性心理，这种共性心理具有一定的规律性，我们称其为乘客的共性心理。

研究乘客的共性心理与行为，对于公交职工做好本职工作，提高客运市场的竞争力具有很大的促进作用。

(一) 乘行中的安全心理与行为

安全是乘客在乘行中的基本需求，这种安全心理是与生具来的，任何人都有安全意识，当车辆进出站，避让行人和其他车辆时，乘客都会产生紧张心理，会加强对自己的安全保护。

1.老年乘客

老年乘客由于年龄和身体问题，上车时动作表现迟缓，应变能力差。他们怕车厢拥挤，上下车时特别注意自我安全保护，乘车时有一定的依赖性，喜欢靠近服务设施，以便应急。遇有车辆急刹车或行经繁华地区时，他们会产生恐惧心理，手抓设施，神情紧张。

2.青年乘客

青年乘客大多数是在校学生和刚参加工作的职工，乘车时，安全意识差，车来就上，不顾他人安全，喜欢驾驶员开快车，对车辆安全行驶要求不是很高，车开得越快越刺激。在乘行中，喜欢独立而站，不爱握住服务设施，遇有紧急刹车，经常是东摇西晃，容易造成摔伤。

3.少年乘客

多数是中小学生，对事物天真好奇，安全观念比较淡薄，自我保护意识差。乘车时，喜欢成群结队，上车后嬉戏打闹。

4.女乘客

安全意识强，乘车时，就怕驾驶员开快车。部分女乘客既要忙于工作，又要照顾子女，忙于家务，对时间的观念特别强，来车就上，但又怕被夹、被摔，上车时紧张，下车时谨慎。

5.带小孩的乘客

带小孩的乘客有两种情况，一是小孩周岁左右，自己不能行走，需大人抱着乘车；二是小孩自己能行走，3岁以下儿童。她们在乘车时，对子女的安全保护意识特别强，心中有“四怕”：怕人多挤不上车，怕上车没有座位，怕人多挤着孩子，怕刹车摔着孩子，对安全感和座位的需求非常强烈。

以上从乘客的安全心理与行为可以分析出，安全是人生存的基本需要之一。人们在从事各种社会活动中，都自觉不自觉地有一种安全心理需要，乘车也不例外。

（二）时间上的紧迫心理与行为

乘客不论是外出旅游、购物还是参加各类社会性的活动，对时间的要求是非常苛刻的。

1.首班车

一般情况下，乘坐首班车的乘客比较固定，他们大多数是距工作单位、学校较远的工作人员、学生，还有一些参加晨练的老年人。他们乘车较固定，对线路的地理环境也比较熟悉，希望发车准点，来车不等，上车后能迅速、顺利到达目的地。心里怕车辆到点不来、车辆故障、车辆甩站等耽误时间。还有少数乘客是临时乘车，他们大多数是外地乘客，沿途地理环境不清楚，乘车时怕坐错了车耽误了时间，易产生紧张心理。

2.末班车

乘坐末班车的乘客多数是工作人员，他们乘车线路、时间较为固定，心里有三怕：一怕错过了末班时间，等车时不停地看表，张望；二怕车到站不停，等车时焦急，经常是站在车头靠马路中间迎候车辆；三怕坐过站，末班车的乘客多数是下班后身心疲劳，上车后就找个合适安静的地方睡觉。

3.早、晚高峰

乘坐早、晚高峰车的乘客，大多是上班族和学生，他们心理特征是时间观念强，乘车不怕挤，来车就要上，上车后希望车辆行驶准点、迅速，遇有车辆间隔大，埋怨声音大，抓车不放松，只顾自己，不顾个人安危，上车后希望乘务员赶紧关门，赶时间，自私心理强。

4.低峰时间

乘客多数是购物，许多乘客利用此时间为家人购物，年龄较大乘客多数退休在家担负着家务劳动，为家人做饭，为子女送孩子，乘车时，希望车辆不太拥挤，候车时间不太长，怕影响做家务。这些人对地理环境熟悉，购物多，上车后，就近站立，不愿往里走，下车怕麻烦。

通过以上不同时间来分析乘客的共性心理，可以明显看出，他们对时间上要求非常紧迫，但受客观条件的制约，使乘客的时间心理需求有时达不到满足，这种需求达不到满足时，乘客表现出来的行为经常是脾气暴燥，易与他人发生矛盾冲突，对小事斤斤计较，不愿宽容别人的过失。有的乘客内心烦躁，面部表情愤怒，不愿为他人付出，不理解公交职工工作，把自己的时间看成比任何事情都重要。如，早高峰，有的乘客突然发现自己随身财物被盗，情急之下，请求驾乘人员能尽快协助抓到小偷，找回被盗物品，当驾乘人员希望能得到车上其他乘客支持时，许多乘客表现出不愿为别人耽误自己的宝贵时间。

从乘客的乘车目的可以看出，他们共有的心理就是希望用最短的时间完成乘车过程，缓解他们的紧张情绪。

（三）乘行中的方便心理与行为

乘客在乘坐公交车时，图的是方便省钱。在心理上，希望路走得越少越好。乘车时，线路选择越多越方便。如，由于站位设置不合理，造成乘客出行不便，使乘客线路选择发生变化，乘行线路的不方便，使乘客的心里紧张，导致行为上的厌烦情绪。特别是外地乘客，由于地理环境生疏，在乘行中方便心理占主导地位，希望换乘车方便、省时、省力，这种心理需求的实现，能加深外地乘客对首都的热爱，对首都公交的了解。如，新搬迁的小区居民，由于家离工作单位和上学的地方很远，在乘行中希望公交车站设置离住址越近越好。他们在乘行中的共性心理是：不论家住有多远，但都能有方便的公交线路为其提供乘行需求，车辆间隔时间不能太长，首、末车都能满足随时出行的需求等共性方便心理。这种方便心理需求，不受主观因素制约，在现实中往往与客观条件发生冲突，导致乘客的这种心理需求得不到完全满足，产生不良的行为。如，在乘客外出时，他们希望线网密集，到达目的地时换乘的线路越少越好，但由于道路环境、客源多少等客观因素限制，使乘客的某种需求得不到满足。在这种情况下，他们会产生不理解，遇事易激动，乘车时发泄心中不满等心理。受这种心理的支配，在行为上表现为语言过激、行动粗鲁、社会公德差等。

（四）乘坐中的舒适心理

乘客乘坐公共汽电车，舒适的环境能给予乘客好的心态，好的心态能产生良好的行为，乘客舒适心理包括车辆设施的齐全、车厢环境的宽松及相互间和谐等。

1.女乘客

女乘客在乘车时对车厢的环境特别注意，怕脏，喜欢挑选清洁的位置。夏天，穿着服装较浅，易出汗，怕异味，多数喜欢站立，怕弄脏衣裳。在乘车时，怕车厢拥挤，部分女乘客上班时携带子女，上班时间卡得比较紧，既怕孩子上学迟到又怕自己上班迟到，希望车厢环境宽松，不拥挤。下班时，忙于家务，采购物品多，希望到站就有车，能缓解一天工作疲劳等心理。

2.孕妇乘客

孕妇乘客虽然是极少数，但她们却是照顾的重点对象，一般在低峰时外出，车厢环境对她们乘行很重要，车挤、车脏不愿搭乘，上车后喜清静，怕人碰到身体，怕被人发现是孕妇，但心里却希望能有个座位，上下车时动作慢，不愿让其他乘客接触到自己。

3.闲散乘客

闲散乘客多数是旅游度假或退休乘客，他们外出购物、观景，对时间要求不是很迫切，但他们希望有较好的乘车环境，上车有座位，乘车不拥挤，车厢环境整洁等共性心理。

(五) 交往中的尊重心理与行为

是人就会有心理需求，每个人不论年龄、职位大小高低，都希望能得到他人的尊重，相互间一句礼貌、恭敬的称呼都会使乘客心理上等到满足，使他们感受到受人尊敬、被人重视，在社会中自我价值实现。

1.知识分子乘客

多数受传统家庭教育和学校环境的熏陶，重视自身价值，在交往中注重礼节，希望周围的人对他们另眼相待，自尊心理非常强。在乘行中喜欢不动声色地观察别人的举动，遇事爱讲道理，不愿承认自身的错误，一般不轻易与他人发生口角。

2.老年乘客

习惯用社会的道德要求别人，部分老年乘客受传统教育的影响，对周围的事物看不惯，喜欢对别人说教，怕其他人说他们动作迟缓，不服老，自尊心理比较强。

3.外地乘客

受地域语言、习惯的影响，乘车时心理紧张，乘车时携带物品较多，乘车时怕坐错了车，询问地理环境时怕别人听不懂，怕别人歧视，渴望别人能帮助、尊重他们。

4.农民乘客

农民乘客多数是务农在家，接触社会机会少，对大都市的繁华热闹感到新鲜，他们大多性格朴实，珍惜自己的劳动果实，在与他人交往时，不太注重礼节。如，询问地理环境时，不使用尊称，上车后，不能主动地给老年人和有困难的乘客让座，自私心理比较强，但由于人生地不熟，在乘车时不辨方向，心情格外紧张，就烦别人对他们说话不礼貌，瞧不起他们是农民，自尊心理强。

5.伤残乘客

由于身体残疾，伤残乘客多数有心理的自卑和失落感，自尊心理强，乘车中对他人的说话和对自己的称呼非常敏感。乘车有“四怕”：怕磕碰，怕拥挤，怕摔倒，最重要的是怕别人看不起。

通过以上几方面乘客共性心理的特点和行为分析，乘客在不同的环境中心理表现有很大的差别。只有掌握了乘客共性心理、行为的规律，才能有针对性地做好服务工作，因势利导，化消极因素为积极因素，尽可能地满足乘客的共性心理需求。

三、乘客的个性心理与行为

乘车是人们从事生产生活时所必须进行的一种广泛的社会活动，这种活动是由每个具体人参加的。众所周知，世界上没有两片完全相同的叶子。同时，世界上也不存在两个性格完全一样的人，在乘客群中，他们每个人的性格都有别于他人，心理学上把那些在个人身上经常地、稳定地表现出来的心理特征的总和，包括如何影响别人，怎样对待自己，以及他的可被认识的内在或外在的品质全貌，称为个性。有些偶然出现的某些特征，并不能算作一个人的个性心理特征。所谓经常的、稳定的心理特征，是指那些以某种机能特点或结构形式在个人身上比较固定的特点。如，乘客在乘行过程中，偶然忘带了票，这并不能说明他有健忘症，偶尔因为心情不好，与乘客发生一次口角，也不能就认为此人气质类型是胆汁质的。只有当这些特征经常地、稳定地在一个人身上表现出来，并影响他的举止行为时，才是他的个性。下面我们试从乘客的气质、性格方面分析不同乘客的乘车心理与行为。

（一）乘客的气质与行为

“气质”，类似人们平时说的“性子”、“脾气”，是个人行为特点的总和。这种个性主要表现在人的情感、稳定性和灵活性方面。如，每当车厢中有乘客发生争吵时，乘客在情绪上的反映强和弱有明显的差别。一种人是听完争吵的原由，上前主动劝解；另一种人，不劝解，只是与周围乘客议论是非曲直；第三种人，自己观战，在心里辨别是非；第四种人，不闻不问，与己无关。通过这四类乘客对待一件事情的反映可以说明乘客对待一件事情的发生有着不同的情绪反映，从中就可以分析出乘客的脾气禀性和对待事情的个人表现。换句话说，通过某件事情可以看出某个人的气质。下面从乘客的个性心理分析气质类型与其之间的关系。

气质类型是指表现为心理特征的神经系统基本特征的典型结合。基本分为以下四种类型：

1胆汁质

又称不可遏止类，属于战斗类型。这种人情绪易于激动，反应迅速，行动敏捷，暴躁而有力。在语言、表情、姿态上都有一种迅速燃烧的热情表现。这种类型的乘客性格直率、为人热情，愿与人交往，遇到不平之事，喜欢打抱不平，但容易与他人发生矛盾。

2多血质

又称活泼型，属于敏捷好动的类型。由于神经过程平衡而灵活性高，易于适应环境的变化，善于交际。这种类型的乘客活动敏捷，表现在上下车行动迅速，对车厢出现的问题反应非常灵敏，在车厢陌生人当中，他们善于与他人主动交往，适应车厢的不同环境，待人接物说话率直，外部特征明显。

3黏液质

又称安静型，属于缄默而沉静的类型。由于神经过程平静而灵活性低，反应比较缓慢。这种类型的乘客能遵守乘车秩序，有良好的公德，遇有矛盾能表现出外部沉静，情感上不易受激动，不轻易发脾气，能有条不紊地处理矛盾。其不足是灵活性不高，有些惰性，表现在乘行中主动性差，不愿与他人交往，较自私，个人利益不能受到侵犯等。

4抑郁质

又称易抑制型，属于呆板而羞涩的类型。这种人有强烈的感受能力，经常因为微不足道的事情动感情。抑郁质的乘客内部心理表现强烈，外部表现则沉静，行动与众不同，自尊心理非常强，上下车行动缓慢，与其他乘客不爱交往，遇事多愁善感，反应迟缓。

以上 4 种类型的乘客在乘行活动中，举止、行为表现各不相同，仅以乘车忘带票这件事情而言，胆汁质的乘客会与乘务员发生争执，不接受乘务员验票，企图下车不照章购票。他会对乘务员分辨说：上班都要迟到了，下次我一定把 IC 卡带出来。多血质的乘客会立刻照办，乘务员不会轻易让他下车，但他并不甘心，而是千方百计找一个机会溜下车去。黏液质的乘客看到不出示车票，乘务员不会让他下车，就向反正我也没什么急事，不如先过过车瘾，然后找个机会再下车。抑郁质的乘客则认为，我今天真不走运，偶然一次逃票，竟遇到这么严格的乘务员，真倒霉，哪都不去了，回家算了。

研究乘客的不同气质类型，主要是了解乘客在乘行过程中的个性心理，多数乘客是介于各类型之间的中间类型，只有少数乘客是四种类型的代表。个性心理反映的虽然是少一部分乘客的心理，但对于服务工作来说却是乘务员服务工作的难点和重点对象。

(二) 乘客的性格与行为

性格是一个人的个性中最重要、最显著的心理特征，在人的个性中起核心作用，是一个人本质属性的独特结合，是一个人区别于其他人的集中表现。

在乘行中，每一名乘客的性格都不同，下面从乘客的性格结构方面分析不同乘客的性格与行为特征。

1乘客的态度特征

乘客在乘行中的态度是多种多样的，不同性格的乘客对周围的事物反映出的性格行为是完全不同的。如，对乘行中的公共道德态度。表现在这方面的乘客性格特征，主要有遵守乘车秩序或强行上下抢座，关心他人或自我意识强，人道主义与同情心或冷淡，亲切有礼貌或粗暴生硬等等。

2乘客的意志特征

在乘行过程中，能自觉调节自己的活动行为，去做有益于他人的事，客观对待乘行过程中出现的问题，乘客的意志构成较复杂，存在着一定的差异，这些差异表现有如下类型。

(1) 固定型：指乘客的意志比较固定，变化性不大。一般来说，成年人与老年人、部分青年人，尤其是有丰富乘车经验的乘客，意志活动比较固定。

灵活型：指乘客的意志活动比较灵活，变化性比较大。这主要指部分青年人、少年、儿童及乘车经验不足的外地乘客。

(2) 坚定型：指意志比较坚定的人。在乘车过程中，他们的意志活动不容易改变，能够克服困难，不怕挫折，特别表现在必要时能当机立断，果断处理问题。

(3) 薄弱型：指意志薄弱者。一般地说，其意志对个人的心理状态和面部表情调节作用较小。这样的乘客很少能克服困难，对突如其来的复杂变化往往束手无策，不知所措。

(4) 自制型：指意志活动较自觉的人。在乘行过程中他们能克服冲动性行为。这样的乘客善于抑制自己，对乘行中对自己不利的问题能强迫自己克服冲动，做事比较有理智。

(5) 自觉型：指意志行为较自觉。这样的乘客在乘行中能意识到自己行动的社会意义，能积极、主动对待自己的行动，善于关心他人。自觉型乘客主要是知识分子，老年乘客和职业中的管理人员。

(三) 乘客的情绪与行为

人的情绪会影响他的全部活动。情绪与情感是人对客观事物产生需要的态度和体验。人的情绪是极其复杂的，在同一时间和空间内，人的情绪是千差万别的，因人而异，即使同一个人在不同的时间和空间内的情绪也不同。不同情绪的乘客主要表现为以下几种类型：

稳定型：指情绪的起伏和波动程度较稳定的乘客。在乘行中，这部分乘客内心安静，对任何事持客观的态度，行为上不慌不忙。如，在乘车拥挤的车厢，不同情绪的乘客心境就会有所不同，有的乘客内心烦躁，有的乘客内心平稳。

理智型：指情绪控制较理智的乘客，能客观分析乘行中的任何事情，认识上较深刻，能独立适应乘行中的突发问题，反之亦然。

控制型：指能控制自己情绪的人。这部分乘客对自己的情绪好坏有较好的控制能力，在乘行中不受环境的影响，保持良好的心态，控制自己的情绪不受干扰，能自觉遵守乘车秩序，不与他人发生争执。缺乏控制的乘客则亦然。

持久型：指情绪能持久的人。这部分乘客在乘行中能自始至终保持良好的情绪，对己对他人都能保持情绪的饱满状态，表现在对他人有礼有节，态度和蔼。缺乏持久性情绪的乘客则往往表现出对他人忽冷忽热，情绪好坏不定，受周围环境影响，其情绪波动大。

上述有关乘客的个性性格与气质特征，情绪与意志的分析，可以从乘客的不同心理进一步观察他们的行为，满足乘客个性心理需求。

第三节　乘客心理与行为对策

针对前面对乘客心理与行为不同侧面的研究，本节重点介绍一些乘务服务的对策。

了解乘客的心理与行为，无疑可以采取相应的服务方法，满足乘客安全、方便、迅速、舒适和受尊重的基本乘车需求，从心理上、行动上给乘客以满足感，有助于提高服务质量和效率。

一、自然环境下乘客心理及行为对策

（一）按不同气候分

1.夏季

特点：天热烦车挤，希望通风好，浅装爱干净。

行为对策：途中开窗通风，关心照顾周到，搞好车辆环境卫生。

2.冬季

特点：冬季天气寒冷，候车怕久等，来车就想上，穿多行动慢，不愿等下辆，天冷烦验票。

行为对策:积极宣传疏导，劝等耐心不急躁，驾售配合走好正点。

3.雪天

特点：间隔大，候车时间长，车速慢，心情焦急，上班怕迟到。

行为对策:积极疏导，尽量多上，提醒路滑，保证安全。

4.雨天

特点:遇雨心情急，久等怕雨淋，来车就想上，车上可避雨。

行为对策:疏导耐心，争取多上，调整车窗，提醒脱下雨衣，保持座位干净。

(二) 按时间来分

1.首班车

特点：乘车较固定，定点熟人多，有座就闭眼，中途怕耽搁。

行为对策：驾售配合，走好正点，追车要等，到站提醒。

2.末班车

特点：等车心急，怕车过去，路边眺望，车到心喜。

行为对策：走好正点，不甩站，中途招手等，尽量就近下车，在确保安全情况下，满足乘客的需求。

3.早、晚高峰

特点：早高峰均是上班族，时间观念强，上车不怕挤，时间要求紧。晚高峰，下班身体疲倦，希望来车不太挤，盼望早点回家。

行为对策：积极宣传、疏导，劝导耐心，妥善解决乘务矛盾。如，高峰时间，经常出现车门关不上的情况，乘客怕上班迟到的心情要理解，乘务员要用恳切、商量的口气，使乘客接受他们的疏导。

4.节假日

特点：家庭、朋友团聚，老人、孩子外出多，乘车怕挤、怕夹、怕“分家”。

行为对策：及时找座，照顾细心不“分家”，主动打串售票，及时提醒，注意车门夹摔。

(三) 按不同乘客群分

1.男乘客

特点：上车不怕拥挤，少数人只顾自己，自尊心理较强，就怕冷嘲热讽，易与他人产生矛盾。

行为对策:说话友善，调解矛盾含蓄，避免正面冲突。如，在车厢中，经常会遇到乘客间为相互抢座位发生争吵，大动干戈，乘务员要及时调解，避免乘客冲突。在调解时，乘务员可以对乘客说：人和人之间相逢是一种缘分，有缘分的人就不应该彼此伤害，同为一点小事就大动干戈，把你们之间的感情都打没了。话要说得委婉，语气要和谐，切勿使乘客听完乘务员话后，矛盾升级。

2.女乘客

特点：怕推、怕碰，爱干净，时间卡得紧，来车就上怕迟到，携带物品多。

行为对策：照顾周到，减轻负担，观察细微，避免夹摔。如，上班时，由于忙于家务，对时间卡得比较紧，少部分女同志带着孩子，怕孩子上学迟到；下班时，她们又大包小包采购物品，希望来车不挤。另外，女同志对小事比较敏感，爱计较。针对女乘客的心理，乘务员要尽力去帮助她们照顾好孩子上下车安全，对携带物品较多的乘客，要减轻一些乘车负担。

3.老年乘客

特点：行动迟缓，反应慢，怕挤，怕摔，怕站着。

行为对策：就近宣传找座位，下车提醒搀扶好，确保老年乘客上下车安全。

4.青年乘客

特点：年轻气盛，易激动，乘车不需要照顾，自尊心理强，就怕不理解。

行为对策：语气文明，不伤自尊，缓解矛盾，处理得当。如，遇到个别乘客乘车逃票时，年青的乘客就怕乘务员当面对其讽刺挖苦，在众人面前伤了自尊，易与乘务员发生冲突，在查验时，应注意语言的方式，避免说乘客是有意逃票，占国家便宜等语句。比如，换个方式说“你是不是有着急事，忘了买票，请您补一张票，非常感谢您对我们工作的支持”等话语。

5.少年乘客

特点：早晚高峰乘车多，活泼好动爱说话，乘车喜欢结队，下车着急猛冲。

行为对策：注意观察上下车地点、时间，及时提醒注意安全，尽量安排站在乘务员可以照顾的附近。

6.学龄前儿童乘客

特点：天真好奇，见空就钻，不怕危险，家长担心。

行为对策：语言温和不生硬，照顾周到勤提醒。

7.闲散乘客

特点：时间宽裕，乘车观景，希望车辆环境宽松，服务态度好。

行为对策：积极宣传地理环境和介绍名胜古迹，语言和气不伤自尊，关开车门要慢，提醒乘客注意安全。

8.知识分子

特点：自制能力强，言谈文明，行为礼貌，自尊心理特别强，遇事爱较真。

行为对策： 用语恰当，语气含蓄，不伤自尊，遇有矛盾以理服人，处理问题留有余地，尽量满足其需求。

9.工人

特点：喜欢直来直去，为人热情，易帮助他人，办事鲁莽，不注意礼节。

行为对策：不计较他们的言辞，误解不急于解释，避开矛盾热情服务，切勿言词挖苦。

10.农民

特点：携带物品多，来车就要上，方向辨不清，恐怕坐过站，心情不放松。

行为对策：积极宣传地理环境，及时询问换车地点，尽量集中物品，到站及时提醒，解答询问清楚，不讽刺挖苦。

11.外地乘客

特点：携带物品多，惟恐乘错车，上车爱打听，就怕坐过站。

行为对策：解答耐心，态度热情，报站清楚，到站提醒。

（四）按特殊乘客分

1.少数民族

特点：语言不通，地理生疏，乘车好奇，东张西望，询问说话不重礼节。

行为对策：报站清楚，解答耐心，主动询问，到站提醒，积极宣传，给予照顾。

2.盲人

特点：听动静，爱打听，手摸门，既怕上错车，又怕坐过站。

行为对策：主动搀扶，就近找座，问清下车地点，到站及时提醒。

3.聋哑乘客

特点：性格孤僻，多疑，听不见，不能言，用手势，表心愿。

行为对策：态度和蔼，面带微笑，让聋哑乘客从神态和行为上感觉到对他们的友善。交往时，尽量多伸大拇指，不使聋哑乘客感到自己是残疾。

4.伤残乘客

特点：自尊心理强，怕听到别人说自己没用，是废人，乘车怕被别人瞧不起。

行为对策：细心观察，热情地关心和照顾他们，体谅他们的痛苦，主动问话，搀扶上下车，尽量满足其需求，避免对乘客说有损自尊的话。

5.孕妇乘客

特点：乘车怕拥挤，上下车不方便。

行为对策：找座声音小，避免说特征，上下车确保安全。

6.抱小孩乘客

特点：怀抱婴儿上车难，眼睛望着乘务员，希望帮助找座位，下车拿票怕麻烦。

行为对策：宣传乘客不要挤，照顾母子优先上、下车，就近找座先验票，以免下车再着急。

7.晕车乘客

特点：脸色苍白坐不住，表情痛苦总想吐。

行为对策：询问多照顾，安排乘坐通风处，别让坐倒座，吐后别挖苦。

8.拿行李多的乘客

特点：肩背手提行动慢，就怕关门心焦虑，上车物品占客位，不愿往里站门口。

行为对策：帮助拿行李，照顾要仔细，询问下车站，远近安排好，下车要提醒。

9.追车乘客

特点：追车心急，就怕车走，有空不等，准不满意。

行为对策：进站关门慢，照顾上车要仔细，车有空，点不急，追车乘客要照顾，尽量做到跑来等。

多年的服务经验，使我们逐步找出了不同乘客的心理规律，制订了相应的服务对策，尽可能地满足了不同乘客的心理需求，但随着客运市场竞争和社会物质水平的不断提高，乘客在心理需求上还会有一定的变化，公交行业应根据乘客的心理需求变化，不断总结、摸索出更好的服务对策，以赢得乘客对公交行业的信任和支持。

二、乘务员心理与行为对策

在乘务工作中，乘务员的服务行为对策主要有以下几方面。

1.语言行为对策

语言是乘务员与乘客沟通的工具，在语言上乘务员除了应做到用词准确、清晰和完整外，还应达到：

(1) 声情并茂。乘务员不论在报站还是在宣传时，都应做到吐字清晰、表情诚恳、生动。要注意语言的清晰。如，在为外地乘客解答地理环境时，要做到慢、高、清，讲话时尽量避免车辆马达轰鸣声影响。

(2) 恰到好处。使用语言要把握分寸，留有余地，该多说的要说明白，不该说的要点到为止。如，验收乘客车票时，对乘客的称呼不能省，省掉了乘客的称呼会很刺耳，是不尊重乘客。对外地乘客，要把话说全。如，解答地理环境、倒乘车时，乘务员要把话说到位，告诉乘客在哪站下车，下车后往什么方向走，再换哪路车等。

(3) 有针对性。在车厢中，乘务员经常会遇到乘客双方间发生矛盾，此时，乘务员的言语调解能起到较好的缓解矛盾的作用。但应注意，劝解时，语言不带倾向性，对待失理的乘客，乘务员也应以平和的语言去说服。

(4) 委婉含蓄。乘务员在车厢工作时，会经常遭到乘客的质问，乘务员切不可用过激的言词激怒乘客。如，道路堵车造成车晚点，乘客上车后，不分青红皂白指责乘务员，乘务员此时要用言语来缓解乘客的情绪，要调解乘客在乘车过程中因环境而产生的压抑感和焦躁的情绪。要做到言词委婉、含蓄，讲话时，尽可能面带微笑，用降调。

(5) 语言幽默。幽默的语言是调节车厢气氛的一种好办法。乘务员运用幽默、灵活的语言满足不同乘客的需求，可以创造车厢良好的氛围。如，上车时，老年人与年青人因抢座位发生争执，老年人被年青人的举止气得哆嗦的时候，乘务员用幽默的语言对老年人说：还是年青人身体好，上车动作快，年龄大一点，都不行了。小伙子，多辛苦点，给老年人让个座。这样，灵活的话就可化解他们之间的争吵。在使用幽默语言时，乘务员切不可用玩世不恭的语调。

2 乘务规范行为对策

乘务员的行为表现应与乘客的心理需求相一致，包括以下几方面：

(1) 态度和蔼。友善的服务态度有助于影响乘客，使其乘车行为趋同于乘务员的态度。乘务员态度和蔼应该体现在真心的微笑，要用发自内心的感情来对待陌生的乘客。如，在验收车票的时候，乘务员真心的微笑，能使乘客感受到他在乘车时受到了尊重，受这种情绪的感染，会主动出示证件，协助乘务员工作。乘客间的微笑能使车厢的气氛更加融洽。

(2) 谈吐得体。乘务员谈吐得体表现在不讲忌语，使用规范用语，尽量使语言艺术化等方面。谈吐得体，能体现出乘务员个人的素质和修养。如，遇到个别乘客语言粗鲁，举止不雅时，如果乘务员不计较他们个人的行为，仍然举止得体，对待乘客心平气和，言谈文明，会使乘客感受到乘务员的良好职业素质。

(3) 情感真诚。乘务员用真诚的服务满足不同乘客的需求时，乘客是完全可以感受到。如，当外地乘客向乘务员询问地理环境时，乘务员把地理倒乘说得非常清楚、详细，把乘客视同自己远房的亲戚，让外地乘客感受到乘务员真情的服务。这是良好服务行为构成的基础。

(4) 得理让人。在服务工作时，乘务员与乘客发生的矛盾中，有时是因乘客一方引起的，但乘务员不能控制自己的情绪，采取“你不讲理，我也不让你”的态度来对待矛盾，就会加剧矛盾升级。乘务员在服务中对待矛盾应冷静，先进行一种冷处理，得理让人。按李素丽的话说：给乘客一个台阶，我的服务就上了一个台阶。得理让人，是化解矛盾的一种好方法。乘务员要避免与乘客的矛盾，就应把自己当成是一名普通的工作人员，而不是教育工作者。同时，要认真查找自身的不足，不断完善自己的服务。

(5) 到位服务。乘务员的服务行为是为了满足乘客的心理需求，在行为上与乘客的心理形成共同的感受。如，车刚起动，乘客发现上错了车时，乘务员应从乘客的焦急心理考虑，也许上错了车的乘客是为了赶火车，也可能是位人民教师，是给学生上课。上错了车，会使他们的工作和生活受到很大的影响。在车进站时，乘务员如果仔细观察不同乘客的乘车神情，多问几句乘客准备到什么地方，就可以避免乘客上错车。在乘务工作中，有许多乘务员服务规范，但缺乏的是到位的服务。如，本地乘客也有不知道的地方和外出乘车时的困难，如果乘务员只是按标准去做，乘客问什么答什么，就会造成乘客下车时的不便。在找换乘路线上，经常是不知道该往东南西北哪个方向走，在一个地方转悠半天，也找不到车站。这种到位的服务要求乘务员要想乘客所想，急乘客所急。

3.特殊服务行为对策

在乘务工作中，乘务员的服务行为受乘客乘行行为的影响，在行为表现上有很多特殊的服务方式，下面简单介绍一些特殊服务行为对策。

(1) 车门已关，乘客跑来抓车时行为对策。乘务员要及时通知驾驶员，有条件让乘客上车，切勿给信号，强行起步，与乘客赌气。进站和关车门时，应仔细观察乘客候车情况，要照顾周到。

(2) 车刚起动，发现乘客“分家”时行为对策。要及时观察乘客的年龄、身份，如果乘客不熟悉地理环境，要通知驾驶员，避免将乘客强行“分家”，造成走失。

(3) 车门已关，乘客发现上错了车时行为对策。如没给信号，要让乘客下车；如车已起动，要问清乘客到达的地理位置，帮助乘客能顺利倒乘其他线路，就近下车。

(4) 携带动物上车时行为对策。如果乘客携带的是较小不影响他人乘车的小动物，乘务员要叮嘱其保管好小动物，不要影响其他乘客的乘行安全。如果是大的动物，要劝其改乘其他交通工具，如劝阻不听，要动员其他乘客协助，切勿与其发生服务纠纷。

(5) 车门失灵造成夹伤乘客时行为对策。应及时查看乘客伤损程度，根据伤情到附近医院治疗，记下当事人情况，如属意外夹伤，要记下证明人的联系电话、单位。如果车门没有造成对乘客的伤害，要及时向乘客道歉，以减轻乘客的惊吓和不满情绪。

(6) 乘客买重车票，要求退票时行为对策。先向乘客讲清有关票务制度，并根据客流情况，积极协助退票，如确实退不了，应向乘客表示歉意，切勿对乘客的请求不理不睬。

(7) 收找乘客钱时，发生差错的行为对策。有条件当场结账，没条件可到终点与车队管理人员共同结账。如乘客不能随同到终点站，要记清乘客的联系电话，确实多款，负责给乘客寄出。

(8) 首车乘客使用大票时行为对策。尽量与车内乘客先换或凑私款，如确实找不开，要向乘客宣传下次乘车带零钱，并一起补票，不要擅自扣乘客钱。

(9) 儿童单独乘车没钱买票时行为对策。耐心宣传、教育，允许儿童乘车，同时问清下车地点，不要将儿童带到终点站或强行将儿童中途赶下车。

(10) 行车中，乘客东西掉到车外时行为对策。问清乘客所掉物品的贵重情况，如属贵重，应及时通知驾驶员，让乘客下车自己去捡。

(11) 乘客对前车有意见，上车后骂人行为对策。耐心解释，宣传骂人有损首都市民形象，如乘客继续骂人，不予理睬。

(12) 遇“五种人”乘车没人让座时行为对策。积极宣传尊老爱幼的文明行为，如还没有乘客让座，可采取点座办法，请专座的乘客让座，并表示谢意。但要注意用语的灵活性。切勿讽刺挖苦乘客。

(13) 遇乘客在车上乱扔废弃物时行为对策。要提醒乘客注意车厢环境卫生，主动将废弃物清理，不要赌气让乘客自己捡拾废弃物或强行将乘客扣留。

(14) 行驶中乘客丢失物品时行为对策。先了解乘客丢失物品是否贵重，问清上车地点，帮助乘客查找，一般不影响运营。如乘客丢失物品钱财较大，当事人发现附近有可疑人，乘务员要与车内乘客协商，同意后到公安部门解决。

(15) 乘客不配合验票时的行为对策。保持耐心宣传，切勿说话粗、硬，要做到验收车票时面带微笑，有礼有节。

(16) 乘客不买票，下车就跑时行为对策。如果跑出去很远，一般不去追，更不要喊抓扒手，防止被其他人误伤。

(17) 处理乘客票务违章时的行为对策。耐心对乘客宣传相关规定，如乘客带钱不够，可将乘客带到车队交领导处理，切勿当面挖苦乘客。

(18) 车内乘客发生争吵时行为对策。应积极调解劝阻，如调解无效，可将双方分开，防止矛盾激化，不要放任不管，造成乘车环境气氛差。

(19) 遇途中发生行车事故时行为对策。无论事故大小，乘务员要冷静，首先要查看乘客有无伤者，对伤情较严重的乘客，要协助驾驶员迅速将伤者送到附近医院。其次是记下证人，保护现场，及时向车队汇报，妥善保管好伤者的财物。

(20) 车已满员，劝阻无效时行为对策，首先要积极疏导乘客往里走一走，然后从关心乘客的角度出发，年龄大的、携带物品较多的、抱小孩的乘客要劝等下辆。切勿用车门催卡乘客。

(21) 车刚起动，乘客已下车，发现车上有自己的东西时行为对策。应按紧急停车信号，通知驾驶员停车，切勿将乘客的物品从窗内扔出，避免车不停，乘客追车，造成伤人事故。

(22) 乘客买票，但又找不到时行为对策。仔细回忆、观察或询问附近乘客，证明确实购买时，可以提醒乘客以后要注意保存，如确实没买票，要耐心宣传按规定补票，不要讽刺挖苦，以免伤乘客自尊心。

(23) 乘客晕车，吐到其他乘客身上时行为对策。要耐心代替病人向乘客表示歉意，并帮助采取一些清理措施，如给乘客送上卫生纸进行清理，切勿埋怨晕车乘客。

(24) 车上捡到遗失物，有人当场认领时行为对策。对容易认领的物品经核对后，要交给认领者；不容易认领的，或者较贵重的物品要让乘客说出具体物品并出示证件，仔细核对无误后，方可将东西交给失主，与证件和乘客所说不符时，要将物品交由车队进一步核实处理。

(25) 遇有乘客突然休克时行为对策。首先要立刻通知驾驶员停车，其次是向车上的乘客求救，协助将病人妥善、安全送到医院。

(26) 遇个别乘客无理阻碍乘务员工作时的行为对策。要正面说服，劝阻不听或不予理睬，确实无法正常工作时，与驾驶员联系，交由公安部门进行解决。

(27) 遇醉酒乘客乘车时的行为对策。可以动员其他乘客了解下车地点，到站提醒其下车，防止其在车内借酒闹事，以免误伤其他乘客。

(28) 乘客携带物品较多时行为对策。要向乘客讲明携带包裹超过一个客位面积时应购票的规定，同时要将乘客物品集中，以免乘客物品丢失。

(29) 携带易碎物品上车劝阻无效时的行为对策。事先提醒乘客将物品保管好，碰坏不负责赔偿，碰伤乘客自行负责，切勿用车门夹卡乘客。

多年来，公交人依据心理学、行为学提供的理论，潜心探讨乘务员心理、行为与优质服务的关系，摸索出了行之有效的服务行为对策，用于指导乘务工作。

随着我国改革开放的不断深入和城市化建设的快速发展，公共交通的地位和作用越来越重要，市民群众对公交的需求与日俱增，对服务质量的要求也越来越高，这就要求公交企业员工，面对新形势，迎接新挑战，探索新方法，掌握新技能，展示新面貌，做出新贡献。

应知题：

1.乘务心理、乘务行为研究有什么意义？

2.了解并掌握乘客的共性心理与行为及服务对策的主要内容。

应会题：

掌握运用特殊服务行为对策为服务对象提供特殊服务，并能够对初级乘务员进行辅导。

第五章

民族与民俗风情

第一节　民族的概念及民族的形成

我国是一个多民族的国家。每个民族都有各自的风俗习惯和特点特色。首都北京是一个多民族居住的特大城市，常住少数民族主要有回族、满族、蒙古族、朝鲜族、壮族、藏族、维吾尔族、苗族等少数民族，其中人数最多的是回族和满族。作为公交乘务人员，学习并掌握一些民族民俗常识，对于宣传贯彻党的民族政策，努力践行科学发展观，更加全面地做好服务工作，建设人民群众满意的公交系统，构建和谐社会，具有积极的重要意义。

一、民族的概念

“民族”一词使用非常广泛。广义的“民族”，泛指人们在历史上形成的、处于不同历史阶段的各种共同体，如原始民族、古代民族、近代民族、现代民族、土著民族等，甚至氏族、部落也可以包括在内，或用以指一个国家或一个地区的各民族，如中华民族、阿拉伯民族等。狭义的“民族”是指人们在历史上形成的，一个有共同语言、共同地域、共同经济生活以及表现在共同文化上的共同心理素质的稳定的共同体。

二、民族的形成

民族属于一定社会发展阶段的历史范畴，是当人类历史发展到一定时期才产生的。民族形成的过程，实际上就是民族语言、民族心理、民族精神、民族经济和生活，即民族文化、民族特征形成的过程。民族形成之后，各民族在共同发展的过程中，共同性必然越来越多。中国是一个统一的多民族国家，数千年来，曾有许多民族活跃在各个时期的历史舞台上。经过长期的发展变化，最终形成今天我国的汉族和55个少数民族。

三、民族风俗的特点

一个民族的风俗习惯，是建立在这个民族的生活条件上的。由于我国各民族所处的自然和社会环境条件不同，因而各民族都有独具特色的风俗习惯。其表现主要在稳定性、群众性和社会性、民族性和敏感性、地域性等几个方面。

第二节　中国部分少数民族民俗风情

一、壮族

（一）民俗风情

1.民居饮食

壮族住房多与当地汉族相同，部分地区居民住杆栏式（又称“麻栏式”）建筑。壮族在饮食方面，主食是大米和玉米。年节时，用大米制成各种粉糕。喜吃腌制的酸食，以鸡和生鱼片为佳肴。

2.服饰冠履

壮族服饰各地不一，广西西北部年老壮族妇女多穿无领、左衽、绣花、滚边的衣服和滚边、宽脚的裤子，腰间束绣花围腰，喜带银饰物；广西西南部龙州、凭祥一带的妇女，着无领、左衽的黑色上衣，包方块形状的黑帕，穿黑色宽脚裤子。

3.传统节庆

壮族的民俗节日，除春节、中元节、牛魂节外，最主要的是以对歌为主要活动的歌圩节。歌圩节是壮族的民间传统歌节，多在春秋两季举行，为期数天。

壮族每年农历三月初三举行拜山节，俗称“三月三”。届时除为祖先扫墓上坟外，还要吃枫叶泡水蒸的乌米饭。同一家族的人有时要联合举行祭祖和会餐。

广西东兰县长乐一带的壮族同胞，于农历每年正月初一、正月十五和正月末，都要举行铜鼓节。

广西壮族农历每年九月初九举行祝寿节。凡是有寿满60岁老人的家庭，其子孙都要给老人准备一个寿米缸，平时里面总有些米，不断米，表示岁寿持续。

（二）禁忌

壮族的禁忌：不称“猪肝”称“猪湿”，不称“猪舌”称“猪利”，因当地汉语“十”与“舌”即亏本之意；忌讳用脚踩踏锅灶，禁止在灶上煮狗肉；忌筷子跌落地上，认为不吉利；吃饭时忌用嘴把饭吹凉，更忌把筷子插到碗里；夜间行走禁止吹口哨；无论家人、客人，忌坐门槛中间等。

二、满族

（一）民俗风情

1.民居饮食

满族的传统建筑形式是院落围以矮墙，院内有影壁（照墙），立有供神用的“索罗杆”。口袋房又称“斗室”，是东北地区满族人民最常见的一种传统的民居形式。

满族传统主食有停悸、煮饽饽（饺子）、米饭、秫米水饭、高粱米(休米）豆干饭、豆糕、酸汤子等，尤其喜欢吃黏食和甜味食品。火锅、全羊席、酱肉也是满族人传统吃法。酸菜是他们喜欢的素食，或炒，或炖，或凉拌。而最能代表满族饮食文化的是“满汉全席”。

2.服饰冠履

满族的旗袍、马褂是颇具特色的民族服装。旗袍就是旗人服装的俗称，而“马褂”（即马蹄袖袍褂）则是短旗袍的俗称。旗袍、马褂随着满族入主中原而逐渐在汉族中流行开来，满汉服装渐趋一致，但旗袍却以其独特的魅力流传下来，成了具有中国民族特色的服装。

（二）禁忌

满族的禁忌：不吃狗肉，不打狗，不使用狗皮做的取暖物品，这与满族的犬图腾崇拜、祖先崇拜有关，也与狗在满族人生活、生产中曾起过重要作用有关。

三、回族

（一）民俗风情

1.民居饮食

回族住宅主要根据地形特点和经济条件，建造上栋下宇的房屋。回族的房子讲究工艺和装潢，颇具民族特色。

回族的食俗具有悠久的历史和鲜明的民族特点。回族主食中，面食多于米食。以牛羊肉为主，忌食猪肉、血和凶禽猛兽等肉类。

油茶，是回族群众出门经商、旅游的方便食品，而手抓羊肉是西北回族人民的地方风味名菜。

在整个菜肴中，羊肉占据相当重要的地位，据说回族共有 1 000 多种羊肉菜谱。

回民在饮食生活习惯中还喜欢吃甜食，继承了阿拉伯地区喜欢甜食的风俗。

茶是回族人喜欢的一种传统饮料。回族饮茶习俗的另一个显著特点是喜饮糖茶。

2.服饰冠履

回族的服饰大体与汉族相近，但在头饰上仍保留着古老的传统。回族男子一般戴“号帽”，即白色无沿小帽。回族男子还喜欢穿白衬衫、白高筒布袜、白布大裆宽松裤等。回族男女都喜欢穿坎肩。回族女子的衣着打扮也是很有特点的，一般都头戴白圆撮口帽，戴盖头等。

3.传统节庆

回族有三大节日，即开斋节、古尔邦节、圣经节。这些节日和纪念日都是以伊斯兰教历计算的。

（二）禁忌

回族信仰伊斯兰教，并由此形成了独特的文化传统和风俗习惯。回族的禁忌习俗主要有三大类：一是在饮食方面，禁食猪、狗、驴、骡、马、猫及一切凶猛禽兽，以及自死的牲畜、动物和非伊斯兰教徒宰的牲畜等。二是在信仰方面，禁止偶像崇拜等。三是在社会行为等方面，禁止放高利贷、玩赌等。

四、维吾尔族

（一）民俗风情

1.民居饮食

维吾尔族民居一般为平顶，房顶有天窗，可以晾瓜果和粮食。传统的维吾尔族民居一般包括庭院和住房两部分，一般为土木结构，屋外有带护栏的廊子，屋内设壁炉、壁龛。

维吾尔族喜欢饮茶，有些地方在茶中加入牛、羊奶，煮成奶茶。吃蔬菜较少，食瓜果较多。在饮食方面，禁止吃猪肉、驴肉、狗肉、骡肉。一般未经阿訇宰杀的牲畜和家禽亦禁食。

维吾尔族的饮食以面食为主，喜食羊、牛肉，最常吃的有馕、抓饭、拉面、炒面、烤包子、薄皮包子、烤羊肉串、烤全羊等。

2.服饰冠履

传统的维吾尔族服饰种类多样而优美。男女长袍右衽、斜领、无纽扣，女子普遍穿连衣裙，外罩坎肩或短上衣。男女喜戴绣花小帽，称为“朵帕”。女子还爱戴耳环、项链、手镯、戒指等。

3.传统节庆

维吾尔族的传统节日有肉孜节、古尔邦节和诺鲁孜节，前两个节日来源于伊斯兰教，日期是按伊斯兰教历计算的。

此外，维吾尔族还有巴拉特节、白雪节等。

(二) 禁忌

维吾尔族信仰伊斯兰教，除了饮食方面的禁忌外，在清真寺和麻扎（墓地）附近禁止喧哗，吃饭时不能随便拨弄盘中食物，不能随便到锅灶前面，不能剩饭，不慎落地的饭屑要拾起放在餐布上，不能将拾起的饭粒再放进共用的盘中。与人交谈时，禁忌擤鼻涕、吐痰等不文明习惯。在衣着方面，忌短小，上衣一般要过膝，裤腿达脚面，最忌户外着短裤。屋内就坐时要跪坐，忌双腿直伸，脚向人。亲友见面时要握手互道问候，接受物品或请茶要双手，忌用单手。

五、蒙古族

(一) 民俗风情

1.民居饮食

在长期的生产生活实践中，蒙古族形成了自己独特的生活习惯和生活方式。蒙古包是蒙古族的传统住房，其特点是易于装拆搬迁。

蒙古族的饮食习惯为先白后红。白指白食，即乳及乳制品；红指红食，即肉及肉制品。

奶茶是蒙古人最喜好的不可缺少的饮料。奶酒也是蒙古人的传统饮品，它的酿酒原料是马奶，故称“马奶酒”。

蒙古人喜食炒米。牧民每日两顿茶一顿饭，茶茶不离炒米。

2.服饰冠履

蒙古族的服饰是蒙古袍。蒙古袍身长宽大，右衽，高领大袖，并有宽腰带。蒙古妇女的帽饰和首饰多镶珠宝和银饰，显得雍容华贵。此外，男子的佩饰甚多，女子头饰复杂。

蒙古人认为头是人体之首，帽子是头衣，扎腰带是郑重的礼节，赤头拜见长者和参加宴会，被视为不敬。

3.传统节庆

蒙古族最主要的传统节日是过年。年节有大小之分。小年在农历腊月二十三日，为送火神之日。大年在农历正月初一，节前清扫房屋，宰杀牛羊，购制新衣，除夕守岁、熬年。蒙古族的年节亦称“白节”或“白月”，这与奶食的洁白紧密相关。

蒙古族另一个重大节日是那达慕，每年在夏秋之交举行。其他节日还有由生产话动、宗教祭祀仪式演变成的敖包会、马奶节、剪羊毛节等。

（二）禁忌

（1）习惯禁忌

蒙古人忌用手指着天空中的星星。进蒙古包要将马鞭立于门侧，不能带入包内。绝不能打牛、马的头部。

（2）服饰禁忌

帽子是蒙古人神圣不可侵犯的头饰，因此，他们最忌讳随处扔帽子或用其他东西触摸、玩弄帽子，戴在头上的帽子突然掉地，被看做是很不吉利的事。系腰带，对蒙古男子来说是权威的象征，是男子汉的标志，所以蒙古男子忌讳穿长袍不系腰带。戴帽子、系腰带是交际礼节之一。

（3）居住禁忌

蒙古人忌讳脚踏门槛。在蒙古包内的坐次也有严格的习惯规定。蒙古人平时尚右，毡包内则中为上，右次之，左为下。主人或贵宾尊长中坐，男人居右，女人居左。坐次错乱，是一大禁忌。

（4）日期禁忌

蒙古人对农历每月的初一、初八、十五很重视。一般在这些日子不举行婚礼，病人不出远门，病已痊愈的人要提防旧病复发等。

六、藏族

（一）民俗风情

1.民居饮食

藏族的建筑式样很多，最有代表性的是藏式宫殿、寺院建筑。举世瞩目的布达拉宫是藏区现存的最高、最完整的古代高层建筑，也是中国著名的古代建筑之一。

藏族牧民以居住藏式毡房为主。毡房有方形、长方形和椭圆形等不同的平面造型。藏式毡房拆装灵活，便于搬迁，适应逐水草而居的游牧生活。

拉萨民居一般为内院回廊形式的二层或三层楼房。民居一般都有院落，将院落分为生活区和生产区两部分。民居的平屋顶用来晾晒食物、柴草、衣被，亦可进行家务劳动。

绝大部分藏族以糌粑为主食，即把青稞炒熟磨成细粉。

藏族副食以牛、羊肉为主。

最常见的是从牛、羊奶中提炼的酥油，除饭菜用酥油外，还大量用于制作酥油茶。酸奶、奶酪、奶疙瘩和奶渣等也是经常制作的奶制品。

藏族普遍喜欢饮用青稞酒，在节日或喜庆的日子尤甚。

藏族的典型食品除糌粑、青稞酒、酥油茶外，还有如足玛米饭，是藏族传统宴席食品，用足玛、大米、酥油等煮制而成。

2.服饰冠履

由于藏区各地自然条件及气候不同，所以服装也有不同的品种和样式，但普遍的特点是大襟袍式，前襟大，后襟小。

藏族的帽子式样很多，依据男女不同、地区不同样式各异。拉萨和日喀则一带，冬季一般戴金花帽，是用金丝缎、金银丝带做装饰的。用毡子、氆氇、毛皮等原料做出的帽子，制作精细，很受群众喜欢。夏季戴穿边毡帽。

3.传统节庆

藏历元旦是最重要的节日，即藏历年。藏历正月十五，当地群众有观酥油花灯的习俗。四月十五日是纪念佛诞和唐文成公主入藏的吉日良辰，民间举行庆祝活动。藏族的节日还有萨噶达瓦节、花灯节、雪顿节和望果节。

4.礼节习俗

藏族在迎接客人时除用手蘸酒弹三下外，还要在五谷斗里抓一点青稞，向空中抛撒三次。饮茶时，客人必须等主人把茶捧到面前才能伸手接过饮用，否则认为是失礼。吃饭时讲究食不满口，嚼不出声，喝不作响，拣食不越盘。

献哈达是藏族待客的一种礼仪，表示对客人热烈的欢迎和诚挚的敬意，五彩哈达用于最高、最隆重的仪式，如佛事等。

（二）禁忌

藏族严禁随便步入经堂。佛像、寺、庙里的经书、钟鼓以及活佛的身体、佩戴的念珠、护身符等，在藏族人的心目中视如圣物，他人一律不得触及。丧葬期间禁止穿红色服饰。青海的藏族同胞不允许在帐篷上面晾晒褥子、靴子、毡子。藏族有“忌门”的习俗，在病人门上用树枝、草、旗、红布、竹笠等物作记号、设门标，禁止他人出入。

七、朝鲜族

（一）民俗风情

1.民居饮食

朝鲜族村落多半坐落在依山的平地上，房屋别具一格。屋顶四面斜坡，屋里用木板隔成单间，各屋之间有门道相通，房前无院落。房屋结构有砖瓦房和草房两种。

朝鲜族以大米和小米为主食。以米饭为主，其次为用大米制作的打糕、苏叶饼、汤饺子、赤豆包。喜欢吃辣泡菜、打糕、冷面、大酱汤、辣椒和狗肉。其中，最有名的是打糕、冷面、泡菜。喝“耳明酒”是朝鲜族的风俗。正月十五早晨，空腹喝耳明酒以祝耳聪。朝鲜族喜爱吃狗肉，并有在三伏天吃狗肉酱汤的习俗，然而在节日或办红白喜事时是绝对不准吃狗肉的。朝鲜族吃五谷饭由来已久，每逢正月十五，农民用江米、大黄米、小米、高粱米、小豆做成五谷饭吃。在冬至，有吃小豆粥的习惯。

2.服饰冠履

朝鲜人喜欢穿素色。服饰尚白色。朝鲜族妇女衣着尤为突出的是裙子，有长、短之分。朝鲜族男子一般穿素色短上衣，外加坎肩，下穿裤腿宽大的长裤。外出时，多穿以布带打结的长袍。现在一般改穿制服或西装。

朝鲜族的节日基本上与汉族相同，主要的节日有春节、老人节、清明节（寒食节）、端午节、上元节（元宵节）、中秋节等。还有三个家庭的节日，即婴儿生日节、回甲节（诞生60周年纪念日）、回婚节（结婚60周年纪念日）。农历六月十五日是朝鲜族的洗头节，这一天被视为黄道吉日。

（二）崇拜

朝鲜族早期宗教流行图腾崇拜和始祖崇拜，信仰土谷神，后来形成檀君教、东学教等本民族宗教，受儒家思想影响较深，道教、佛教、基督教也先后传入。

八、高山族

（一）民俗风情

1.民居饮食

高山族的传统房屋一般用竹子做围墙，用木棍做立柱与横梁，以茅草盖顶。高山族喜欢一个宗支同住一处，每个村庄都建有未婚男子的集体宿舍——公廨。

高山族的食物比较简单，以稻米、粟米和甘薯为主食，烤鹿肉和酸鹿肉是高山族的风味食品。

2.服饰冠履

高山族常用的衣料是用麻自织的“番布”。高山族喜欢用鸡毛、鸟羽作头饰。成年男子喜欢穿鲜艳的腰裙，好穿长裙。妇女会染织各种彩色麻布，喜欢在衣襟、衣袖、头巾、围裙上面加上纤巧精美的刺绣，还喜欢用贝壳、兽骨等磨制各种装饰品。有的地区有断齿、文身、黥面的习俗。

3.传统节庆

高山族的节日往往与农事活动有关，比如播种节和丰收节，内容是祭祖、举行农耕仪式、会餐歌舞娱乐等。

阿美人每年在农历八月前后第一季稻子熟了的时候，过丰收节，举行七天七夜的庆祝活动。

排湾人有个五年一次的节日，叫“五年祭”，他们在节日里要饮酒唱歌跳舞，不同的是，他们还有一次“竹竿顶球”的活动。台东县一带的布农人，每年农历四月三十日要举行盛大的“打耳祭”活动，这是为了酬谢自然的种种恩赐。

应知题：

壮族、满族、回族、维吾尔族、蒙古族、藏族、朝鲜族、高山族的民族民俗。

应会题：

1.民族的概念以及形成。

2.壮族、满族、回族、维吾尔族、蒙古族、藏族、朝鲜族、高山族的民族禁忌。

第六章

争创优质服务

第一节 争创优质服务的历程

城市公共交通是由人、车、路这三大要件构成的，具体到服务方面的范畴，体现在乘务员、驾驶员优质的车厢服务、整洁的车容和顺畅的交通环境。这其中，最能体现服务的是前两项内容。在北京公交多半个世纪的风雨历程中，争创优质服务成为首都精神文明建设的前进动力，造就了像李素丽、杨本莉为代表的一批优质服务的先进典型，集中展现了北京公交企业形象，几代公交人在平凡的岗位上日复一日的车厢服务中，用辛勤的劳动和真诚付出去体现“一心为乘客，服务最光荣”的行业精神，赢得了社会的赞誉，成为广大公交员工优质服务的典范和楷模。

作为公益性特点极为突出的行业，公交在争创优质服务的过程中形成了一套发现、培养、树立、宣传、推动等完整的经验，营造了崇尚先进、学习先进、争创先进的良好氛围，促进了企业整体水平提高。从建国初期至今，首都公交行业先后涌现出300多名劳模和先进集体，其中有20世纪60年代苦练售票技能“一手清”的吴兰芬，20世纪70年代解答乘客询问“百问不倒”的赵淑珍，20世纪80年代的“晶莹露珠”王桂荣，“新长征突击手”杨本莉，20世纪90年代的“活地图”任玉琢和“岗位做奉献，真情为他人”的李素丽。优质服务集体也犹如面面旗帜高扬。如20世纪50年代著名的13路“全国红旗车队”，20世纪90年代行业旗帜103路车队。特别在近年来，公交先进的优质服务向贴近市民、方便乘客的特点发展，先后涌现出一批具有时代特点、地域文化色彩的优质服务典型。如行驶在全国著名的回族居住地区的10路，为广大穆斯林群众优质服务50载，被命名为“民族团结路”；行驶在福利工厂沿线的360路支线被国务院残疾人工委命名为“助残先进路”；行驶在宋家庄地区的39路被全国助老工委命名为“敬老先进路”；323路3924号车“男子汉车组”被团中央命名为全国“青年文明号”车组。

特别是党的十一届三中全会以来，开展了“五讲四美三热爱”和“文明礼貌、优质服务”活动，这些活动已成为全社会的活动，深入人心。城市公交企业从1982年开始，在青年职工中自发涌现出“新风服务车”、“文明礼貌车”等形式的基础上，制订了“优质服务车组”的标准和管理规定，不断总结经验，分期分批的验收活动，有力地促进了创“优质服务车组”活动的开展。

这些优质服务车组人员热爱本职，钻研业务，主动热情地为乘客服务，在运营服务过程中，以极高的热情为乘客服务，为乘客提供各种方便，创造了许多为乘客服务的好方法、好经验，提出了“迎送千家客，温暖万人心”、“体贴乘客心，待客如亲人”、“想乘客所想，急乘客所急”、“宁愿自己千辛万苦，不让乘客一时为难”等豪言壮语，表达了驾乘人员的满腔热情和高尚的职业道德，成为广大乘客赞誉的车组，得到了社会舆论的好评和肯定。

党和国家有关部门十分关心、重视城市公交活动的开展，党和国家领导人多次接见和慰问车组的代表，对车组人员的辛勤工作给予了高度的评价与支持。许多优秀的车组代表荣幸地代表公交职工参加了全国党和人民代表大会，得到了人民群众的崇高赞誉，有关部门还根据车组的特点由省市党政机关命名了一批具有不同荣誉称号的先进车组。截止到 2010 年，公交集团拥有市级以上先进线路 87 条，市级以上先进车组 468 部，形成了具有相当规模的先进群体，为公交职工树立了学习的榜样，为公交企业的发展做出了突出的贡献。这些优质服务典型，来源于广大公交一线职工，他们的经验根植于车厢服务的实践，凝聚着广大乘客的厚爱，形成了首都公交优质服务靓丽风景线。

争创优质服务车组已成为广大公交职工的努力方向。现在已发展成为城市与城市之间线路挂钩、车组结对。“姐妹车”、“联谊车”等组织形式形成了你追我赶、交流经验、取长补短、共同提高的局面。一个创一流服务水平的活动，在全国公交行业已蔚然成风。

第二节　优质服务车组的验收标准和要求

城市公共交通优质服务车组，是活跃在全国公共交通行业中的一支生力军，是社会主义职业道德风尚和城市精神文明建设成就在公交窗口行业的具体体现。优质服务车组管理规定的制订，是为公交企业职工学先进、赶先进及争创一流服务水平而制订的重要措施，对促进社会风气的转化、职业素质的提高，都起着积极的作用。

优质服务车组的主要内容有：优质服务标准、优质服务车组的验收标准和考核要求；逐级命名的验收方法；奖励标准和享受待遇等。

争创优质服务车组的前提是优质服务，使乘务员进一步明确优质服务车组的命名是集体的荣誉，是全体车组乘务员共同努力的结果，是乘务员的努力方向。

一、优质服务的标准

(1) 在规范服务全面达标的基础上，为乘客提供满意的服务；

(2) 掌握乘客心理，体验乘客需求，主动热情为乘客排忧解难；

(3) 熟悉业务知识，技能全面，掌握英语服务中级乘务员水平；

(4) 善于总结，表达能力强，具备传授经验，不断提高基本素质；

(5) 积极参与车队各项活动。

二、争创优质服务车组的基本条件

根据全国一些城市公交优质服务车组的要求，综合起来有以下几条标准，即政治思想好，车厢服务好，安全运行好，车辆整洁好和遵章守纪好。这个标准需要车组人员共同努力才能达到，具体表现为：

(一) 政治思想好

积极参加政治、业务学习，充分发挥党团员作用，开展批评和自我批评，总结经验，不断提高，努力组成一个“觉悟高、作风好、纪律严、业务精”的先进车组。

(二) 车厢服务好

刻苦钻研业务、技术，苦练基本功，努力掌握服务技能，熟悉地理环境，根据乘客的不同乘车心理，使用服务用语、文明礼貌用语，主动热情为乘客提供乘车方便，妥善处理矛盾，做到无责任事故，受到乘客好评，共同全面地完成企业下达的各项经济技术标准。

(三) 安全运行好

驾驶员作风端正，行车平稳，安全准点，驾乘配合好，做到无违章、安全运行无责任事故（包括车门事故），驾驶员操作规范达到考核标准。

（四）车辆整洁好

美化车厢，努力为乘客创造一个舒适优美的乘车环境，设有便民设施，车辆“四静”达到考核要求。

（五）遵章守纪好

严格执行企业各项规章制度和法规，做到无违章、无违纪。模范遵守服务纪律，处理问题做到有理、有节、有利，杜绝服务纠纷的发生。

三、优质服务车组的验收标准和要求

优质服务车组标准是公交企业根据城市公交乘务职业道德规范的要求，在乘务员服务工作的规范上制订的。

(1) 提前进站，车等乘客；

(2) 三报三宣，齐全标准；

(3) 热情服务，礼貌待客；

(4) 主动售验，认真监卡；

(5) 积极疏导，照顾周到；

(6) 驾乘协作，保证安全；

(7) 车辆清洁，设施完善；

(8) 遵纪守法，得理让人；

(9) 听取意见，虚心诚恳；

(10) 佩戴标志，仪表端庄。

四、优质服务的几项管理规定

(1) 优质服务车组的命名。经验收合格后，由上级单位批准，召开命名大会，有关领导亲自挂牌（或颁发标志）。根据管理规定享受优质服务车组各项政治和经济待遇。

(2) 根据优质服务车组管理规定，企业除对车组进行常规考核外，上级机关将定期对命名车组进行复验抽查。凡检查不合格的车组或发生重大行车事故、恶性服务纠纷者，将摘牌整顿。经整顿复查合格才能重新挂牌享受优质服务车组的待遇。这是公交企业打破优质车“终身制”，鼓励职工争当先进而采取的措施。

(3) 命名优质服务的车组一般分为三级：全国级、省（部）级和公司级。优质服务车组的争创、命名、整顿、撤销等均应逐级申报批准。

第三节　优质服务的方法

李素丽同志是20世纪90年代涌现出的公交劳模，《李素丽服务法》不仅是李素丽同志多年乘务工作方法的总结，同时也是几代公交人优质服务工作经验的一个具体反映和缩影。学习《李素丽服务法》有利于提高职工队伍素质和整体服务水平，满足乘客乘行的需求。《李素丽服务法》包括以下几个部分：“四心”服务工作法、换位观察分析法、语言艺术运用法、乘务矛盾化解法、团结合作协调法。本节针对服务工作需要，具体介绍《李素丽服务法》中的“四心”服务法和乘务矛盾化解法，其他服务法可参照《李素丽服务法》一书进行学习。

本节介绍的“四心”服务工作法和乘务矛盾化解法是乘务员在工作中如何运用有效的服务方式，更好地为乘客服务，解决与乘客之间的矛盾，提高服务质量，满足不同乘客需求的具体方法，是《李素丽服务法》中的精髓部分。

公交职工要做好服务工作首先要了解和学习《李素丽服务法》。学习李素丽同志刻苦钻研业务知识、无私奉献、真情待客的可贵品德，学习她“岗位作奉献，真情为他人”的高尚思想品格。要结合车厢服务的具体情况加以运用，不断完善、丰富服务内涵，展示公交职工良好的服务形象，产生社会效益，带动经济效益的提高。

一、“四心”服务法

“四心”服务工作法即热心服务、细心服务、诚心服务、恒心服务。“四心”服务工作法是李素丽发扬“一心为乘客，服务最光荣”的行业精神，实现“安全、正点、方便、周到”的公交服务目标，用全身心的精力和情感为乘客主动、热情、细致、周到服务的工作方法。

“四心”服务工作法是一种优质服务工作法，李素丽运用“四心”服务工作法把为人民服务始终如一地落到实处。“四心”服务工作法充分体现出李素丽敬业爱岗、无私奉献、想乘客之想、帮乘客所需的高尚精神，凝结着对乘客火一般的真情和爱心。

(一) 热心服务，做到“四多”

在车厢服务活动中，李素丽以高度的职业责任感，充分发挥积极、主动的工作精神，最大限度地满足乘客乘行需求，以满腔的工作热情，迎送千家客，温暖万人心，被誉为老人的贴心人。做到了她自己所说的：对待乘客，冬天我就应该像团火，夏天我就应该是绿荫。

多看一眼、多说一句、多帮一把、多走一步，使李素丽在规范服务基础上更体现出优质服务。多，是更多地为乘客着想，更多地为乘客服务，充分体现了李素丽爱岗敬业的崇高职业道德和视乘客如亲人、为人民服务多作奉献的高尚情操。

1 多看一眼

为了给不同需求的乘客提供周到、热情的服务，在服务工作中，李素丽自始至终眼观六路、耳听八方，做到服务有板有眼。如，在协助驾驶员照顾车辆进出站时，她总是将头探出车外，前后多看一眼，确认没人追车才给驾驶员信号走车，看到有人追车就用话筒安慰乘客“别着急，您慢点跑，我们的车等着您哪”，使乘客还没上车就感受到了驾乘人员的关心、照顾和人与人之间的友情和爱心。

2 多说一句

“多说一句”是李素丽在服务工作中说在前、嘱咐在先、服务在前的工作方法。

乘务员服务的方式主要是语言，离开语言就无法工作。在工作中，李素丽时时处处为乘客着想，发挥语言的作用，把该说的话说全，说的有声有色，让乘客感受语言艺术的魅力。如，当车厢拥挤时，她这样宣传：乘客同志们，现在车上人比较多，不知老人和抱小孩的乘客都有座没有？如果我看不到，照顾不周，请同志们帮他们找，以保证他们的乘车安全。往往她这几句话刚刚说完，马上就会有人起来给老、幼、病、残、孕等需要照顾的乘客让座。

3 多帮一把

“多帮一把”是李素丽在工作中多搀一把、多扶一下、多抱一下、多拿一点的服务方法。

在工作中，李素丽在“多看一眼”和“多说一句”的同时又“多帮一把”，做到及时帮忙，热心相助。当老、幼、病、残、孕乘客上车时，她从来都是走到车门搀扶上车。实在挤不过去时，她也伸手搀扶到就近座位，请人让座后，再扶乘客坐好，而且又总忘不了提醒：下车时您别着急，到时我扶您下去。这多说的一句和多帮的一把使乘客及时得到了帮助，又坐得舒服，心里踏实。

4 多走一步

李素丽在服务过程中，不仅多看、多说，还多立席、多走动，不知疲倦地为乘客热情周到服务。在残疾人上车时，她从不用喇叭喊，总是走过去，小心地扶到就近座位，轻声地请年轻人让座，再把乘客搀扶到座位上。这多走的一步、小声的提示体现了李素丽对残疾人的关心、照顾和人格的尊重。一位残疾人说：坐上李姐的车，我就会感到自己是个正常的人。她从来都是站在票台里立席服务，无论人多人少，无论春夏秋冬。她认为，一是可以体现对乘客的礼貌和尊重，因为车内多数乘客站着；二是可以看清车内各种情况，更方便地及时提供服务。

（二）细心服务，做到“六到”

细心服务是指李素丽在热心为乘客服务的同时有针对性地、周到地服务。“六到”即眼到、话到、手到、腿到、情到、神到，也就是工作到位、服务到家。“六到”是李素丽为乘客提供细致入微、方便周到服务的一种形象说明，也是细心服务的具体体现。

1.眼到

眼到，指李素丽在车厢服务中针对具体的服务环境和对象，细心观察的工作方法。

在服务中，李素丽用特有的细心和职业责任练就的观察力，认真听、仔细看，有针对性地服务到位。在收验票时，她目视着乘客拿票，微笑着点头示意，又仔细观察谁还没买票，她细心的观察使想逃票的个别人无机可乘。

有人称她“眼睛特尖”，就是形容她能看到别人不易看到的地方。正因为她具有一颗为人民服务的实心和强烈的职业责任心，才能为乘客和企业想到、看到，进而做到细心服务。

2.话到

话到，指李素丽在车厢服务中，针对具体的服务环境和对象，把话说到家的工作方法。

在工作中，她不仅时时处处多说一句，多嘱咐一声，还做到把话说到点子上，说到人心里去。如，在拥挤的高峰时间，为了确保运营正点，尽快将乘客送到目的地，她会对刚上车而不愿往里走的乘客微笑地说：请您帮忙往里走半步。仅仅一个“半”字，就体现出她对乘客的理解、体贴和请乘客顾全大局协助工作的诚意。每当这时，乘客们都会一起往里挤。

心到，眼就到，话也就到；话到，礼就到，情也就到。李素丽对乘客的爱心和驾驭语言的娴熟能力使她把话说到了点子上，在服务工作中也收到了事半功倍的效果。

3.手到

手到，指李素丽在服务中，针对具体的服务环境和对象采取的搀到家、扶到家、拿到家的工作方法。

在服务活动中，她不仅为乘客多帮忙，还把忙帮到底、帮到点儿上。“多帮一把”是指她在热心相助的同时又做到把忙帮到家、服务到位。如，当前方堵车时，她会为远道的乘客送去自备的杂志、报纸。冰天雪地，她总是找炉渣，用手捧着滤出细末铺在车门口的脚踏板上，生怕大块炉渣把老人绊着。

李素丽的“手到”，使乘客得到实惠，把为人民服务落到了实处。

4.腿到

腿到，指李素丽在车厢服务中，针对具体的服务环境和对象，采取的走到位、行动到位、服务到位的工作方法。

在车厢服务中，李素丽不仅多走动、多立席，还做到腿勤走到位、服务到家。如，当有的乘客将手中的废票扔到地上时，她总是走出票台，弯下腰一张张捡起，然后再问：您报销吗？要是不报销我就把票扔到废票筒里了。实际行动的示范，入情入理的话语，委婉的提示，达到了教育本人和传播文明的目的。

李素丽用“腿到”的工作方法，用她自身礼貌的实际行动给乘客做出了榜样，服务到了位，文明也宣传到了人心，充分显示了她率先示范、以身作则和尊重人、关心人的良好职业道德。

5.情到

情到，是李素丽在车厢服务中所表现出来对乘客真挚、深厚的感情。

在服务中，李素丽把对乘客的一片真情融入自己的一言一行、一举一动之中。她的微笑、一举手一投足，处处带情，情暖人心，被乘客誉为“车厢里的真情使者”。她售票台后面的那块车窗玻璃，一年四季，无论是北风刺骨，还是酷暑难当，在车辆进出站时总是摇到最低，为的是能探出身子，更好地照顾到行车安全、乘车安全和疏导上下车的乘客。

李素丽用她对职业炽热的感情，对乘客的真情，为乘客奉献出如此情深、情到的服务不能不说是公交史上、普通劳动者工作史上的一个奇迹。

6.神到

神到，指李素丽全身心地、全神贯注地为乘客服务而表现出来的神态。

李素丽说：不管有什么烦心事，我一上车就不烦了，我见着乘客就高兴。见到乘客，站进票台，拿起话筒，李素丽立刻精气神十足。当她得到乘客帮助时，她总是微笑着目视你，点着头认真地说：谢谢您！那专注的神情，诚恳的目光使你感到她是真情地向你致谢，你会感到一种莫大的满足。

乘客说：她一上车很风采。李素丽在车厢中表现出来的“神”，是她旺盛的工作精神的外在表现，也是她高尚的职业道德的最好说明。

（三）诚心服务，奉献真情

诚心服务是指李素丽热爱本职、忠于职守，诚心诚意为乘客服务，实心实意奉献真情。

1.爱岗敬业，忠于职守

李素丽把三尺票台看作神圣的岗位，她把自身的价值与公交企业、乘务工作紧密相连，具有深厚的爱岗敬业之情。无论世人对售票员评价如何，个人收入多少，都丝毫动摇不了她对职业的忠诚、责任心和爱心。

2.诚心诚意，为民服务

李素丽常说：相逢时我就是你的亲人、你的朋友。体现出她对待乘客的爱心、热心、诚心。一位常坐她的车、常年受到她细心照顾的残疾青年，当被单位辞退后，绝望中找到李素丽，是李素丽的耐心开导和四处为他联系工作的真诚给了他活下去的勇气。

她真诚无私的服务感动过许许多多的好人，在车厢里，乘客不止一次自发地、由衷地为她鼓掌。那点点滴滴的小事，让人看到的是她对事业诚挚的爱，对乘客发自内心的情。

（四）恒心服务，贵在坚持

恒心服务是指李素丽兢兢业业，持之以恒，刻苦钻研业务，不断开拓进取，十五年如一日为乘客提供一流服务。

“四心”服务中最难的是恒心服务。毛泽东同志说过：一个人做点好事并不难，难的是一辈子做好事，不做坏事。李素丽始终朝着最难的方向走。她说：脚步永远不能停，为人民服务没有终点站。她干一行爱一行，钻一行精一行，永不满足，永不停步，为乘客提供了持之以恒的优质服务。

1.坚持学习，发展创新

为适应客运市场的需要，她努力钻研学习业务知识，创造了精湛的服务技巧，总结出了许多一流的优质服务方法，使更多的公交人了解和掌握到了为乘客服务，满足乘行需求的服务技巧，对提高公交服务整体水平起到了积极促进作用。如，为了提升自身整体业务素质，她刻苦学习了大专文化和心理学、语言学、英语、哑语、地方语等，悉心观察各种乘客的心理需求，探求服务规律，以不懈的努力、不变的恒心练就一身令人叫绝的服务本领，达到了一流的水平。

2 持之以恒，兢兢业业

李素丽十五年如一日，立足本职，任劳任怨，兢兢业业，持之以恒。

她说：我看见乘客就高兴，我在车上干不够。1995 年北京召开世妇会期间，车队人员紧张，她 7 岁的女儿患肺炎住院，公公病危抢救，她都以工作为重，坚持上完班才跑去医院。尽管她未能亲自照顾女儿，未能看见老人最后一面，但是她无怨无悔。在她的岗位上，人们看到的是她那永恒的微笑、永不疲怠的热情服务。

二、矛盾化解法

公共汽电车的车厢是社会流动的小舞台，各种矛盾都会在其中表现出来，因此，妥善地解决乘务员与乘客、乘客与乘客间的矛盾，既是乘务员的基本技能要求，又是提高车厢服务质量的需要。

无论在什么情况下，李素丽面对乘客各种各样矛盾，首先能做到冷静地进行分析，然后采取主动的态度，用有效的方法加以处理和化解，变紧张为平静，化僵持为友好，最终达到双方矛盾的解决。

本节所介绍的是李素丽在化解乘务矛盾的过程中，使用的不同方法以及收到的效果。

（一）妥善处理，坚持原则

对乘务员来说，在工作中既要为乘客提供热情、周到的车厢服务，同时，又要遵守服务规范，坚持原则，认真执行乘务制度。如果把握不好，很可能造成矛盾，影响服务质量。为达到良好的服务目的和效果，在工作中，她不仅面带微笑，热情真诚，让乘客感到和蔼可亲，而且又坚持原则，执行乘务制度。用她的话说：没有原则性的热情服务算不上优质服务。碰到乘务矛盾时，坚持原则是必需的，利用适当的方法妥善处理和化解矛盾又是必要的。

李素丽在60路车队工作时，有一次，一位老太太领着一个小男孩乘车，李素丽打串儿售票走到老人身边，微笑着说：大妈，这孩子是您孙子吧，孩子长得可不矮，超过购票标准了，如果没有月票的话，您给他买张票。老人一听就有些不高兴地说：我孙子还没上学呢，小孩还买什么票呀！李素丽看出了老人心里的不悦，就变换一种方式说：现在大家的生活水平都提高了，尤其是孩子，营养充足，个子长得就快，当爷爷奶奶的看了心里也高兴。这么一说，老人乐了，掏出钱给孩子买了票。

乘务员在车厢服务中，遇不上矛盾是不可能的，有了矛盾以后就要想办法妥善解决，化解矛盾是为了更好地开展工作。由于李素丽注意和讲究处理问题的方式方法，既赢得了乘客，也带来了相应的经济效益，她的个人票款收入在车队每个月都名列前茅。

(二) 礼貌耐心，清除误解

在车厢服务中，有时乘务员虽然出于好心，却让乘客产生了误解，甚至产生矛盾，对工作造成不利影响。如，有一次，李素丽的车刚进站，当时车站候车的人较多，李素丽发现有位老大爷挤在人群中间，考虑到老人腿脚不便，开门后，她特意给老人就近找了座位，一边招呼其他乘客买票，一边问老人：大爷，您在哪站下车呀？老人听她这么一问，以为是怀疑自己没有月票，就说：你管我在哪儿下车呢，我有月票，你别一个劲儿盯着我！其实，李素丽根本不是怀疑老人没有月票，而是想知道老人在哪下车，以便到站照顾。看到老人误解自己，她刚想解释，不料有位小伙子却敲边鼓：老大爷，她就是看您像是没票坐车的，故意找茬儿呢。这么一来，老人的气儿更大，误解更深了。面对这种情况，李素丽心想：现在老人对我产生了误解，结了疙瘩，而且老年乘客的心理特点是比较固执，爱认死理，所以更需要礼貌耐心，消除误解。于是她借照顾另一位老年人的机会，走出票台，轻声对老人说：照顾老年人是我们乘务员的职责，刚才我问您在哪下车，是想提前扶您一下，并且告诉驾驶员别着急，真的没别的意思。李素丽这么一解释，误解消除了，乘客满意了。

(三) 得理让人，化解矛盾

在乘务活动中，受环境、心理等因素的影响，双方间发生矛盾是难免的，但如果一方能控制自己的情绪，采取避让，就可以化解矛盾。

得理让人，给乘客下一个台阶是李素丽车厢服务的高标准，又是她化解矛盾的有效方法。例如，有一次李素丽正在售票，中途上来 4 位乘客，其中有一位拿出一张百元大票来，说是买 4 张票，当时，她找不开，于是就用商量的口气对那位乘客说：请您再找找，我现在找不开钱。其中一位乘客用零钱买了票，可是拿百元钱的乘客有意为难李素丽说：我用 100 元买票有什么不对，这是不是人民币？人家都说你这个乘务员服务水平高，敢情连这点小事儿都不能帮乘客解决！乘客的话刚说完，有几位旁观者看不下去了，替李素丽抱不平说：人家乘务员明明跟你讲清了原因，可你不依不饶的，这不是故意难为人家吗？这时李素丽心想：虽说这件事情自己有理，但如果反过来指责乘客，人家或许还不服气呢，搞不好容易产生矛盾。她没有与乘客争辩，而是强调自己工作没有做到家，以后还要请乘客多帮助和提意见。

得理让人，化解矛盾，关键问题是在乘务员有理情况下，以自己的容让和大度来对待乘客，多替乘客着想，这样，退一步等于进两步。李素丽说：这是化解乘务矛盾的辩证法。

(四) 转移注意力，调节情绪

在乘务矛盾中，有些不是人为的，而是客观原因造成的，乘客往往显得心情烦躁，遇到这种情况，李素丽善于转移乘客的注意力，调节乘客情绪，起到冷却和润滑的作用。

道路交通堵塞，汽车开不动容易使乘客产生急躁心理，甚至造成乘务矛盾。乘客在车站等公共汽车久等不来时，也会怨这怨那，把火气扔给驾乘人员。如，有一次，李素丽的车刚刚回到总站，乘客已经是黑压压一大片，乘客蜂拥而上，嘴里发着牢骚，她等乘客上了车后，只诚恳地说了一句：因为堵车，汽车晚点了，请各位乘客谅解。说完，主动给老人找座位，帮着拎包，热情的服务，转移了乘客因堵车带来的不快。

李素丽认为，由于客观原因引起乘客的情绪波动，这是形成乘务矛盾的一个诱因，乘务员不可视而不见，要发挥主观能动性，转移、调节乘客的注意力和情绪，化解乘务矛盾。

（五）文明行为，感染乘客

发生乘务矛盾，有些时候可以用语言解决，但有些时候仅靠说服教育却难以解决。李素丽的处理方法是以自己文明行为影响和感染乘客。如，她在60路车队工作时，当车行驶到瓷器口时，有位拄双拐的残疾老人吃力地上车，她忙走下车，半背半驮地帮老人上了车，在车门附近给老人找了座位。当时天气很热，老人身上散发出一股呛人的异味。车到崇文门站时，老人问身边的一位女乘客：同志，这是什么地方呀？女乘客嘴里蹦出两个字“烦人”，随后捂着鼻子走开了。看到这种情况，她不是指责那位女乘客，而是热情地为老人介绍说：大爷，您是第一次来北京吗？这是崇文门，从前叫哈德门，再往前就是前门楼子了。老人非常感动，嘴里不停地说：姑娘，谢谢你，我从内蒙古来北京看病，你是咱牧民的亲人呀！其实，受感动的不光是内蒙老人，那位女乘客看到眼前的一幕，尽管嘴上没说，但心里也会为自己不文明的举止感到内疚。

李素丽在谈到化解乘务矛盾时这样说过：乘务员每天要接待众多的乘客，对乘务员来说，培养自身的精神文明和道德素质至关重要，许多时候，乘务员文明行为其实就是一面镜子，以此来影响、感染乘客，那样不仅可以化解一些矛盾，更能起到在车厢中宣传精神文明的作用。

（六）互谅互让，避免冲突

在车厢中，人与人之间发生碰撞是难免的，如果乘务员坐视不管，似乎也无可非议。但是李素丽把化解矛盾看作是车厢服务工作的一部分。如，过春节，车厢里的座位已经坐满了，她发现有位抱小孩的女乘客正四处看，她便动员这位女青年让出自己的座位。抱小孩的乘客坐下后，连句谢谢都不说，让座的姑娘不高兴地瞪着眼睛说：这么大的人连一点事都不懂，就跟该她似的。李素丽心想，如果双方理论起来，免不了要吵一架，她便哄着孩子说：小朋友，快谢谢阿姨，阿姨这么累还给你让座，你说阿姨好不好呀？李素丽的话虽然说给小孩，其实是给孩子家长听的，这时抱小孩的乘客也感觉到了自己的失礼，连忙向那位姑娘称谢。一场风波就在李素丽巧妙而善意的提示下平息了。

在乘务工作中，妥善合理、灵活有效地化解乘务矛盾，一方面为车厢乘务员服务创造了方便条件，另一方面，化解乘务矛盾又是提高车厢文明氛围，展示优质服务的重要内容。她在分析自己化解矛盾方法时说，要想很好地化解矛盾，乘务员一是要有全心全意为乘客服务的真心；二是要在矛盾形成时认真分析、细心思考，抓住矛盾的特点和症结所在；三是针对性强、方法合理，对不同的乘务矛盾使用不同的方法加以化解。

在客运市场竞争激烈的今天，真情待客，优质服务，正确、妥善处理乘务矛盾，吸引乘客，增加客源，是公交企业参与市场竞争的重要条件。乘务员要认真学习《李素丽服务法》，从服务意识上、业务技能上不断提高，只有这样才能赢得更广阔的工作竞争环境，确保企业“两个效益”的双丰收。

思考题：

1.争创优质服务车组的基本条件是什么？

2.考核优质服务车组有哪些具体标准？

3.优质服务车组的标准是什么？

应会题：

1.正确运用李素丽“四心”服务法为乘客提供周到的服务。

2.正确运用李素丽“矛盾化解法”妥善处理乘务矛盾。

第三篇　高级乘务员

第一章

高级乘务员的基本知识

第一节　公交服务管理

一、服务管理的涵义

管理是人类一种有意识的实践活动，它遍布人类社会的各个方面。管理是管理者履行职能、作用于管理对象以达到一定目标的过程。管理活动是管理者利用人力、物力、财力去实现组织目标的过程。城市公共交通的服务管理是公交企业的管理者对满足乘客出行基本需求而提供安全、方便、迅速、经济的服务进行全面管理的过程。

二、服务管理的作用

服务管理是城市公共交通企业管理的重要组成部分，它能够贯彻实施企业的经营方针，促进城市精神文明和物质文明建设，提高企业运营服务的整体水平。服务管理的作用主要表现在：

（一）促进企业社会效益的提高，塑造良好的企业形象

城市公共交通直接为城市居民出行提供服务，

属于典型的“窗口”行业，能够直接反映和体现城市精神文明建设水平。公交企业为乘客提供服务，主要是通过乘务员在运营车厢内来实现的。乘务员提供服务的质量直接展示企业的形象，影响人与人之间的关系。科学、规范的服务管理能够不断提高乘务员的素质，保证行业服务的规范化；优质的服务又能够促进良好、和谐的人际关系的建立，为企业树立良好的形象，从而推动企业乃至社会的精神文明建设。

（二）落实企业经营方针，为乘客提供满意的服务

服务管理最主要的作用就是通过制订服务标准和规章制度、检查考核等途径对车厢中提供的服务进行全员、全过程的管理，确保乘务员为乘客提供合格的服务，使广大乘客满意。合格的标准根据乘客的需求变化不断地修正，这样就能使企业牢牢地占领客运市场，经营方针得到贯彻落实，从而成为“政府放心、百姓满意”的企业，不折不扣地承担起政府赋予的提供公共交通服务的任务。

（三）确定服务管理目标，探讨提高服务水平的途径

服务管理的另一个作用就是确定服务管理的目标，探讨提高服务水平的途径。服务管理目标的确立要依据企业的性质和经营方针，依据客运市场供求关系的变化，调查服务质量的状况，特别是乘客最满意的地方和最不满意的地方。除此之外，还要依据社会发展的需要和物质条件的变化，这样确定的服务管理目标才是切实可行的。

（四）协调服务者与被服务者、公交企业与社会的关系

服务管理的内容决定着管理本身与社会及乘客有密切的关系，管理者也需要直接与乘客以及社会有关部门、企业接触，倾听乘客的意见，了解乘客的需求。不仅如此，企业实施每一项新的管理措施、调整每一项管理办法都需要得到社会、特别是乘客的理解和支持，需要了解社会的反映，接受社会的监督。“人民公交人民办”，从这个意义上讲，服务管理需要做大量的协调工作，服务管理的过程是不断协调公交企业与社会的关系，创造良好、和谐的服务环境的过程。

三、服务管理的职能

服务管理的职能是指对乘务员在运营车厢内提供的服务进行全面管理过程中所具备的管理功能。服务管理主要具有以下四项职能。

(一) 计划职能

计划职能是服务管理的首要职能，它是指在公共交通企业的整体服务目标确定后，服务管理要达到的具体目标和实施方案。所谓实施方案，是指为达到一定预期目标所必须开展的各项工作、各种活动的事先考虑和安排。服务管理计划职能主要包括下列内容：一是确定服务管理要实现的具体目标；二是明确具体工作任务，并科学地进行分配；三是制订实现目标完成任务的标准及时间进度；四是制订为实现目标和完成任务所必须的方法及规章制度。

(二) 组织职能

服务管理的组织职能是指对已确定的计划的组织实施功能。服务管理的组织职能是把服务管理中的各个环节组织起来，明确各个环节之间的关系，从而使服务管理形成一个有机的整体。服务管理的组织功能是服务于计划目标的，是完成服务计划的手段。它的主要内容包括：设置必要的服务管理机构，建立服务专业管理队伍，确定服务管理的职责范围，规定相应的工作任务、完成标准。由于城市公共交通企业的服务管理实行分级管理，组织职能还包括各级专业管理部门岗位设置、职责范围以及具体的分工。

(三) 控制职能

服务管理的控制职能是指对服务计划的组织实施过程进行监督、控制，确保服务计划完成的功能。控制职能是对实施服务计划过程中偏离目标、任务、要求的现象所采取的使之恢复到规定要求的一切活动及这些活动所产生的作用。服务管理的控制职能也是服务于计划目标、完成服务计划的重要手段。

(四) 激励职能

服务管理的激励职能是指在服务计划的组织实施过程中，调动企业员工的积极因素，激励其完成服务计划的功能。城市公共交通企业是典型的窗口行业，它为乘客出行提供的服务不仅要靠必要的设备、设施和场所，更要靠企业员工、特别是乘务员的具体劳动。充分调动人员的积极性、提高人的素质是提供优质服务的根本保证。人员的积极性调动起来了，不仅可以充分发挥设备、设施等“硬件”的作用，还可以弥补这些“硬件”的不足。反之，再好的“硬件”也不一定能为乘客提供优质的服务。激励职能作为服务管理的职能之一，其作用就是要充分调动企业员工的生产积极性，激励其服务热情。激励职能服务于计划目标，是完成服务计划的重要手段。激励职能的主要内容包括：必要的培训、教育、奖优罚劣，宣传先进经验，发挥先进群体作用等。

四、服务管理的内容

服务管理是服务质量管理和服务专业管理的总称。服务管理重点围绕着人、车、站台、制度进行，内容非常丰富，各项内容之间有着紧密的联系。站台秩序是乘车秩序的重要组成部分，站台秩序对乘务员的服务质量有着非常直接的影响。因此，站台秩序的管理也包括在服务管理的内容之内。

(一) 乘务员管理

乘务员是指在运营车辆上直接为乘客服务的人员。在车辆运营过程中，乘务员通过直接的服务使乘客乘行的要求得到满足，又以监督刷卡、投币或出售客票的形式为企业回笼投资。乘务员的工作体现了城市公共交通服务过程和生产过程的统一，他们的岗位充分地体现了公共交通企业服务过程的基本特征。

1服务素质的培养

培养服务素质是乘务员管理的一项重要内容。乘务员的服务素质主要包括服务意识、职业规范、业务技能、服务态度四个方面。

(1) 服务意识

服务意识是指乘务员对自身提供的服务的社会价值的基本看法，是乘务员提供优质服务的思想基础。城市公共交通的地位、对社会发展的作用及其具体贡献，充分显示了乘务员所提供的服务的社会价值。充分认识这一价值，可以激发乘务员热爱公交、立足车厢、服务乘客的思想感情，从而形成高度的责任感和事业心。乘务员服务意识的树立，直接决定着公交企业服务质量的水平和稳定程度。

(2) 职业规范

职业规范包括职业道德、职业纪律和服务规范。乘务员的工作直接和人打交道，服务的方式又是单车作业、流动分散。讲究良好的职业道德既是精神文明的需要，也是企业发展的需要。自觉地用职业纪律约束服务行为，认真执行服务规范，是提供优质服务的可靠保证。

(3) 业务技能

业务技能是乘务员运用业务技术的能力，是提供优质服务的基础。乘务员的业务技能主要包括熟练掌握服务规范、作业规程和操作技能，熟悉城市地理和交通环境，具备必要的法规常识和处理问题的能力，掌握服务设施的使用方法等。

(4) 服务态度

服务态度是指乘务员在服务过程中的态度，是乘务员对本职工作、对乘客由情感而生成的语言、动作的外在形象表现，带有浓厚的职业色彩。人的喜、怒、哀、乐是一种心理反应，影响着人们彼此之间的关系和交往。乘务员的服务态度直接影响着服务质量和企业形象。端正服务态度，使用文明敬语，既是培养乘务员服务素质的需要，也是乘务员管理的重要内容。

2.工作质量的考评

考评乘务员的工作质量既是乘务员管理的一项重要内容，又是服务管理的一个重要环节。通过考评工作质量，可以激发乘务员的服务热情，落实企业的服务目标，为改进服务管理、提高服务质量提供可靠的依据。乘务员工作质量的考评主要包括制订考评标准、确定考评方法、评定工作质量三个环节。

(1) 制订考评标准

乘客满意是考评乘务员工作质量的最终标准，围绕最终标准要制订具体的标准。标准应做到符合实际、量化。考评乘务员工作质量的主要标准包括《标准化服务规范》、《车辆清洁检查标准》、《服务纪律》、《票务制度》以及乘客监督等内容。

(2) 确定考评方法

对乘务员工作质量的考核方法应做到公开、公正、实事求是。目前采用的方法主要有三种：一是检验生产任务完成情况，通过统计指标来实现；二是进行定期检查和不定期的抽查，由专职检查人员和专业管理人员到运营车厢，用制订的标准实地验看乘务员的工作；三是接受乘客监督，通过乘客的表扬、投诉鉴定乘务员的工作质量。

(3) 评定工作质量

对乘务员的工作质量要定期进行考核评定，一般分为月份和年度评定。评定就是综合检查、考核结果，对乘务员的工作质量作出结论。通过评定可以发现典型人物、事例，也可以发现个性和共性的问题。对典型人物、事例要培养总结，对存在的问题进行纠正。评定的结果还要按规定实施奖优罚劣。

(二) 站台秩序管理

公共汽电车的站台是乘客与公共交通的第一接触点，也是公共交通企业为乘客提供直接乘行服务的开始，因而站台秩序的管理也是服务管理的重要内容。井然的站台秩序不仅能为公共交通的服务创造良好的开端，还能够维护乘车秩序和运营秩序，更为重要的是能够展现城市精神文明建设水平和城市管理水平。

1站台秩序的管理原则

公共汽电车的车站分布于城市的中心区及各个角落，数量之多、分布之广是有目共睹的。以北京为例，市公共交通集团公司共有运营线路六百余条，设置上十万个车站。这些站台的秩序、面貌不仅是公交企业关心的问题，更是各界乘客和市政府关注的问题。公共汽电车是北京居住人口出行的主要交通工具，客流量一直保持在较高水平，“乘车难”也是政府和公交企业多年致力解决的问题。但如此规模、如此分布的站台仅靠公交企业来维护秩序是不现实的。按照实事求是的原则，遵循“人民公交人民办”的宗旨，公共汽电车的站台秩序采取了不同的管理方法。公共汽电车线路首末站的秩序由公交企业负责管理，运营线路的中途各站由政府组织乘车单位和社会负责管理、公交企业协助管理。

2.中途站站台秩序的管理

中途站台秩序的管理是由政府组织社会和乘车单位派专人维护秩序，公交企业和乘务员积极配合。这项活动是城市精神文明建设的一项内容。以北京为例，市政府设置了必要的管理机构——乘车秩序办公室，负责组织协调。乘车秩序办公室与公交企业共同选择换乘客流大的枢纽站作为管理对象，由社会或乘车单位派人或雇佣人员维护站台秩序。乘车秩序办公室负责制订站台秩序维护人员的职责，并对工作质量进行检查考核。公交企业负责配合：一是负责教育乘务员执行进出站规定,主动协助维护站台秩序人员的工作；二是经常走访派人单位和维护秩序人员，听取意见，改进工作。

3.首末站站台秩序管理

首末站站台秩序由公共交通企业负责管理，设置专人维护秩序。

(1) 首末站站台的分类

根据客流情况和实际需要，公共汽电车的首末站共划分为三类：一类站是指商业区、旅游点、枢纽站及全日客流量最大的首末站；二类站是指工业区、居民住宅区、早晚高峰客流集中的首末站；三类站是指全日客流量较小且稳定的首末站。

(2) 首末站站台秩序的日常管理

首末站站台秩序的日常管理应设置专人负责，其主要工作职责如下：

①经常进行调查研究，了解站台客流变化和道路状况，及时调整站台类别，检查站台设施状况，督促有关部门维修；

②经常对站台服务员进行业务和职业道德的培训，解决站台秩序管理中的问题；

③考核站台服务员的工作质量，奖优罚劣；

④培养先进，总结经验，开展争创文明站台活动。

（三）车辆清洁管理

公共交通运营车辆的清洁程度不仅直接反映了乘务员的精神风貌、工作责任心，而且反映了企业的服务质量水平，展示了城市的环境和面貌。因此，车辆清洁的管理是服务质量管理中一项重要的内容。车辆清洁管理主要包括以下内容。

1.制订车辆清洁管理制度

由于天气和道路的变化，搞好车辆清洁便成为一项经常性的工作。这种重复的工作最容易因忽视而产生漏洞。针对车辆清洁自身的特点，在管理中必须推行制度化。通过制度的贯彻，使搞好车辆清洁成为乘务员自觉的行动，从而养成良好的职业习惯。

2.实行车辆清洁专业化

从管理实践中看，一方面由于运营条件的制约，特别是因道路交通拥堵造成运营间隔时间难以保证，驾驶员、乘务员很难有足够的时间清洁车辆，仅仅依靠接班前、下班后清洁车辆又难以使车辆始终保持清洁；另一方面伴随公交 IC 卡全面使用，公共交通大力推行无人售票和准无人售票，而让驾驶员或准无人售票监票员承担车辆清洁的任务就更加困难。为了确保车辆清洁，减轻驾驶员和乘务员的劳动强度，针对一部分线路自发聘请专业保洁公司的做法，公交服务管理部门审时度势，全面实施了车辆清洁专业化。

3.加强检查考核

加强检查考核是车辆清洁保持经常的重要手段。检查分为定期检查和不定期抽查两种。基层管理要进行定期检查，对运营车辆的主要部位要每日检查，每周对运营车辆清洁进行全方位的检查，可以固定时间，形成制度。

不定期抽查也是车辆清洁检查的主要方式之一。在遇特殊天气及特殊路况后，基层管理者要组织职工及时搞好车辆清洁，并进行抽查。中层和高层管理要不定期地对所属运营车辆的清洁进行抽查。抽查应统一标准，但应不固定时间，无规律可循，以充分发挥检查的效能，促进车辆清洁经常化。

4.适时组织突击

由于运营条件的限制，专业保洁员和乘务员搞好车辆清洁的时间并不充裕，特别是在冬季，寒冷的气温大大增加了搞好车辆清洁的难度，因此适时组织突击也是搞好车辆清洁的一种手段。

5.适当组织竞赛

适当组织竞赛可以调动乘务员的劳动热情，激发运营车组的生产积极性，使车辆经常保持清洁。劳动竞赛的形式多样，在车辆清洁的管理中多采用流动红旗、单位时间内免检制、标兵示范车、优胜线路等形式。这些形式的共同特征是给予优胜者物质和精神奖励，发挥榜样的示范作用，对车辆清洁的管理起到推动作用，能收到较好的效果。

（四）先进车组的管理

先进车组是先进群体的代称，其管理是指对为乘客提供服务的过程中产生的先进个人、先进车组、先进车队的管理。先进车组的管理是服务质量管理中一项重要的内容。

1.先进车组的日常管理

先进车组命名后的日常管理是一项经常性工作，对于确保先进车组质量，发挥先锋模范作用有着重要的意义。先进车组的日常管理应当按照优胜劣汰的原则，实行动态管理。日常管理的主要内容有：

（1）先进车组的日常管理由基层服务部门负责，实行基层、中层服务管理部门两级考核。

（2）先进车组的荣誉牌悬挂应统一位置。遇有车辆大中修时，要妥善保管荣誉牌。荣誉牌丢失或损坏要及时上报，由责任者负责赔偿，由上级服务管理部门负责补发。

（3）中层服务管理部门要按月对先进车组进行考核。考核时，要会同企业有关部门对车组各项生产指标进行综合考评。

（4）中层服务管理部门要采取抽查与普查、明查与暗查的形式定期对先进车组进行复验，复验不合格的车组要限期整顿，经整顿仍不合格的车组要报请有关部门撤销荣誉称号。

(5) 先进车组成员调整应由基层服务管理部门申报，中层服务管理部门负责审批。一般情况下，自然年度内车组成员调动不应超过三分之一。

(6) 在验收和日常检查中，先进车组成员一人不合格视为该车组不合格。发生行车事故、服务纠纷及受到乘客投诉也视为该车组不合格。

(7) 基层和中层服务管理部门应分别建立先进车组档案，详细、准确地记录先进车组的工作业绩和有关情况。

(8) 先进车队的日常管理参照先进车组各项内容进行，同时要会同有关部门对车队管理工作进行定期综合考评验收。

2.先进车组的奖励与扣罚

(1) 先进车组自命名之日起，由命名单位授予统一制作的荣誉标志。

(2) 被命名的先进车组自命名次月起由企业奖励优质服务津贴，按月发放。奖励的具体标准由企业自定，各级先进车组的津贴应保持一定的差距。

(3) 在日常检查考核中，若先进车组服务质量不合格或其他生产指标未完成的，除按有关规定扣罚外，还应终止优质服务津贴的发放。新调入先进车组的成员从次月起享受优质服务津贴的奖励。

(4) 先进车队被命名后由企业给予一次性奖励，奖励标准由企业确定。经综合考评，先进车队达不到标准要限期整顿。经整顿仍不合格的，由企业报请命名单位撤销荣誉称号。被撤销荣誉称号的车队在一定时间内不得重新命名。

第二节　服务质量管理

一、服务质量概述

通常所说的质量是指产品或服务应当达到的标准，服务质量是指商业、饮食业等服务性行业和其他公用事业为顾客服务的优劣、好坏程度。公共交通的服务质量则是指公交企业在运营生产过程中为乘客提供乘行服务的优劣、好坏程度。

公共交通服务质量涉及乘客的切身利益，影响着公交企业的形象和信誉，决定着企业的社会效益和经济效益。不断提高服务质量，是公交企业更好地为市民百姓出行服务的需要，是公交企业与时俱进不断发展的需要，也是城市加强精神文明建设的需要，说到底是更好地发挥城市基础设施功能和作用的需要。因此，质量管理是公交企业重要的经营与管理活动，也是服务管理的主要工作内容。

二、服务质量的涵义

公交企业的服务质量主要表现为给乘客服务过程中的物质质量和劳动质量。因为公交企业为社会提供的服务是依赖必不可少的物质条件（如站务设施、运营车辆等）和调度员、驾驶员、乘务员的劳动来完成的。物质条件是公交服务的基础，物质质量是公交服务质量的重要组成部分。劳动质量，是指乘务员的服务态度能够满足服务对象在乘行过程中心理或精神上的需求。在同样的物质条件下，劳动质量的差异直接影响着服务质量，是决定公交服务质量和水平的重要因素。本章仅就劳动质量进行讨论。

三、服务质量的基本要求

公共交通服务质量由于包含着物质质量和劳动质量两个方面的因素，所以必然受到国家经济实力和所处城市的客运交通方针、政策的影响。各地公共交通企业的经营和管理水平不同，服务质量的侧重点各有差异，但是公共交通的服务质量都应以满足乘客需求为前提。从公交企业整体服务的大前提出发，其根本要求是：为乘客提供安全、迅速、方便、准时、舒适、经济的乘车条件，最大限度地减少乘客的出行时间。

上述六项公共交通服务质量的基本要求，是依靠相应的服务规范来实现的。随着社会的发展和城市物质文明、精神文明建设水平的提高，乘客对公共交通服务质量的需求也不断发生变化，因此，制订和完善公共交通的服务规范是公共交通服务质量管理的重要内容和长期任务。

四、服务质量指标管理

服务质量指标是检验和衡量服务性行业服务质量水平优劣的尺度，也是考核企业经营成果、工作效率、评价职工生产业绩的主要依据。

（一）服务质量指标的涵义

公共交通服务质量指标是公交企业在一定的物质条件下，为乘客提供服务的质量目标，是公共交通服务质量管理的主要内容，直接体现公交企业的管理水平。公共交通服务质量指标直接反映公交运营服务生产全过程的质量状况，从广义上说是一个综合的质量指标体系，其中包含着公交运营生产的物质质量和人员的劳动质量，是公交运营、安全、技术、服务等专业质量指标的集合；从狭义上说，则特指服务专业质量指标。

（二）服务质量指标的确定原则

服务指标是服务专业计划中规定达到的质量指标，是公共交通服务指标体系的重要组成部分，是服务专业进行质量管理的重要依据。服务指标的确定是以服务专业管理范围为界限，以专业管理对象为内容，以服务规范为依据的。因此，服务指标应当具有专业性、科学性和权威性。

1.专业性

服务指标的专业性是指指标的确定必须符合服务专业管理的特点，服务专业管理的重点是对车厢、站台（大厅）服务中的人和事进行管理，各项服务指标的确定必须体现这一特性。

2科学性

服务指标的科学性是指指标的确定必须符合服务管理的客观实际：一是服务指标的内容确定要完善合理，避免漏洞和失控；二是量化指标要与服务水平相适应，不能超越公交企业运营服务的物质条件和人员素质条件。

3.权威性

服务指标一经确定，就必须严格执行，不得随意进行更改。各级专业部门制订的服务指标，具有同等的权威性，要通过组织的、行政的、经济的手段确保指标的完成。

(三) 服务质量指标的构成

根据服务专业管理的范围的不同，服务质量指标可以分为服务管理指标和服务考核指标。服务管理指标是衡量专业基础管理工作质量状况的统计指标；服务考核指标则是检验为社会提供服务“产品”的质量指标。

1.服务管理指标

由于服务专业大量的管理是针对人和事进行的，所以提高服务人员的素质，以规范化的管理促进规范化的服务，是服务管理的主要特点。住房和城乡建设部在建设系统推行规范化服务中提出了“四率”标准，确定了服务管理指标的主要内容。

(1) 职工培训率

职工培训率是为专业部门对上岗职工进行必要的岗前和岗位培训设定的。为了提高服务质量和水平，必须对公交职工进行职业道德、服务意识、服务规范和业务技能等多方面的培训教育，培训率要求达到100%。其公式为：

$$职工培训率=\frac{实际参加培训的职工人数}{应参加培训的职工人数}\times100\%$$

(2) 规范知晓率

规范知晓率是为检验对职工培训情况的实际效果而设定的。其公式为：

$$规范知晓率=\frac{规范考核合格的人数}{参加规范考核的人数}\times100\%$$

(3) 规范执行率

规范执行率是为检验上岗服务人员执行服务规范的情况而设定的。其公式为：

$$规范执行率=\frac{上岗人员执行服务规范的项次}{检查服务规范的总项次}\times100\%$$

(4) 乘客满意率

乘客满意率是为了解乘客对公共交通提供服务满意程度而设定的，是评价公交服务质量的统计指标。其公式为：

$$乘客满意率=\frac{被调查乘客中表示满意的人数}{被调查的乘客人数}\times100\%$$

北京公交集团公司在实施规范化管理中还制订了一系列服务管理统计指标，内容如下。

(1) 违纪率

违纪率是反映车厢、站台（大厅）服务中违反服务纪律人员的比率，是检查服务人员遵章守纪情况的统计指标，是确定服务管理工作重点的依据。其公式为：

$$违纪率=\frac{被检查人员的违纪人次}{被检查人员的总人次}\times100\%$$

(2) 佩带标志合格率

佩带标志合格率是反映服务人员上岗佩带胸卡、规范着装的比率，是检验服务人员上岗仪表仪容规范合格的统计指标。其公式为：

$$佩带标志合格率=\frac{被检查人员佩带标志合格的人次}{被检查人员的总人次}\times100\%$$

(3) 报站机完好使用率

报站机完好使用率是反映运营线路对所配备报站机完好使用情况的比率，是检验服务设施完好使用情况的统计指标。其公式为：

$$报站机完好使用率=\frac{报站机完好使用的车次}{配备报站机的总车次}\times100\%$$

(4) 优质服务车组合格率

优质服务车组合格率是反映被授予各种称号的不同级别的先进车组，经复查、复验保持优质服务水平和先进性的比率，是对先进车组进行管理的统计指标。其公式为：

$$优质车组合格率=\frac{被检查优质车组合格的车次}{被检查优质车组的总车次}\times100\%$$

(5) 跑漏票率

跑漏票率是指车上未购票乘客与应购票乘客之比，是检验乘务员售验票责任心和技能熟练程度、反映乘客跑漏票情况的统计指标。其公式为：

$$跑漏票率=\frac{未购票乘客的人次}{应购票乘客的总人次}\times 100\%$$

根据服务管理的内容，服务统计指标的细化分类还有很多，如服务用语合格率、售验车票合格率、重点照顾合格率、开关车门合格率等。这些细化的服务统计指标都是制订服务考核指标的基础和依据，在此不一一列举。

2服务考核指标

(1) 服务规范执行率

服务规范执行率是反映公交服务人员劳动质量水平的指标，也是服务质量考核的主要指标。通过检查合格人次与被检查总人次的比率关系，可以衡量公交企业在一定时期和阶段的服务质量状况。

按照服务管理对象的划分，服务规范执行率可分为车厢服务规范执行率和站台(大厅) 服务规范执行率。

①车厢服务规范执行率的计算公式如下：

$$车厢服务规范执行率=\frac{被检查合格的人次}{被检查的总人次}\times 100\%$$

②站台（大厅）服务规范执行率计算公式同上。

鉴于服务规范执行率是由检查服务人员的各项服务规范执行情况确定的，还可以通过设定服务规范项次合格率来更为具体地反映服务规范执行的总体水平、存在问题及治理方向。服务规范项次合格率公式如下：

$$服务规范项次合格率=\frac{被检查服务规范合格的项次}{被检查服务规范的总项次}\times 100\%$$

(2) 车辆清洁合格率

车辆清洁合格率是反映运营车辆清洁卫生的质量标准，也是考核乘务员劳动质量的主要指标，可以按车辆清洁项次合格率和车辆清洁车次合格率来进行考核。

①清洁项次合格率的计算公式如下：

$$清洁项次合格率=\frac{被检查合格的项次}{被检查的总项次}\times 100\%$$

②清洁车次合格率的计算公式如下：

$$清洁车次合格率=\frac{被检查车辆清洁合格的车次}{被检查的总车次}\times 100\%$$

(3) 乘客投诉率

乘客投诉率是考核公交服务质量水平、评价公交综合服务质量的重要指标。乘客投诉率是乘客批评、投诉件次与公交运营一线职工总人数之比。其计算公式为：

$$乘客投诉率=\frac{一定时期内投诉的总件次}{同期在册一线职工的人数}\times 100\%$$

(4) 票制执行率

票制执行率主要是检验乘务员遵守票务制度、堵塞内贪外漏、完成票款任务、确保企业经济效益的考核指标，是被检查执行票制合格人次与被检查人员总人次之比。其计算公式为：

$$票制执行率=\frac{被检查执行票制合格的人次}{被检查乘务员的总人次}\times 100\%$$

(5) 服务纠纷件次

服务纠纷件次是服务质量考核中的重要指标，服务纠纷按性质划分可分为一般纠纷和恶性纠纷。服务管理考核指标可考核一般服务纠纷和恶性服务纠纷。考核的方法以按月累计、年度考核为宜。指标的确定可按件/千人次下达，并严格控制恶性服务纠纷的件次。北京公交集团公司对一般服务纠纷件次的考核指标为1件/(千人次·年)，恶性服务纠纷考核指标为零。

五、服务质量监控管理

服务质量监控管理是服务质量管理的主要手段之一。服务质量监控管理的核心是企业通过内部一定的组织形式对服务质量信息进行收集、整理、归纳、分析、处理、反馈的管理，也就是把来自公共交通服务现场（车厢、站台、大厅）的服务质量信息经过加工整理，以数据，文字、记录和图表等形式反馈、传输到服务管理部门，为改善公交服务、加强质量管理提供信息资料，是企业利用内部力量对服务质量进行的管理，换句话说，是服务质量管理的内部形式。

(一) 服务质量监控的作用

公交企业的性质决定了公交服务方式的多样性；公交服务的特点决定了公交服务质量信息的广泛性、复杂性和多变性；公交服务质量信息的特性决定了实施服务质量监控的必要性和艰巨性。服务质量监控的作用如下。

1.传输、反馈服务质量信息

伴随着公共交通的运营服务活动，每时每刻都有大量的服务质量信息反映着公交运营服务全过程的质量状况。服务质量信息集中在公共交通的服务现场，即车厢、站台（大厅）。服务质量监控的首要作用就是及时捕捉到服务质量信息，迅速传输和反馈质量信息。质量信息是客观存在的，是普遍的，但又是可以流失的，只有发现它、采集它、利用它，才能充分发挥服务质量监控的作用。

2.提供服务质量管理依据

服务质量监控的作用不仅仅局限于对服务质量信息的搜寻和采集，更重要的是经过加工整理后，通过传输和反馈，使之成为服务质量管理的可靠依据。没有质量监控，就无法掌握公交服务的质量状况；不明了质量状况，就会导致质量管理的盲目性。所以说，服务质量监控的重要作用就在于为服务质量管理提供依据、把握方向。

3.促进企业两个效益提高

通过服务质量监控，不仅能够掌握服务质量总体状况，还可以了解乘客对公交服务的需求状况，以此来调整公交的服务结构，完善服务方式，改善服务管理，提供优质服务，对开拓和占领客运市场具有积极的促进作用，产生良好的社会效益。同时，还可以通过对服务质量的监控，进行劳动力的优化组合，堵塞服务管理中的漏洞，调动职工的劳动积极性，最大限度地挖掘增收节支的潜力，促进企业经济效益的不断提高，为公交企业的生存和发展奠定基础。

(二) 服务质量监控的方法

实施服务质量监控，是服务质量管理的需要，是提高服务质量的需要，也是服务管理的核心内容。如何对服务质量进行有效的监控，是服务质量管理的中心课题，也是服务管理的长期任务。在公交服务管理的实践中，总结摸索出一些服务质量监控的方法，简要介绍如下。

1.专职稽查队伍监控

生产企业为把好产品质量关，一般都设有质量检验员，以确保产品质量合格，维护企业信誉。公交企业要把住服务质量关，就必须组织、建立一支负责检查服务质量的稽查队伍，按照规定的检查内容和标准，开展稽查活动。这是目前公交企业实施服务质量监控的基本方法，也是公交服务质量实施内部监控的主要途径。

2.专业管理人员监控

专业管理人员监控主要是指各层专业管理人员深入服务现场进行的检查活动。

车队作为公交企业的最基层组织，是运营服务的实施组织者，车队干部和服务专业管理人员的主要任务和职责就是对服务现场(车厢、站台) 和服务人员的服务质量进行监控。

车队服务专业管理人员每天要深入车厢、站台，检查服务人员的工作质量；车队干部每天也要利用一定的时间，了解运营服务情况，掌握服务质量信息的一手资料，反馈、传输质量信息，制订改进质量管理的对策，有效地监控服务质量。

综上所述，服务质量监控的方法，是目前各地公交现阶段对服务质量监控的基本手段，其实质是企业内部的自我评价、自我控制的质量监控体系。要充分发挥质量监控的作用，还必须有一整套质量监控秩序。

(三) 服务质量监控的程序

服务质量监控的程序就是指实施服务质量监控的先后次序，即进行服务质量监控的操作过程。公交服务质量监控的程序大致如下。

1确定监控重点

公交的服务质量表现在许多方面，涉及运营、安全、技术、服务等各个专业。仅就服务专业来说，与服务质量有关的就包括车厢服务、车辆清洁、站台（大厅）秩序三个主要方面，每一方面又是由多项服务内容构成的，每一项服务内容又都对服务质量有直接影响。公交运营服务“马路车间、点多面广、流动分散”的特点都给服务质量的监控造成了困难，因此对公交服务质量进行监控首要的问题就是要确定监控重点。确定监控重点就是抓住了主要矛盾，而抓住了主要矛盾，其他次要矛盾就会迎刃而解。

监控重点的确定可以根据不同的需要，把某些单位、某些地区、某些线路、某些车组、某些人员确定为重点，也可以将某些规范内容作为重点。确定监控重点是以确保服务质量为前提的，准确地确定监控重点，将会对质量监控的效果起到事半功倍的作用。

2.拟订监控方案

监控重点确定之后，就要根据监控对象的特点拟定相应的监控方案。监控方案就是对监控重点实施质量监控的计划，在监控方案中要明确实施监控的时间、方式、任务、内容等。

拟订监控方案的基本原则是：

(1) 根据监控对象的不同，确定监控的时间。监控对象的范围越大，在监控力量一定的情况下，监控时间必然会长；监控对象不变，要求监控时间一定，就必须加大监控力量。

(2) 根据监控需要，决定监控方式。如果是常规质量监控，应采取暗查的方式，以便获得真实的质量信息；如果是为了促进阶段性的工作，可以采取明查的方式。

(3) 根据监控任务，确定监控内容。监控任务指监控的目标，即是监控车厢服务还是监控站台秩序或是车辆清洁；再根据监控目标确定具体的监控内容，即监控的项目，如车厢站台服务和车辆清洁的各项具体内容等。

3.执行监控方案

执行监控方案是服务质量监控的实质工作，按照拟定的监控方案，对服务质量实施具体的监控，也就是各级专业管理人员、专职稽查人员对服务质量进行的检查、考核过程。

4分析监控信息

分析监控信息就是对执行监控方案过程中获得的服务质量信息进行统计、分析、加工、整理成数据或文字资料，使之能够反映出服务质量的状况。

经过对监控信息的分析，从中总结出保持服务质量稳定的经验和方法，通过树立典型和通报形式进行宣传推广。对存在的问题，通过查找原因、制订措施加以改进，并把每次监控得到的问题作为服务质量监控的重点，为下一轮监控方案的拟定提供依据。服务质量的监控程序就是确定监控重点—拟定监控方案—执行监控方案—分析监控信息四个步骤的无限循环，每一次循环都应该对服务质量的提高起到促进和推动作用。

六、服务质量监督管理

公共交通是面向社会的，公共交通服务的开放性决定了服务质量无条件置于社会各界监督之下的必然性；公交服务的流动、分散性又决定了服务质量离不开乘客监督的必要性。公交由乘务员为乘客提供人对人、面对面的服务，因此，乘客对公交服务质量的评价又最有权威性、客观性和公正性。所以说，加强服务质量社会监督，就是虚心接受乘客的批评和帮助，认真听取社会各界的意见和建议。

所谓服务质量监督管理，就是对社会监督的管理，其实质是对乘客批评、意见和建议的管理。服务质量监督是与服务质量监控相辅相成的，是公交服务质量管理的重要组成部分，是企业利用社会力量对服务质量进行的管理，即服务质量管理的外部形式。

（一）服务质量监督的作用

服务质量监督的作用与服务质量监控的作用既有共同点，又有不同点。其共同点是都能反映服务质量信息，促进服务管理，其不同点主要表现为：

1评价服务质量

一个产品的质量如何，不是单纯地靠企业内部质量检验和外部广告宣传就能够定性的，最重要的是看产品在使用者和消费者中的评价如何。有口皆碑、受到认可，才能称得上是质量可靠。公共交通的服务质量也应由公交服务的消费者乘客来进行评定。当公交服务质量能够满足乘客乘车的物质需求和精神需求时，乘客的表扬就会增多，批评、投诉就会减少；反之，批评、投诉就会增多，表扬就会减少。因此，服务质量监督的重要作用就在于体现乘客对服务质量客观、公平、公正的评价。

2.反映服务需求

公共交通作为社会生产的第一道工序，把社会各界的人民群众紧密地联系在一起，各界乘客对公交服务的需求可以通过服务质量的监督直接反映上来。例如，公交线路的开辟、调整、延长，站址、站位的设置、增移，都是以乘客对服务质量监督中呼声最高、反映最大、需求最大的信息为依据的。同样，公交为老、幼、病、残、孕等乘客提供的优待服务，也是根据乘客在质量监督过程中的不同反映逐步改进、提高和完善的。如果说乘客的表扬是对公交服务质量的认可的话，那么乘客的批评和意见则是从另一个方面反映了服务需求，也是公共交通研究服务对策、进行服务质量管理的依据。

3.优化外部环境

公共交通运营服务质量不可避免地受到自然气候环境、道路交通环境和社会环境等多方面外部环境的制约和影响。公交是为乘客服务的，没有乘客，公交的服务也就失去了意义。这就是说公交企业与乘客之间的服务与被服务关系构成了矛盾的统一体，两者之间有着相互依赖、相互作用的关系，因而对于服务质量的优劣，公交企业和乘客双方都产生作用和反作用。公交为乘客服务，是服务的主体，是矛盾的主要方面，也是对公交服务质量产生作用的主要方面，但是接受服务的乘客也并不完全是被动的，乘客的乘行行为也会反作用于服务质量。例如，乘客在乘车过程中应遵守的一些规定，如排队候车、有序上下、自觉刷卡、及时购票、接受查验、协助照顾特殊乘客等，这些都会对服务质量产生影响。通过社会监督，可以更多地沟通与社会各界的联系，增进公交企业与乘客之间的了解和理解，求得支持与配合，使社会环境得到优化，促进服务质量的提高。

（二）服务质量监督的渠道

服务质量监督的渠道也就是社会监督的渠道，主要有以下四个方面。

1乘客（群众）监督

乘客监督就是群众监督，是对公交服务质量最普遍、最广泛的社会监督，是服务质量监督的主渠道，其主要方式是来信、来电、来访。

2.上级领导（机关）监督

上级领导和上级领导机关的监督，包括企业内部的领导（部门、机关）和企业的上级领导（部门、机关）的监督。上级领导的监督还包括各级人大代表、政协委员的监督。上级领导的监督具有针对性、指导性和权威性。

3新闻媒体监督

新闻媒体监督是指包括报纸、电台、电视台等新闻单位对公交服务质量的监督。因为新闻媒体的报导具有舆论性，所以是对公交服务质量监督的力度较大。

4.“服务热线”监督

“服务热线”监督是指在有条件的大、中城市公交企业专门开通的为乘客提供出行服务和受理乘客监督的电话专线。“服务热线”监督是乘客监督的扩展和补充。北京公交集团公司于1999年12月开通了“公交李素丽服务热线”，进一步拓宽了社会监督的渠道，“服务热线”服务与监督的功能受到社会各界的好评。随着首都社会经济的发展和市民出行需求的增多，“服务热线”几经增人扩大，并于2008年在北京市交通委员会的支持下，进行了重新整合，进一步扩大了服务范围和社会监督作用，并更名为“交通服务热线”。

（三）服务质量监督的措施

服务质量监督的措施是指通过各种渠道接受社会监督的具体办法。社会监督的措施是多种多样的，采取什么样的社会监督措施，可根据不同城市公交企业的实际情况而定。北京公交集团公司在创建文明行业、开展规范化服务达标活动中，结合企业实际制订了以下十项社会监督措施，在实践当中收到了一定的效果，可以作为借鉴和参考。

(1) 在运营车厢内公布服务监督电话。服务监督电话一般以公司或分公司服务专业部门的质量监督电话为准。

(2) 在有条件的首末站设置乘客意见箱。设置乘客意见箱是接受乘客监督的好方法，首末站的选择应该注重客流量的大小和乘客素质等特点，意见箱的设置位置要明显，并有专人管理。

(3) 在客流较大的首末站设置乘客意见征询台，定期开展征求乘客意见的活动。这是公交利用社会监督进行调查研究的有效形式，也是与乘客沟通联系的好方法。

(4) 聘请乘客义务监督员。每条线路在沿线单位或社会上聘请1~2名经常乘坐公交车的乘客作为运营线路的服务质量义务监督员。这是充分发挥乘客监督作用，少花钱多办事，不花钱也办事的经济、实用、有效的监督办法。

(5) 发放乘客意见调查表。这是评价公交服务质量的基本方法之一，也是社会监督的基本措施，其操作方法是按照运营线路日客运量的千分之一，定期发放乘客意见调查表，请乘客评价公交服务质量。

(6) 与沿线单位开展文明共建活动。与沿线单位开展文明共建活动是接受社会监督、优化外部环境的有效措施之一。操作办法是在公交运营线路周边较大和有影响的单位开展精神文明共建活动，充分发挥公交企业和共建对象的优势，进行优势互补，共建文明乘车秩序，共创优质服务，共育“四有”新人，共同促进精神文明建设的发展。

(7) 各级管理机关设置乘客投诉接待室。公交各级管理机关设置乘客投诉接待室，公布监督电话，并实施领导干部、专业部门负责人接待日，直接听取和办理乘客的意见、建议，是受到乘客普遍欢迎的监督措施，对树立企业形象、维护企业信誉有重要作用。

(8) 加强同新闻单位的联系，及时办理新闻批评、建议。这一条监督措施要求公交服务专业部门经常与新闻单位取得联系，保持信息传递的畅通、及时，迅速办理新闻单位的批评、建议，对挽回不良影响、增强企业信誉都具有重要意义。

(9) 认真落实各级领导机关对公交服务的批评、指导意见。对来自各级领导机关的批评和指导性意见，必须予以高度重视，及时办理，采取措施，认真整改，提高工作效率，树立行业新风。

(10) 认真办理各级人大代表、政协委员建议提案。各级人大代表、政协委员对公交服务的监督代表着人民群众利益和社会各界的呼声，对人大代表、政协委员的提案和建议，必须做到件件有答复。这对赢得社会各界的支持、促进公交发展具有重要意义。

(四) 服务质量监督的办理

服务质量监督的办理，实际上就是对社会监督的办理，也就是对各种监督渠道、各种监督措施收集到的乘客意见、建议的办理。因此，服务质量监督，即社会监督的办理，是对社会监督内容的落实过程。社会监督办理的效果关系到公交企业的信誉和形象，并对企业的生存和发展产生直接影响。社会监督办理需注意以下几点：

1.选派专人负责

服务质量监督的信息就是社会监督的信息，主要来源于乘客的来信、来电、来访，因此，社会监督的办理是一件政策性、业务性很强的工作，需要选派思想作风正派、政策理论水平较高、熟悉公交业务的专业干部或管理人员负责。

2.热情接待，认真记录

办理社会监督中的乘客来电、来访，要求接待人员做到态度和蔼、热情诚恳，多从维护乘客的利益方面去思考问题，避免和克服认为乘客“恶人先告状”、“无理狡三分”的逆反心理，耐心地听取乘客的申诉，并给予其满意的解答，同时对需要转办的问题，认真做好记录。

3.及时转办，如实汇报

社会监督的办理是一件时效性很强的工作，办理的时间越快，效果就越好。应该说，办理社会监督的速度与其办理效果是成正比的。

乘客在乘车中遇到了不愉快，通过监督渠道向公交反映，公交迅速查办，并将结果及时反馈乘客，乘客的火消了、气顺了、心理平衡了，就容易得到满足，还会对企业认真、及时的办理产生好感，增加对公交企业的信任，使问题的性质很快发生转化。乘客由不满意到满意的转变，足以证明办理时间迅速的重要性。相反，如果乘客反映的问题迟迟得不到答复和解决，就容易激化矛盾，扩大事态，造成不良影响。

因此，在社会监督的办理过程中，务必要强调和突出时效性。当时能答复的，要即时答复；当时无法答复的，要及时转办，并向有关领导如实汇报。一般来说，转办乘客来电、来访不超过半天，转办乘客来信不超过一天。车队办理上级转办的乘客来电、来访不超过三天。办理乘客来信不超过五天，凡有领导批示的信件，必须按批示的日期办理。

遇有上级领导、领导机关、人大代表、政协委员、新闻单位等临时反映的突出问题，必须打破常规，按急件迅速办理。

在重大节、假日或重要活动期间，对于接到的服务质量监督问题，也要按照上述要求，采取应急措施，迅速办理，并以专业管理部门的纵向渠道向各级行政综合管理部门传递信息。

在办理社会监督过程中提倡小事当大事办、慢事当急事办、把乘客的事当成自己的事办，以提高办事效率和效果。

在信息传递上，提倡宁早报、勿迟报，宁重报、不漏报，杜绝信息倒流。

第三节　服务设施、标志的管理

城市公共交通服务设施、标志是满足乘客乘车需求必不可少的物质条件，是公交服务“硬件”的组成部分，表现为公交服务质量中的物质质量。服务设施、标志的完善、齐全与否，与公交服务质量密切相关。因此，服务设施标志的管理，也是服务质量管理的重要内容。

一、服务设施、标志的管理

服务设施、标志与公交服务质量密切相关，因此，加强对服务设施、标志的管理，就是加强对服务质量的管理。由于服务设施、标志的管理涉及不同的专业，所以服务设施、标志的管理必须遵循专业归口、分级负责的原则。

（一）服务设施的管理

服务设施的管理主要涉及技术、保修、行政、运营、服务、安全等多个部门和专业，按照管辖职能划分大致如下。

1.车辆设施管理

车辆设施中的车门、踏板、座椅、风窗玻璃、灯光照明、信号显示、售票台、废票筒等应由技术部门协调车辆生产单位（厂家）按照用车需求和特定的技术标准设计制造，并进行整车的技术性能鉴定验收。

保修单位负责对在用车车辆进行维修保养，保证车辆设施的齐全完好。

安全、服务专业部门负责教育驾乘人员整车爱车，注重车辆的检查，发现设施损坏及时报修，消除故障隐患。

服务专业部门还要侧重对车辆设施的保洁和报站机的使用管理。为了避免报站机扰民，要严格遵守使用时间。

2.站台设施管理

站台设施中的候车廊、候车座椅、站台护栏应由基建或行政部门负责设计、安装，并定期油饰。

站台设施中的客运提示、通信与运行显示应由运营部门协调科技部门负责管理，确保服务功能的齐全和服务信息的准确。

3.清洁卫生设施的管理

大型清洁机械设备应由行政、技术部门统筹购置，并负责管理。

小型清洁工具应由服务部门协同有关部门选型购置，并进行使用管理。

车队服务管理干部要制订清洁工具的领用制度，指导监督乘务人员做好保管、维护和使用各个环节中的具体工作，确保清洁工具的有效使用寿命，避免人为损坏或丢失。

（二）服务标志的管理

服务标志的管理主要涉及技术、保修单位及运营和服务专业，运营专业主要负责对公共汽电车站牌、路牌、区间（快车）标志牌的管理。

技术保修专业负责车辆各种服务标志的喷印和更新，保持各种服务标志的清晰、完整。

服务专业负责对乘务员识别标志和规定性标志的管理，并协同工会、青年团做好荣誉牌标志的管理。

乘务员的胸卡要纳入服务管理的内容，建立检查考核制度，确保乘务员佩戴胸卡上岗。胸卡破损的要及时更新，丢失的应及时补发。

对规定性标志的内容，由服务专业部门负责修改，并协同有关部门安装（张贴）。

二、车辆电子设施的管理

（一）报站机的使用管理

目前，我国许多城市的公共汽电车都使用了电脑报站机。实践证明，电脑报站机不仅可以大大减轻乘务员的劳动强度，更重要的是可以为乘客提供标准化、规范化服务，促进服务质量的提高。

运营车辆配备电脑报站机后必须加强管理。根据公交企业运营生产的实际情况，电脑报站机的安装和维修工作一般应由技术部门负责，服务部门负责电脑报站机的使用管理和保管。

电脑报站机的使用应制订相应的管理规定。规定包括两个部分：一是技术上的使用。按照操作说明规定操作程序，规范操作，防止因操作不当损坏电脑报站机，这就需要岗前培训，教会乘务员使用电脑报站机的方法。二是服务上的使用。在出乘过程中，凡已配备电脑报站机的车辆，乘务员必须使用。通道式运营车由前车门的乘务员使用，后车门的乘务员仍须口报服务规范规定的内容。单机式运营车的乘务员、无人售票车的驾驶员也必须使用电脑报站机。在使用过程中，必须按照运行顺序每站正确播报，站与站之间以运营线路为单位统一播报规定的服务用语，行车过程中随时使用电脑报站机协助驾驶员照顾安全。

（二）电子显示屏的使用管理

电子显示屏又称 LED 屏，由技术部和服务部共同管理。技术部负责显示屏的故障维修；服务部门负责使用管理。显示屏出现乱码错字等故障，车组人员要及时报修，并做好记录，并以此为依据分清管理责任。有故障不报，服务部门应当承担责任；报而不修，由技术部门承担责任。因此，车组人员和服务管理人员要经常巡查显示屏的使用情况，遇到显示屏有故障，与技术部门及时沟通，以确保显示屏的完好使用。

（三）移动电视的使用管理

2002年春节由北广传媒在长安街1、4路试验安装了移动电视，产权归属北广传媒，借助公交车厢开发了新的宣传阵地，一方面通过广告业务回收了投资成本，另一方面也为乘客在乘车中随时了解时政新闻提供了方便，同时也缓解了乘客在乘车过程中的枯燥。乘务员在出乘服务中，要及时开启移动电视，并做好移动电视的维护，出现问题时及时报修，请产权单位对移动电视的音质、音量、图像等故障问题进行调整修复，保证车厢移动电视的完好使用，更好地发挥其作用。

应知题：

1.公交服务管理的涵义。

2.公交服务管理的作用。

3.公交服务管理的职能。

4.公交服务管理的内容。

5.服务质量管理的涵义。

6.服务质量监控的作用。

7.服务质量监督的作用。

8.服务质量管理的渠道。

9.服务设施标志管理的原则。

应会题：

1.各项服务指标的计算。

2.对车辆服务设施的例检维护和报修。

第二章

高级乘务员相关法律知识

第一节 《中华人民共和国劳动合同法》相关知识

城市公共交通的乘务员作为劳动的参与者，应当了解掌握《中华人民共和国劳动合同法》的相关知识，这一方面是保护劳动者自身合法权益的需要，另一方面也是维护企业劳动关系协调稳定的需要。本节将对劳动合同进行简要介绍。

一、劳动合同的概念

劳动合同是劳动者与用人单位确立劳动关系，明确双方权利和义务的协议。劳动合同依法订立即具有法律效力，当事人必须履行劳动合同规定的义务。

二、劳动合同的订立

1.用人单位自用工之日起即与劳动者建立劳动关系。用人单位应当建立职工名册备查。

2.用人单位招用劳动者时，应当如实告知劳动者工作内容、工作条件、工作地点、职业危害、安全生产状况、劳动报酬以及劳动者要求了解的其他情况；用人单位有权了解劳动者与劳动合同直接相关的基本情况，劳动者应当如实说明。

3.建立劳动关系，应当订立书面劳动合同。已建立劳动关系、未同时订立书面劳动合同的，应当自用工之日起一个月内订立书面劳动合同。用人单位与劳动者在用工前订立劳动合同的，劳动关系自用工之日起建立。用人单位未在用工的同时订立书面劳动合同、与劳动者约定的劳动报酬不明确的，新招用的劳动者的劳动报酬按照集体合同规定的标准执行；没有集体合同或者集体合同未规定的，实行同工同酬。

4.劳动合同分为固定期限劳动合同、无固定期限劳动合同和以完成一定工作任务为期限的劳动合同。

(1) 固定期限劳动合同，是指用人单位与劳动者约定合同终止时间的劳动合同。用人单位与劳动者协商一致，可以订立固定期限劳动合同。

(2) 无固定期限劳动合同，是指用人单位与劳动者约定无确定终止时间的劳动合同。

有下列情形之一，劳动者要求订立无固定期限劳动合同的，用人单位应当订立无固定期限劳动合同：

①全国劳动模范、先进工作者或者“五一”劳动奖章获得者；

②复员、转业退伍军人初次分配工作的；

③建设征地农转人员初次分配工作的；

④尚未实行劳动合同制度的用人单位初次实行劳动合同制度时，劳动者连续工龄满10年且距法定退休年龄10年以内的；

⑤国家和本市规定的其他情形，按现行政策，特指根据《关于西藏干部、工人内调有关问题的通知》（京组通（1977）78号）的规定，对已工作十年（含十年）以上西藏内调的职工。

经协商一致，其他劳动者也可以与用人单位订立无固定期限的劳动合同。

5.无效劳动合同。有下列情形的劳动合同视为无效劳动合同：

(1) 违反劳动法律、法规的；

(2) 采取欺诈、胁迫等手段订立的；

(3) 劳动合同内容显失公平的；

(4) 有关劳动报酬和劳动条件等标准低于集体合同规定的。

三、劳动合同的履行

1.用人单位与劳动者应当按照劳动合同的约定，全面履行各自的义务。

2.用人单位应当按照劳动合同约定和国家规定，向劳动者及时足额支付劳动报酬。用人单位应当严格执行劳动定额标准，不得强迫或者变相强迫劳动者加班。用人单位安排加班的，应当按照国家有关规定向劳动者支付加班费。

3.用人单位变更名称、法定代表人、主要负责人或者投资人等事项，不影响劳动合同的履行。用人单位发生合并或者分立等情况，原劳动合同继续有效，劳动合同由承继其权利和义务的用人单位继续履行。

用人单位与劳动者协商一致，可以变更劳动合同约定的内容。变更劳动合同，应当采用书面形式。变更后的劳动合同文本由用人单位和劳动者各执一份。

四、劳动合同的终止

1.用人单位与劳动者协商一致，可以解除劳动合同。劳动者有下列情形之一的，用人单位可以解除劳动合同：

(1) 在试用期间被证明不符合录用条件的；

(2) 严重违反劳动纪律或者用人单位规章制度，按照用人单位规定或者劳动合同约定可以解除劳动合同的，但用人单位的规章制度与法律、法规、规章相抵触的除外；

(3) 严重失职、营私舞弊，对用人单位利益造成重大损害的；

(4) 依法追究刑事责任的。

2.劳动者有下列情形之一的，用人单位可以解除劳动合同，但应当提前 30 日以书面形式通知劳动者本人：

（1）劳动者患病或者非因工负伤，医疗期满后不能从事原工作，也不能从事由用人单位另行安排的工作或者不符合国家和本市从事有关行业、工种岗位规定，用人单位无法另行安排工作的；

（2）劳动者不能胜任工作，经过培训或者调整工作岗位，仍不能胜任工作的；

（3）劳动合同订立时所依据的客观情况发生重大变化，致使劳动合同无法履行，经用人单位与劳动者协商，未能就变更劳动合同内容达成协议的。

3.用人单位有下列情形之一，确需裁减人员的，应当提前30日向工会或者全体职工说明情况，听取工会或者职工的意见，经向劳动和社会保障行政部门报告后，可以裁减人员：

（1）濒临破产进入法定整顿期间的；

（2）防治工业污染源拆迁的；

（3）生产经营发生严重困难的。

用人单位实行经济性裁员后，在6个月内重新录用人员的，应当优先录用被裁减人员。

4.劳动者有下列情形之一的，用人单位不得依据《北京市劳动合同规定》第三十一条、第三十二条的规定解除劳动合同：

（1）患职业病或者因工负伤并被确认达到伤残等级的；

（2）患病或者负伤，在规定的医疗期内的；

（3）女职工在孕期、产期、哺乳期内的；

（4）应征入伍，在义务服兵役期间的；

（5）复员、转业退伍军人退伍后初次参加工作未满3年的；

（6）建设征地农转工人员初次参加工作未满3年的；

（7）在同一用人单位连续工作满10年以上，且距法定退休年龄5年以内的；

（8）实行集体合同制度的企业，职工一方协商代表在劳动合同期限内自担任代表之日起5年以内的；

（9）国家和本市规定的其他情形。

5.劳动者解除劳动合同。

(1) 劳动者解除劳动合同，应当提前 30 日或者按照劳动合同约定的提前通知期，以书面形式通知用人单位。

(2) 劳动者给用人单位造成经济损失尚未处理完毕或者未按规定劳动合同约定承担违约责任的，不得按上述规定解除劳动合同手续。

(3) 劳动者违反提前 30 日或者约定的提前通知期要求与用人单位解除劳动合同的，用人单位可以不予办理解除劳动合同手续。

(4) 有下列情形之一的，劳动者可以随时通知用人单位解除劳动合同，用人单位应当支付劳动者相应的劳动报酬并依法缴纳社会保障费：

①在试用期内的；

②用人单位以暴力、威胁或者非法限制人身自由的手段强迫劳动的；

③用人单位未按照劳动合同约定支付劳动报酬或者提供劳动条件的；

④用人单位未依法为劳动者缴纳社会保险费的。

6.劳动者解除劳动合同应承担的责任。劳动者违反《北京市劳动合同规定》或者劳动合同约定解除劳动合同，对用人单位造成损失的，应当赔偿下列损失：

(1) 用人单位为录用劳动者直接支付的费用；

(2) 用人单位为劳动者支付的培训费用；

(3) 对生产、经营和工作造成的直接经济损失。

因劳动者过失性行为被用人单位解除合同且给用人单位造成损失的，劳动者也应当承担赔偿责任。

7.用人单位解除劳动合同支付经济补偿金的两个标准：一是按劳动者在本单位工作年限和本人解除劳动合同前十二个月的平均工资，工作每满一年支付一个月工资的经济补偿金，不满一年的按一年计算，最多不超过十二个月。这一标准适用于用人单位依据《北京市劳动合同规定》第二十九条和第三十一条第（二）款规定解除劳动合同的劳动者。二是按劳动者在本单位工作年限和本人解除劳动合同前十二个月的平均工资，工作每满一年支付一个月工资的经济补偿金，不满一年的按一年计算，如本人解除劳动合同前十二个月的平均工资低于企业上年月平均工资的，按企业上年月平均工资计算。这一标准适用于用人单位依据《北京市劳动合同规定》第三十一条第（一）、（三）款和第三十二条规定解除劳动合同的劳动者。

用人单位依据《北京市劳动合同规定》第三十一条第（一）款规定解除劳动合同，除向劳动者支付经济补偿金外，还应支付不低于6个月工资的医疗补助费，患重病的还要加发50%的医疗补助费，患绝症的加发100%的医疗补助费。

此外，劳动者依据《北京市劳动合同规定》第三十五条第(二)款的规定解除劳动合同，用人单位也应当按照劳动者在本单位工作年限，工作每满一年支付一个月工资的经济补偿金，工作年限不满一年的按一年计算。经济补偿金按照北京市上一年企业平均工资计算。

8.劳动合同终止及办理程序。

(1) 符合下列条件之一的，劳动合同即行终止：

①劳动合同期限届满的；

②劳动合同约定的终止条件出现的；

③劳动者达到法定退休条件的；

④劳动者死亡或者被人民法院宣告失踪、死亡的；

⑤用人单位依法破产、解散的。

(2) 劳动合同期限届满前，用人单位应当提前30日将终止或者续订劳动合同意向以书面形式通知劳动者，劳动者应按用人单位的要求将个人的意向反馈给用人单位，经协商办理终止或者续订劳动合同手续。

9.终止、解除劳动合同后，职工档案及社会保险的处理。

终止、解除劳动合同后，用人单位应及时将本市城镇职工的档案及社会保险关系转移到职工新的接收单位；自谋职业的职工可转入职业介绍服务中心；劳动者无接收单位且符合失业条件的，用人单位应自终止、解除劳动合同之日起，7日内将失业人员名单报其户口所在地的区、县劳动和社会保障局备案，20日内将失业人员档案和社会保险关系，转移到失业人员户口所在地的区、县劳动和社会保障局。失业人员应当在终止、解除劳动合同60日内到户口所在地街道办理失业登记。

第二节　《中华人民共和国消费者权益保护法》相关知识

城市公共交通作为公益性的服务行业，虽然存在着国家拨款及补贴，但是不能改变乘客与公交行业之间的消费关系。既然存在消费关系，就应当受到《中华人民共和国消费者权益保护法》（以下简称《消费者权益保护法》）的约束。本节重点就消费者的权利、经营者的义务进行简要介绍，目的是让广大乘务员能够掌握乘客作为消费者应当享有的权益，以便做好日常服务工作。

一、消费者范围

消费者为生活消费需要购买、使用商品或者接受服务，其权益受法律保护。

二、经营者范围

经营者为消费者提供其生产、销售的商品或服务，应当遵守《消费者权益保护法》；《消费者权益保护法》未作规定的，应当遵循其他法律、法规。

三、交易原则

经营者与消费者进行交易，应当遵循自愿、平等、公平、诚实信用的原则。

四、乘务员应当掌握的《消费者权益保护法》的主要内容

（一）消费者的权利

(1) 消费者在购买、使用商品和接受服务时享有人身、财产安

全不受损害的权利。消费者有权要求经营者提供的商品和服务，符合保障人身、财产安全的要求。

(2) 消费者享有知悉其购买、使用的商品或者接受的服务的真实情况的权利。消费者有权根据商品或者服务的不同情况，要求经营者提供商品的价格、产地、生产者、用途、性能、规格、等级、主要成分、生产日期、有效期限、检验合格证明、使用方法说明书、售后服务或者服务的内容、规格、费用等有关情况。

(3) 消费者享有自主选择商品或者服务的权利。消费者有权自主选择提供商品或者服务的经营者，自主选择商品品种或者服务方式，自主决定购买或者不购买任何一种商品、接受或者不接受任何一项服务。消费者在自主选择商品或者服务时，有权进行比较、鉴别和挑选。

(4) 消费者享有公平交易的权利。消费者在购买商品或者接受服务时，有权获得质量保障、价格合理、计量正确等公平交易条件，有权拒绝经营者的强制交易行为。

(5) 消费者因购买、使用商品或者接受服务受到人身、财产损害的，享有依法获得赔偿的权利。

(6) 消费者享有依法成立维护自身合法权益的社会团体的权利。

(7) 消费者享有获得有关消费和消费者权益保护方面的知识的权利。消费者应当努力掌握所需商品或者服务的知识和使用技能，正确使用商品，提高自我保护意识。

(8) 消费者在购买、使用商品和接受服务时，享有其人格尊严、民族风俗习惯得到尊重的权利。

(9) 消费者享有对商品和服务以及保护消费者权益工作进行监督的权利。消费者有权检举、控告侵害消费者权益的行为和国家机关及其工作人员在保护消费者权益工作中的违法失职行为，有权对保护消费者权益工作提出批评、建议。

(二) 经营者的义务

(1) 经营者向消费者提供商品或者服务，应当依照《中华人民共和国产品质量法》和其他有关法律、法规的规定履行义务。经营者和消费者有约定的，应当按照约定履行义务，但双方的约定不得违背法律、法规的规定。

(2) 经营者应当听取消费者对其提供的商品或者服务的意见，接受消费者的监督。

(3) 经营者应当保证其提供的商品或者服务符合保障人身、财产安全的要求。对可能危及人身、财产安全的商品和服务，应当向消费者作出真实的说明和明确的警示，并说明和标明正确使用商品或者接受服务的方法以及防止危害发生的方法。经营者发现其提供的商品或者服务存在严重缺陷，即使正确使用商品或者接受服务仍然可能对人身、财产安全造成危害的，应当立即向有关行政部门报告和告知消费者，并采取防止危害发生的措施。

(4) 经营者应当向消费者提供有关商品或者服务的真实信息，不得作引人误解的虚假宣传。经营者对消费者就其提供的商品或者服务的质量和使用方法等问题提出的询问，应当作真实、明确的答复。商店提供商品应当明码标价。

(5) 经营者应当标明其真实名称和标记。租赁他人柜台或者场地的经营者，应当标明其真实名称和标记。

(6) 经营者提供商品或者服务，应当按照国家有关规定或者商业惯例向消费者出具购货凭证或者服务单据。消费者索要购货凭证或者服务单据的，经营者必须出具。

(7) 经营者应当保证在正常使用商品或者接受服务的情况下其提供的商品或者服务的质量、性能、用途和有效期限；但消费者在购买该商品或者接受该服务前已经知道其存在瑕疵的除外。经营者以广告、产品说明、实物样品或者其他方式表明商品或者服务的质量状况的，应当保证其提供的商品或者服务的实际质量与表明的质量状况相符。

(8) 经营者提供商品或者服务，按照国家规定或者与消费者的约定，承担包修、包换、包退或者其他责任的，应当按照国家规定或者约定履行，不得故意拖延或者无理拒绝。

(9) 经营者不得以格式合同、通知、声明、店堂告示等方式作出对消费者不公平、不合理的规定，或者减轻、免除其损害消费者合法权益应当承担的民事责任。格式合同、通知、声明、店堂告示等含有前款所列内容的，其内容无效。

(10) 经营者不得对消费者进行侮辱、诽谤，不得搜查消费者的身体及其携带的物品，不得侵犯消费者的人身自由。

（三）国家对消费者合法权益的保护

(1) 国家制定有关消费者权益的法律、法规和政策时，应听取消费者的意见和要求。

(2) 各级人民政府应当加强领导，组织、协调、督促有关行政部门做好保护消费者合法权益的工作。各级人民政府应当加强监督，预防危害消费者人身、财产安全行为的发生，及时制止危害消费者人身、财产安全的行为。

(3) 各级人民政府工商行政管理部门和其他有关行政部门应当依照法律、法规的规定，在各自的职责范围内，采取措施，保护消费者的合法权益。有关行政部门应当听取消费者及其社会团体对经营者交易行为、商品和服务质量问题的意见，及时调查处理。

(4) 有关国家机关应当依照法律、法规的规定，惩处经营者在提供商品和服务中侵害消费者合法权益的违法犯罪行为。

(5) 人民法院应当采取措施，方便消费者提起诉讼。对符合《中华人民共和国民事诉讼法》起诉条件的消费者权益争议，必须受理，及时审理。

第三节　其他法律法规相关知识

城市公共交通特有的服务对象的广泛性、服务方式的开放性和服务作业的分散性等特点，决定了乘务员必须掌握更多的法律知识，从而更好地保护他人和自身的合法权益。本节将重点对《中华人民共和国残疾人保障法》（以下简称《残疾人保障法》）、《中华人民共和国老年人权益保障法》（以下简称《老年人权益保障法》）

等相关法律、法规中与公交乘务工作有关的内容进行简要介绍。

一、《残疾人保障法》

残疾人是指在心理、生理、人体结构上，某种组织、功能丧失或者不正常，全部或者部分丧失以正常方式从事某种活动能力的人。残疾人包括视力残疾、听力残疾、言语残疾、肢体残疾、智力残疾、精神残疾、多重残疾和其他残疾的人。残疾标准由国务院规定。

（一）《残疾人保障法》的基本原则

残疾人在政治、经济文化、社会和家庭生活等方面享有同其他公民平等的权利的宪法原则；“禁止基于残疾人的歧视”原则；国家采取辅助方法和扶持措施对残疾人给予特别扶助的原则。

（二）乘务员应掌握的《残疾人保障法》内容

《残疾人保障法》第三十八条第四款：文化、体育、娱乐和其他公共活动场所，为残疾人提供方便和照顾。有计划地兴办残疾人活动场所。

《残疾人保障法》第四十四条：公共服务机构应当为残疾人提供优先服务和辅助性服务。残疾人搭乘公共交通工具，应当给予方便和照顾；其随身必备的辅助器具，准予免费携带。盲人可以免费乘坐市内公共汽车、电车、地铁、渡船。

《残疾人保障法》第四十六条：国家和社会逐步实行方便残疾人的城市道路和建筑物设计规范，采取无障碍措施。

《残疾人保障法》第四十八条：每年五月的第三个星期日，为全国助残日。

二、《老年人权益保障法》

（一）《老年人权益保障法》的基本原则

国家保护老年人依法享有的权益。老年人有从国家和社会获得物质帮助的权利，有享受社会发展成果的权利。禁止歧视、侮辱、虐待或者遗弃老年人。

（二）乘务员应掌握的《老年人权益保障法》内容

《老年人权益保障法》第三十条：新建或者改造城镇公共设施、居民区和住宅，应当考虑老年人的特殊需要，建设适合老年人生活和活动的配套设施。

《老年人权益保障法》第三十六条：地方各级人民政府根据当地条件，可以在参观、游览、乘坐公共交通工具等方面，对老年人给予优待和照顾。

应知题：

1.劳动合同的概念。

2.劳动合同的履行。

3.劳动合同终止及办理程序。

4.国家对消费者合法权益的保护。

5.《中华人民共和国残疾人保障法》和《中华人民共和国老年人权益保障法》的相关内容。

应会题：

1.依法维护劳动者的合法权益。

2.依法维护乘客利益，为乘客提供周到的服务。

第三章

高级乘务员基本业务知识

第一节 计算机及公交IC卡常识

一、计算机是什么

计算机（Computer）是一种能够按照事先存储的程序，自动、高速地进行大量数值计算和各种信息处理的现代化智能电子设备。在我国，电子计算机被称为“电脑”，也有人称之为PC机。PC是Personal Computer的缩写，即个人计算机。

二、计算机的组成

一个完整的计算机系统是由硬件系统和软件系统两大部分组成的。

（一）硬件系统

什么是硬件呢？所谓硬件，就是看得见、摸得着的实物。对于公交车来说，硬件就是发动机、底盘、车身等。一台计算机的硬件一般有以下几部分。

1.主机

主机是指计算机用于放置主板及其他主要部件

的容器。主机的组成部件如下：

(1) 电源

电源是计算机中不可缺少的供电设备，它的作用是将220V交流电转换为计算机中使用的5V、12V、3.3V直流电，其性能直接影响到其他设备工作的稳定性，进而会影响整机的稳定性。

(2) 主板

主板是计算机中各个部件工作的一个平台，它把计算机的各个部件紧密连接在一起，各个部件通过主板进行数据传输。计算机中重要的“交通枢纽”都在主板上，它工作的稳定性影响着整机工作的稳定性。

(3) CPU

CPU (Central Processing Unit) 即中央处理器，其功能主要是解释计算机指令以及处理计算机软件中的数据。作为整个系统的核心，CPU也是整个系统最高的执行单元，因此，CPU已成为决定性能的核心部件，很多用户都以它为标准来判断计算机的档次。

(4) 内存

内存又叫内部存储器（RAM），属于电子式存储设备。它由电路板和芯片组成，特点是体积小、速度快、有电可存、无电清空，即计算机在开机状态时内存中可存储数据，关机后将自动清空其中的所有数据。它的作用是临时存储数据。

(5) 硬盘

硬盘属于外部存储器，由金属磁片制成，而磁片有记忆功能，所以存储到磁片上的数据，不论是开机，还是关机，都不会丢失。我们日常存的文档、电影、音乐等都是存储在硬盘中的。

(6) 声卡

声卡是组成多媒体计算机必不可少的一个硬件设备，其作用是当发出播放命令后，声卡将计算机中的声音数字信号转换成模拟信号送到音箱上发出声音。

(7) 显卡

显卡在工作时与显示器配合输出图形、文字，其作用是将CPU

送来的数字信号转换成显示器可以识别的模拟信号，传送到显示器上显示出来。

(8) 调制解调器

调制解调器是通过电话线上网时必不可少的设备之一。它的作用是将计算机上处理的数字信号转换成电话线传输的模拟信号。

(9) 网卡

网卡是与网线之间的桥梁，它是用来建立局域网的重要设备之一。

(10) 软驱

软驱用来读取软盘中的数据，软盘存储的信息量较少。随着软盘逐渐被 U 盘所替代，现在大部分计算机已经基本没有软驱了。

(11) 光驱

光驱是用来读取光盘的设备。光盘为只读外部存储设备，其容量一般为 650MB。

2.显示器

显示器是一种将一定的电子文件通过特定的传输设备显示到屏幕上再反射到人眼的显示工具，是计算机必不可缺少的部件之一。

3.键盘

键盘是主要的输入设备，用于把文字、数字等输入到计算机。

4.鼠标

鼠标，全称为显示系统纵横位置指示器，因形似老鼠而得名“鼠标”。当人们移动鼠标时，显示器屏幕上就会有一个箭头指针跟着移动，并可以很准确地指到想指的位置，快速地在屏幕上定位。它是人们使用计算机所不可缺少的部件之一。

5.音箱

通过音箱可以把计算机中的声音播放出来。

6.打印机

通过打印机可以把计算机中的文件打印到纸上，它是重要的输出设备之一。

7.摄像头、扫描仪、数码像机等。

(略)。

（二）软件系统

软件（Software）是一系列按照特定顺序组织的计算机数据和指令的集合。一般来讲，软件被划分为系统软件和应用软件。其中，系统软件为计算机使用提供最基本的功能，但并不针对某一特定应用领域。而应用软件则恰好相反，不同的应用软件根据用户和所服务的领域提供不同的功能。下面我们来讲一下系统软件和应用软件。

1.系统软件

计算机能够完成许多非常复杂的工作，但是它却“听不懂”人们的语言，要想让计算机完成相关的工作，必须由一个“翻译官”把人们的语言翻译给计算机。此时，系统软件就充当这里的“翻译官”，负责把人们的意思“翻译”给计算机，由计算机完成人们想做的工作。

2.应用软件

应用软件是为了某种特定的用途而被开发的软件。它可以是一个特定的程序，如一个图像浏览器；可以是一组功能联系紧密、互相协作的程序的集合，如微软的Office软件；也可以是一个由众多独立程序组成的庞大的软件系统，如数据库管理系统。

三、计算机的工作原理

这里只简单介绍计算机的基本工作原理。

计算机的工作原理和人脑的工作原理相似。人脑通过五官获得各个方面的信息，然后大脑将获得的信息进行存储和分析，再作出相应的判断和决定，这些决定又通过我们四肢或感官表达出来。计算机的工作也是如此，计算机通过键盘、鼠标、光盘等获得外部输入信息，然后经过存储和计算得出结果，并将结果显示在显示器或其他输出设备上，如打印机等。

四、计算机的应用

目前，计算机的应用十分广泛，在我们的日常生活和工作中，计算机扮演着越来越重要的角色，几乎各个行业都有计算机的身影，而且计算机在各个行业中的应用在逐渐加强。由于计算机的应用非常广泛，在这里我们不一一介绍，只介绍一下最常用的Office软件。

Office是一套由微软公司开发的办公软件，Office软件组成有Word、Excel、PowerPoint、OutLook、Front Page和Access。下面主要介绍一下我们最常用的Word、Excel和PowerPoint的功能。

Word是一个文字处理器应用程序。用Word软件可以编辑文字图形、图像、声音、动画，还可以插入其他软件制作的信息，也可以用Word软件提供的绘图工具进行图形制作、编辑艺术字、数学公式等，它能够满足用户的各种文档处理要求。Word软件还提供了强大的制表功能，不仅可以自动制表，也可以手动制表。用Word软件制作表格，既轻松，又美观。

Excel是一个电子表格程序。它可以进行数据的记录、整理、计算、分析以及商业图表的制作，也可以进行信息的传递与共享，现广泛地应用于管理、统计财经、金融等众多领域。

Power Point是制作和演示幻灯片的软件。它能够制作出集文字、图形、图像、声音以及视频剪辑等多媒体元素于一体的演示文稿，把自己所要表达的信息组织在一组图文并茂的画面中，用于介绍公司的产品、展示自己的学术成果。用户不仅在投影仪或者计算机上进行演示，也可以将演示文稿打印出来，制作成胶片，以便应用到更广泛的领域中。利用PowerPoint不仅可以创建演示文稿，还可以在互联网上召开面对面会议、远程会议或在网上给观众展示演示文稿。

五、北京市政交通一卡通系统

我们现在使用的北京市政交通一卡通是一种非接触式IC卡。IC卡是在卡基中镶嵌了一个微电子芯片，做成卡片形式，其大小一般与普通银行卡相同。对非接触式IC卡，芯片完全封装在卡基中，表面没有触点，同时卡基中还封装了一个线圈作为天线，以感应读卡机发出的电磁波。目前，IC 卡已经十分广泛地应用于包括金融、交通、社保等很多领域。

北京公交 IC 卡系统是北京市政交通一卡通系统的一部分，负责北京公交集团所属运营线路（含北京八方达公司的运营线路）上北京市政交通一卡通的应用，包括乘客购卡充值、刷卡消费、交易数据采集、数据结算分账以及其他各项管理功能等。

（一）北京公交 IC 卡系统的总体结构

北京公交 IC 卡系统的总体结构分为五个层面，如图 3-3-1 所示。

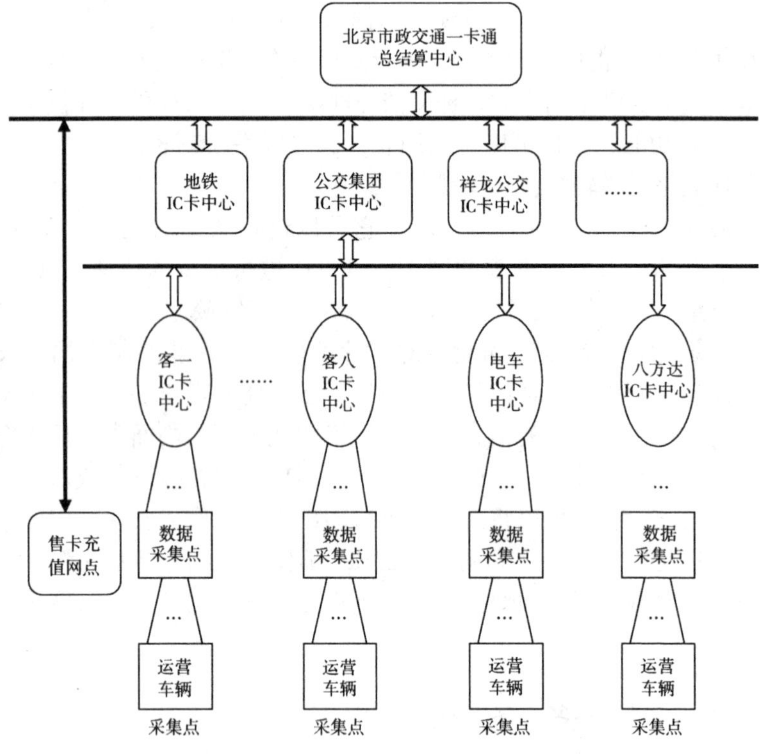

图 3-3-1　北京公交 IC 卡系统的总体结构

第一层为北京市政交通一卡通总结算中心，统一负责整个北京市政交通一卡通系统的发卡、充值、总结算和管理。各售卡充值网点的售卡和充值业务数据由北京市政交通一卡通公司直接收集和管理，北京公交和地铁站的售卡充值均为代办业务。

第二层为行业分中心。在一卡通总结算中心之下，根据应用领域和行业的不同，建立了若干个行业分中心，如公交集团分中心、祥龙公交分中心、地铁分中心、出租分中心以及将来可能与“一卡通”有关的其他分中心等。

第三层为分公司 IC 卡中心。在北京公交集团各分公司和八方达公司也建立了分公司 IC 卡结算中心，负责本分公司范围内 IC 卡数据结算及相关管理工作。目前，共有客一~客七、电车、新奥八方达 10 个分/子公司 IC 卡结算中心。

第四层为数据采集点。数据采集点一般以车队为单位建立，一个车队建立一个，主要建在车队和线路首末站。有的车队同时管理多条线路，并且首末站较为分散，也可以建立多个采集点。

第五层是基本运营单元。对公交来说，目前主要是指各种公交运营车辆。

（二）北京公交 IC 卡的分类

1.乘客卡

乘客卡是指面向乘客发行的一卡通，卡中有一个或多个电子钱包，可以反复充值和消费。目前，在北京公交 IC 卡系统发行和应用的乘客卡主要有以下几种：

（1）普通卡。普通卡面向所有乘客发售，不记名、不挂失，充值限额为 1 000 元。乘公交车时，刷卡四折收费。

（2）学生卡。学生卡只面向各种学生发售，部分中、小学生卡兼用作学籍卡。乘公交车时，刷卡二折收费。

（3）定期计次卡。定期计次卡主要面向外地短期游客发售，又分为 3 日卡、7 日卡、15 日卡等。定期计次卡在规定的时间内允许使用规定的次数，但目前这种卡的发行量和使用量均很低。

（4）月票卡。北京公交 IC 卡系统开通初期还发行有月票卡。这种卡中有两个电子钱包：一个为普通储值钱包，另一个为月票计次区。月票计次区按月充入固定的次数，每次刷卡扣减一次，当月有效。但在北京公交月票取消后，月票功能目前已停止使用，这些卡分别转换为普通卡和学生卡。

(5) 异型卡。异型卡的实际上是指一卡通的外观异型，除退卡方面与普通卡有所区别外，其内部信息结构、使用方法等与普通卡均相同。异型卡外观精巧，印刷精美，推出后深受年轻人的喜爱。

2.公交管理卡

公交管理卡是指专门用于公交 IC 卡系统管理目的的卡，也采用非接触式 IC 卡。目前，已发行使用的公交管理卡有以下几种。

(1) 线路费率卡。线路费率卡用于设置车载机的线路和票制票价费率参数，每条线路配发若干张。在读卡机初次安装使用或改变运营线路时，都要刷线路费率卡。

(2) 驾驶员卡。驾驶员卡是驾驶员的身份标识，每个驾驶员配发一张，用于区分和统计驾驶员的运营收入。每班次运营前，驾驶员都要刷驾驶员卡。这种卡在集团公司实施司售员工卡和工作卡“二卡合一”后逐步取消。驾驶员卡仅限在本分公司范围内使用，驾驶员跨分公司调动时要更换驾驶员卡。

(3) 售票员卡。售票员卡是售票员的身份标识，每个售票员配发一张，用于区分和统计售票员的运营收入。每班次运营前，售票员都要刷售票员卡。这种卡在集团公司实施驾售员工卡和工作卡“二卡合一”后逐步取消。售票员卡仅限在本分公司范围内使用，售票员跨分公司调动时要更换售票员卡。

(4) 采集员卡。采集员卡用于采集车载机中的交易数据，每个采集员配发一张。在采集读卡机中的交易数据时，要刷采集员卡。

3.公交员工卡

公交员工卡是指专门配发给公交员工用于工作和乘车的卡，每名员工配发一张。作为乘车卡使用时，公交员工可乘坐公交集团所属的运营线路和地铁线路，计次但不限次。作为工作卡使用时，公交员工卡取代了原来的驾驶员卡和售票员卡，但仅限在本分公司范围内使用。驾售人员跨分公司调动时，要更换公交员工卡。

目前，集团公司正逐步将员工卡和驾驶员卡、售票员卡进行

"二卡合一"，避免不必要的麻烦，从而方便管理，降低成本。

（三）公交IC卡刷卡机的组成结构

公交IC卡刷卡机的内部主要组成结构如图3-3-2所示。

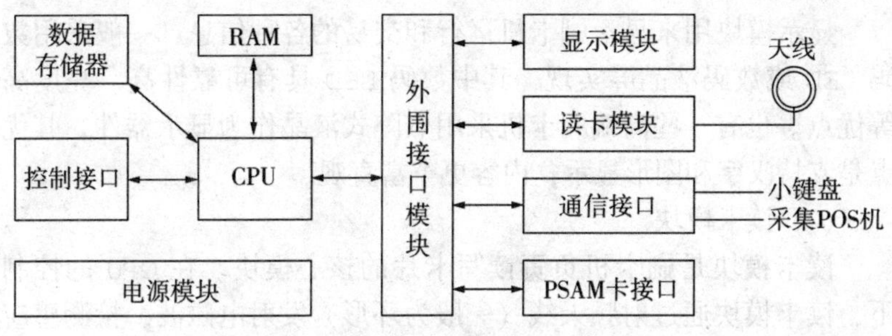

图3-3-2　公交IC卡刷卡机的组成结构

（1）CPU

CPU即中央处理单元，是刷卡机的硬件核心。中低档的刷卡机的CPU一般采用单片机，内部一般都封装了运算部件、片内RAM、程序存储器、定时器、串行端口等基本硬件逻辑。最近也有一些高端的刷卡机采用ARM系列工业控制CPU，带操作系统，能够提供更强大的功能。

（2）RAM

RAM即随机存储器，主要用于存放系统运行过程中的临时变量和数据，具有读写速度快、可靠性高等优点，但一旦断电，数据即丢失，在强电磁干扰情况下也容易出现数据变异。

（3）数据存储器

即使刷卡机关机或掉电，数据存储器中保存的数据也不会丢失，通常采用EEPROM或FLASH实现。刷卡机的运行配置参数、线路费率数据、黑名单数据、IC卡交易记录数据等均存放在数据存储器中。

（4）控制接口

控制接口主要用于开发调试、实验室测试、程序升级等控制目的。

(5) 外围接口模块

外围接口模块是CPU和外围各模块之间的缓冲，用来扩展CPU的输入/输出能力。

(6) 显示模块

显示模块用来显示刷卡机运行和交易的各种信息，一般采用数码LED或数码液晶屏实现，其中数码LED具有可靠性高、亮度高等优点。也有一些高端刷卡机采用点阵式液晶作为显示器件，其优点是支持汉字和图形显示，内容更丰富直观。

(7) 读卡模块

读卡模块是刷卡机负责读写卡片的核心模块。在CPU的控制下，读卡模块通过射频天线（一般为环形）发射电磁波，检测感应区内是否有卡，并对其进行处理。刷卡机发射的电磁波被卡片接收到后经升压、稳压、滤波等处理，还可作为卡片的工作电源。

(8) 通信接口

刷卡机通常需要与车载小键盘、数据采集POS机进行通信。通信接口使刷卡机具有与其他设备相互通信的能力。

(9) PSAM卡接口

PSAM卡接口可提供CPU对PSAM卡的访问支持。PSAM卡是刷卡机中用于保证卡片交易合法和安全的专用认证模块。

(10) 电源模块

电源模块用于给刷卡机内各模块提供稳定的工作电源。刷卡机的输入电源一般从车辆电瓶获取，因此要求刷卡机的电源模块具有宽电压范围、大电流输出、稳压、滤波、过压保护、过流保护等功能。

第二节　应用文书写作知识

公文写作是管理人员的一项基本能力，作为高级乘务员，应当了解掌握一些应用文的写作知识。这项基本能力主要包括：信息采集研究能力、文体格式运用能力、炼意构思能力、文字表述能力等。本节根据服务工作的实际需要介绍几个常用文种的写作。

一、通知

(一) 通知的概念

通知适用于批转下级机关公文，转发上级机关和不相隶属机关的公文；发布规章；传达要求下级机关办理和有关单位需要周知或者共同执行的事项；任免或聘用干部。通知大多属下行公文。

(二) 通知的种类

1.印发、批转、转发性通知

用于印发本级机关，批转下级机关，转发上级机关、同级机关和不相隶属机关的公文以及发布某些行政法规等。

2.指示性通知

上级机关对下级机关某一项工作作出指示和安排，而根据公文内容又不必用“命令”或“指示”时，可使用这类通知。

3.知照性通知

用于告知各有关方面周知的事项等。这种通知发送对象广泛，对下级、平级均可发送。

4.事务性通知

用于上级机关对下级就某一具体事项布置工作，交待任务；同级机关及不相隶属的单位之间就某一项具体工作的进行或某一具体问题的解决要求对方配合、协助办理等。

5.任免、聘用通知

上级机关对任免、聘用的人员用通知的形式告知下级机关。

(三) 通知的格式及写法

通知的格式，包括标题、称呼、正文、落款。

1.标题

标题写在第一行正中。可只写“通知”二字，如果事情重要或紧急，也可写“重要通知”或“紧急通知”，以引起注意。有的在“通知”前面写上发通知的单位名称，还有的写上通知的主要内容。

2.称呼

写被通知者的姓名或职称或单位名称，在第二行顶格写。有时因通知事项简短内容单一，书写时略去称呼直起正文。

3.正文

另起一行，空两格写正文。正文因内容而异。开会的通知要写清开会的时间、地点、参加会议的对象以及开会内容，还要写清要求。布置工作的通知，要写清所通知事件的目的、意义以及具体要求和做法。

4.落款

分两行写在正文右下方，一行署名，一行写日期。

参考范例

会议通知

各客运分公司、八方达公司：

为了做好《公共汽电车客运服务规范》等五项地方标准的贯彻实施工作，交通委运输局定于11月11日召开宣贯大会，请公交集团有关部门参加，现将有关事项通知如下：

一、会议地点：北京密云瑞海姆田园度假村。

二、会议时间：11月11日（星期三）下午2:30至12日中午12:00。

三、参会人员：请各单位运营部、服务部各委派1名部长参加会议。

四、注意事项：

1.11月11日（星期三）下午2点前报到。

2.11月12日（星期四）中午饭后返回。

3.参会人员务必携带身份证，驾驶员不住会。

联系人××× 电话：63961837

集团公司五项规范宣贯办公室

2009年11月8日

二、报告

（一）报告的概念

报告适用于向上级机关汇报工作、反映情况、提出意见或者建议，答复上级机关的询问。报告属上行文，一般产生于事后和事情过程中。

（二）报告的种类

1.综合性报告

综合性报告是将全面工作或一个阶段许多方面的工作综合起来写成的报告。它在内容上具有综合性和广泛性，写作难度较大，要求较高。

2.专题性报告

专题性报告是针对某项工作、某一问题、某一事件或某一活动写成的报告，在内容上具有专一性。

3.回复报告

回复报告是根据上级机关或领导人的查询、提问作出的报告。

（三）报告的格式及写法

1.标题

包括事由和公文名称。

2.上款

收文机关或主管领导人。

3.正文

正文结构与一般公文相同。从内容方面看，报情况的，应有情况、说明、结论三部分，其中情况不能省略；报意见的，应有依据、说明、设想三部分，其中设想不能省去。从形式上看，复杂一点的要分开头、主体、结尾。开头使用较多的是导语式、提问式给出总概念或引起注意。主体部分可加二级标题或分条加序码。结尾部分可展望、预测，也可省略，但结语不能省。打报告要注意做到：情况确凿，观点鲜明，想法明确，口吻得体，不要夹带请示事项。

4.结语

呈转报告的要写上“以上报告如无不妥，请批转各地参照执行”。最后，写明发文机关、日期。

参考范例

关于与市民李××联系回访情况报告

×××副总经理：

按照你的批示，3月10日上午，我们与给市长和交通委写信反映45路公交车报站机扰民问题的市民李××取得了电话联系，现将情况报告如下：

我们首先向对方说明受上级领导和集团公司老总委托，与其相约共同探讨治理报站机扰民事宜，对方始终坚持必须与高层领导对话的要求，拒绝与我们见面，导致回访工作无法继续进行。

虽然与市民李××当面回访受到阻力，但是我们治理报站机扰民工作仍未停顿。针对李××所反映莲花晴园站报站机扰民问题，拟采取以下措施：

1.责成专线和电车分公司再次对沿线的45路和650路车队进行叮嘱，莲花晴园站全天停用报站机外音报站。

2.加强对该站报站机使用情况的监控，对不按要求使用报站机的人员进行经济考核。

3.对报站机扰民情况做一次调研，在摸清所有运营线路沿线报站机有可能造成扰民问题站点的基础上，与天路纵横科技公司协商，删除扰民站点的外音报站信息，以便从根本上解决报站机扰民问题。

特此报告

服务部

2009年3月10日

三、计划

计划是为了实现一定时期的目标决策而制订出总体和阶段的任务及其实施方法、步骤和措施的公文。它用来制订单位在一定阶段的具体行动纲领。

从企业实际看，计划主要有以下几种：

一是长期计划，其特点是时间长，内容综合性强，带有全局性、方向性的考虑，通常称之为纲要、规划，如《创建文明行业三年工作规划》、《2009—2012 年员工教育培训纲要》。

二是方案、意见，一般由集团公司提出，向所属单位布置工作、交代政策，这种计划比较全面且原则性意见较多。

三是短期计划，就是我们平常所说的计划、要点、专项工作安排等，其特点是时间短，限期完成，一般局限在一个单位，侧重于工作的步骤和方法。

计划的依据是党和国家有关方针政策、主管部门下达的指标、任务。制订计划是为了使工作得到宏观的控制，更好地促进工作朝着有序、高效的方向发展。在写计划时，要注意调查研究，处理好多种关系，从实际需要出发，计划的目标、任务、措施、方法和步骤一定要具体明确，切忌说空话、套话。

计划的表达形式一般采用条文式和表格式两大基本类型。另外，还可以是这两种类型的综合体，既有情况、道理的说明，又有表格的逐项填写，或以表格为主，辅以文字说明。

一份计划的结构大致由标题、正文和落款构成。

（一）标题

计划的标题即为计划的名称。通常由三部分构成：单位、期限和计划种类，也就是什么单位在什么时限的什么计划，如《××分公司××××年工作安排》。有时，第一、二部分可以省略，如《2008 年精神文明建设安排》。

单位名称，如果是上报的计划，要写入标题；如果是本单位用的，则可以省略或者写在文末落款处。

时限，如是暂时的单项工作，可以省略，如《公交集团公司财务大检查工作安排》。总之，标题要做到简洁、明了。正式计划要写发文编号。

计划根据不同的特点，可以用表示计划的不同的文种来称呼，如规划、安排、要点、设想等。不过，这些名称用起来略有不同。通常而言，计划的适用性最广；规划用于较长时间的、内容较广的计划；安排适用于短时间内的工作计划；设想用于粗线条的预测；而要点则是对工作重点的概括。

（二）正文

计划的正文是计划的关键部分。通常，正文由前言和主体两大部分组成，不少计划还有一个结尾部分。如果计划的标题里没有单位名称，则落款要有制订单位、制订时间。有的计划除正文之外还有附表和附图。

1.前言

计划的前言通常用来说明制订计划的指导思想、依据等内容，也就是说明为什么要制订计划、根据什么制订计划等。它包括：制订计划是依据上级的哪些文件、哪个指示或者哪个会议的精神、本单位的基本情况等。

前言是计划的总纲，用以统率计划全文。前言的字数没有什么限制，通常应该与整个计划规模相适应。前言的结构可以用一段式、两段式或者多段式。有的大型计划，其前言又时常以绪论形式出现，而绪论中又另有自己的前言。

2.主体

主体是计划的事项部分，这部分内容应该包括任务目标、措施办法和要求三部分。以上三者称为计划三要素。

（1）任务目标是完成任务所应该达到的具体目标，即做什么。它通常不是泛泛地写，而是清楚地表明做到什么程度（质量要求）以及完成任务、达到目标的期限。

（2）措施办法就是计划中为达到目标所要采取的具体办法，也就是怎么做，是回答“做什么”的问题，包括具体的组织分工，进程和步骤安排，人力、物力的合理有序和方式、方法等。这部分要求写得详细、具体、周密，具有切实的可操作性与实践性。

(3) 要求主要是对目标任务完成的质量、时间和数量上的要求，回答“做得怎样”、“何时完成”之类的问题。在质量上，要达到什么标准、什么水平、什么程度；在数量上，要达到什么指标；在时间上，何时能完成该项工作。若想多、快、好、省地实现计划目标，就需要在要求这一项里加以具体设计。

计划的三要素是相互联系的：没有目标或者目标不明确，计划就失去了方向；没有具体的措施，目标就难以实现；而没有具体要求，实现目标的效率质量就没有保障。三者之间是互相依存、缺一不可的。

3.结尾

这是计划的辅助、补充部分，可以写一些计划正文不宜写的内容，如计划制订过程和修改时什么人提出好的意见等；也可以对计划实现时的情景予以展望，给人以鼓励；还可以发出些号召。

4.落款

落款要写明制订计划的单位名称。如果标题中已经注明了单位，这里可以不再署名。最后，标明计划制订的时间（年、月、日）。

参考范例

公交集团公司 2010 年服务工作要点

2010 年是全面落实科学发展观和胡锦涛总书记视察北京交通重要讲话精神、努力建设人民群众满意公交的重要之年，也是落实集团公司第二次党代会要求、巩固迎保奥运和新中国成立 60 周年成果、迎接首都文明行业复验、整体服务再上新台阶的关键之年，现就 2010 年服务工作安排如下。

基本思路：以胡锦涛总书记视察北京交通重要讲话精神为指导，牢固树立科学发展观，围绕“一条主线”、依托“一个载体”，落实“七个规范”，实现“三个一样”目标，努力建设人民群众满意公交，即：围绕迎接文明行业复验这一主线，树立“航空”服务理念，展现公交文明形象；依托贯彻车厢标准化服务规范这一载体，不断规范服务标准，提高车厢服务质量；落实文明行为规范、文明用语规范、车质车容规范、服务设施规范、仪容仪表规范、饰品佩戴规范和文明行车规范，努力实现“车车一样、人人一样、趟趟一样”的目标，为市民提供安全、便捷、文明、规范的公交服务。

一、树立“航空”服务理念，规范服务标准

树立“航空”理念是满足乘客需求、服务乘客、尊重乘客、建设人民群众满意公交的需要，是提高管理水平、提升服务质量、展示首都公交文明形象的需要，也是提高企业社会效益和经济效益、促进首都公交科学发展的需要。各单位要深刻领会树立“航空”服务理念的重要意义，明确树立“航空”服务理念的核心要义是以“以人为本”为先导、以规范服务为先决、以执行车厢标准化服务为载体，确保各项标准整齐划一。

1.制订规范，明确标准

积极树立“航空”服务理念，要依托《车厢(站台) 标准化服务规范》，进一步加强细节管理。集团公司将根据出车前、行驶中、收车后三个工作环节，在2月底前，选择一条线路，制作完成《车厢标准化服务指南》和教育光盘（一线一册一盘)，对乘务人员一次出乘行为进行规范。《车厢标准化服务指南》重点突出“七个规范”：一是文明行为规范，做到坐姿端庄、立姿端正；二是文明用语规范，做到三报标准，语言文明；三是车质车容规范，做到车容整洁、车质达标；四是服务设施规范，做到设施完好、置放统一；五是仪容仪表规范，做到着装规范、体貌整洁；六是饰品佩戴规范，做到从小、从细、从一；七是文明行车规范，做到行车平稳、文明礼让，认真执行进出站“七必须、七不准”工作要求。各单位要参照集团公司制作的《车厢标准化服务指南》和教育光盘，以线路为单位，在一季度前，分别制作出每条线路的《车厢标准化服务

指南》和教育光盘。同时，要进一步加大无人售票线路的管理，规范无人售票车的服务标准，不断完善服务设施。

2.加强教育，强势推进

各单位要全力做好《车厢标准化服务指南》的宣贯工作，广泛发动，采取学习、培训、观摩、研讨等形式，开展多层次、多形式的教育活动，进一步提高全员执行规范的自觉性。各车队要强势推进《车厢标准化服务指南》施行，采取全员培训、逐一考核、合格上岗的方式，确保全员知晓率、执行率均达到100%。

3.加强检查，营造氛围

要加强对全员执行情况的检查辅导，采取专业干部检查、稽查队抽查、调位互查等方式，广泛开展检查活动，坚持边整边改，实现车厢服务标准的规范、统一、持续，做到执行标准"车车一样、人人一样、趟趟一样"。同时，集团公司将以迎接文明行业复验为契机，进一步发挥典型示范作用，全面启动"树立'航空'理念，塑造文明形象，再创服务新水平实践活动"，根据各单位的实际情况，制订验收方案，确定验收标准，于年底前实现全员达标，激发全员文明待客、规范服务的积极性，进一步营造氛围，扎实推进车厢标准化服务规范的落实。

二、接受创建复验，巩固创建成果

1.成立组织机构，做好复验准备

为做好迎接首都文明行业复验的各项工作，集团公司将于一季度成立以党政主要领导牵头的迎接复验工作领导小组和以主管领导为组长的迎接复验工作应急办公室。同时，为进一步做好复验工作，集团公司还将成立文件整理组、宣传报道组、服务接待组、问题整改组、沟通联络组五个迎检工作的专项工作组。各单位也要成立相应的领导机构，加强对复验工作的组织领导。

2.总结创建经验，深入动员发动

集团公司将适时召开迎接首都文明行业复验动员大会，全面总结实现创建目标后取得的成功经验，分析形势，查找差距，部署推动复验工作。基层单位要层层进行发动，强势推进，营造浓厚氛围，提高全体员工对文明行业复验工作的认识，增强责任感和紧迫感。各单位要将迎接复验工作作为今后一个时期的中心工作，精心部署，认真安排，制订强有力的措施，落实责任，确保各项工作落到实处，取得实效。

3.完善创建档案，开展自查自验

各单位要在一季度，对照《首都文明行业考评细则》，从领导高度重视、规章制度健全，行业稳步发展、业务成绩显著，环境整洁优美、秩序安定井然，宣传教育深入、创建活动扎实，提高服务水平、广大群众满意五个方面，收集整理近两年制订下发的各类文件资料，形成《文明行业专题档案》；同时，结合集团公司“车内卫生清洁日”、“满意度调查”等相关制度的实施，充实完善创建档案。要积极做好创建档案的自检自查，确保文件资料的详实、齐全、有效。

三、创新管理方式，加强基础管理

1.完善指标体系

完善车厢标准化服务合格率考核指标，增加标准化服务人次合格率、车容整洁车次合格率、车厢服务设施标志完好率三项指标，进一步加大对基层单位的考核力度，提高专业管理干部的执行力，促进整体服务水平的提高，完善公交运营服务质量评价体系，将调整后的考核指标充实到评价体系之中，确保评价体系的科学合理。

2.健全规章制度

为进一步加强车辆清洁管理，提高车内清洁水平，集团公司将建立“车内卫生清洁”制度，把双月20日定为车内卫生清洁日，安排机关干部、稽查员、专业管理人员，采取调位互查、蹲点检查的方式，在活动日当天利用数码摄像机、照相机等现代化多媒体手段，开展大规模的车辆卫生检查。各单位要根据车内卫生清洁日制度的施行，充分发挥党团员、车组成员作用，提前搞好车内清洁，在活动当日掀起高潮，组织全员开展车内卫生大清理活动，达到物见本色的标准。要参照《集团公司车辆清洁管理办法》的相关标准，确定一定数量的车辆清洁示范车和车辆清洁示范线。

建立满意度调查制度。年中聘请社会调查公司对各客运单位进行一次乘客满意度调查，年末集团公司组织开展一次乘客满意度调查；各客运单位每季度要在重点地区、重要站点开展一次乘客满意度调查，广泛征求群众意见和建议。

建立交通服务热线现场办公制度。开展多层面现场办公活动，每半年组织各单位业务经理和专业部室领导到热线进行一次现场办公；每季度各单位安、运、服专业部门组织基层专业干部到热线进行一次现场办公；各单位要提前三个工作日，将参加现场办公的时间、人员、人数上报交通服务热线。交通服务热线每季度以简报形式，通报各单位现场办公情况。

建立定期走访制度。各单位每年要召开两次社会监督员座谈会，主动征求意见，落实改进措施，确保整体服务水平的提高。要加强与市、区乘车办的协调沟通，适时召开座谈会、协调会，及时解决实际工作中存在的问题。各车队每月要对沿线文明乘车引导员进行走访，不断改进运营生产中存在的难点、热点问题。

建立信息沟通制度。加强与调度指挥中心的协调沟通，遇线路调整、特殊天气，交通服务热线要及时与公交调度指挥中心取得联系，通力协作，共同处理各类突发问题；要加强与天路纵横公司的沟通联系，根据线路调整，及时做好车辆电子服务设施宣传内容的更新。

完善政风行风热线管理制度。按时限、按要求做好网民来信的办理工作，做到件件有着落、事事有回音；充分发挥稽查队作用，定期抽查网民信件办理的落实情况，做好2010年度政风行风热线督查评议的准备工作；高度重视政风行风建设，认真做好市纠风办民意测评结果的整改，提高群众认可程度；积极走进政风行风直播间，在线与网民沟通，及时了解市民需求，制订改进措施，认真落实整改，确保群众满意度的提升。

3加强稽查管理

强化专职稽查队管理，利用IC卡后台查询系统和车厢站点的图像采集系统，加强对专职稽查员工作状态和工作质量的监测，纠正稽查员的不规范行为。积极开展综合大检查活动，每季度开展一次千人次调位互查。加强对站台的监控；基层服务干部要定期对站台服务情况进行检查，确保人员在岗履职；落实站台违章违纪三联单制度，充分发挥中途站文明乘车引导员的作用，对进出站工作进行有效监督。

四、加强队伍建设，提升管理水平

1.加强专业干部学习培训

制订和完善专业干部的培训计划，组织开展调研、座谈、答卷等形式多样的培训活动，特别是要加大对新任和年轻专业干部的培训力度；组织开展2~3期集团公司范围内的集中培训，要重点突出培训知识的实用性和实效性，确保学以致用、学有所用，不断提升专业干部的业务技能和管理水平。

2.加强专业干部相互交流

适时组织开展服务管理经验交流活动，为专业干部搭建相互学习、经验共享的平台，不断提高管理人员的综合素质。建立服务专业干部轮岗锻炼制度，定期组织人员到集团公司轮岗学习，不断拓宽视野，提高工作能力。

3.强化专业干部管理考核

加强对服务专业干部履职情况的检查，根据服务干部岗位职责，定期对服务专业干部日常管理工作进行检查指导，发现不足，落实整改。加强对服务监理挂牌制度的检查，落实首问责任制，确保各类乘客来电、来访、投诉等事项得到合理解决。

五、加强培训教育，不断提高全员素质

各单位要根据2010年的总体工作目标，以开展规范服务标准、展示文明形象为载体，认真做好驾驶员、乘务员、稽查员和站台服务人员的二级教育，即分公司、车队两个层面教育，从岗位职责、服务意识、服务礼仪、服务技能、规章制度、应急预案等知识进行系统培训。同时，抓好系统演练，即应急预案的演练，使每一名乘务员都能做到知预案、懂要求、会操作，全面提高乘务员服务技能和应对突发事件的能力。

各单位要根据《车厢（站台）标准化服务规范》的修订，有针对性地开展专题培训，不断拓展服务理念，延伸服务内容，突出以人为本，做好特殊群体的服务工作，努力营造和谐的车厢氛围。要教育全体乘务员，执行工作规范，始终保持高水平的服务质量，特别要突出做好对特殊人群的照顾，将主动照顾贯穿于车厢和站台服务的全过程。要教育乘务员在车厢服务过程中，积极宣传有序乘车，礼貌让座，确保专座专用。在低峰时间，遇到特殊乘客乘车，售票员（监票员）要坚持主动搀扶，下车服务并叮嘱安全。

服务部

2009 年 12 月

点评：这是一份综合性工作计划，是对 2010 年集团公司服务专业工作的全面部署，具有全局性、指导性，是各单位开展工作、落实任务指标的依据。这份计划的名称是“要点”，但内容较为具体明确，各层次之间是根据全年的主要任务，按事物的内在联系安排的，结构严谨,条理清楚。表达形式采用条文式,内容简明扼要、语言流畅、通俗易懂。

四、工作总结

总结是对已经做过的事情进行认真回顾，全面检查，系统分析，并给予正确评价，从而肯定成绩和经验，找出缺点和教训，揭示事物的本质和规律，作为今后的借鉴。反映这样一个过程和结果的书面文字材料，称为工作总结。

目前，企业使用比较多的总结类型有:全面工作总结，如《2002—2005 年素质建设工程总结》；年度工作总结，如各单位全年工作总结；专题工作总结，如《××分公司迎保奥运工作总结》；个人工作总结，如管理人员在每年在绩效考核中的个人工作总结等。

在写总结时，要注意如实反映情况,抓住中心，突出重点，实事求是地将自己的成绩、经验、问题总结出来，为今后工作和其他单位的工作提供借鉴。工作总结都是第一人称写法，它的表达方式是以叙述为主，兼有议论，在总结基本情况和做法时用叙述，在分析原因、总结经验教训时用议论。

总结的结构一般由标题、正文和文尾三部分组成。

（一）标题

标题大多采用两种形式：一种是公文式标题，由单位名称、时间、内容、文种四项要素组成，如《公交集团公司 2008 年后勤工作总结》，这四项要素可根据实际情况有所省略；另一种与新闻标题十分类似，常用于经验性、专题性总结，在标题中往往不出现“总结”字样，但内容体现总结的性质，如《认清形势抓住重点积极调整结构大力推进公交全面协调可持续发展》。这种形式的标题有的还可以加上一个副标题，如上面这个总结可以加上副标题——《公交集团公司2007 年工作总结》。

（二）正文

正文分前言和主体两部分。

前言简练地交代总结的依据、目的和基本情况，给人以总的印象。具体写法多种多样：如开头写根据什么精神，为了什么目的，对什么问题作如下总结；也可以概括介绍情况；还可以用提问、对比等方法开头。这段文字应写得概括简练。

主体是总结的核心部分，它的基本内容包括情况综述、成绩与经验、问题与方向三个部分。

情况综述——主要介绍基本情况（任务、背景条件、依据等）、基本过程（时间、地点、情况、做法、措施等）和基本结果（成绩、问题等），说明在什么情况下完成了什么任务，采取了什么主要措施，收到了什么效果等。这一部分一般写得比较概括。情况综述的内容可以与前言结合起来写，也可以揉在经验里写。

成绩与经验——工作总结的侧重点。它是工作实践中抽象出来的规律性认识，对今后工作具有重要的指导作用，占有比较长的篇幅。这一部分要有理有据，通过翔实的材料，切实、明确地把新的经验总结出来。分析经验产生的主客观条件，通常采用纵横比较的方法，使人清楚地看到事物的发展变化和先进落后的状况，从而揭示出其中的必然规律。这是达到一定的理论深度和提高领导水平的关键所在。

问题与方向——这一部分应当简明扼要，找出主要问题，明确今后的努力方向。查找问题要在准确上下功夫；努力方向要明确、可行。

总结的主体结构形式灵活多样，可以根据情况而定。可以用条文式，把总结内容综合起来，逐条写；也可以用并列式，把总结内容按性质归纳成几个方面的问题分别写；还可以按照事物发展的过程，围绕中心分阶段总结。总之，无论怎么写都是可以的，只要把基本内容组织好、观点明确就可以，不必拘泥于一种形式。

(三）文尾

在正文的右下方写上单位名称，注明总结成文日期。如果在标题中已有单位名称，可以不再署名。

参考范例

公交集团公司 2009 年服务工作总结

2009 年是践行科学发展观、巩固奥运和创建成果、落实公交优先发展战略、建设人民群众满意公交的重要之年。服务专业按照乘车秩序巩固年和温馨服务照顾年的总体要求，不断加强培训教育，积极拓宽服务思路，健全完善服务规范，深入开展了落实科学发展观、提高整体服务水平、迎保新中国成立 60 周年实践活动，确保了整体服务水平持续稳步提升，实现了“一消灭、一杜绝、一完成”的工作目标，即消灭严重投诉、杜绝服务纠纷、圆满完成新中国成立 60 周年交通服务保障任务。

一、强化培训教育，完善服务规范，确保服务水平稳中有升

1.加强专项培训，服务老年乘客

为了做好 65 岁以上老年人免费乘车，集团公司服务部先后制订下发了《关于做好 65 岁以上老年人免费乘车服务工作的通知》、《关于进一步做好老年人免费乘车服务工作的通知》，各单位按照集团公司的要求，以“敬老服务五条宣传用语”和“处理老年人免费乘车服务中遇到问题13个怎么办”为主要内容，加强对乘务员的培训教育，使乘务员熟练掌握了老年人免费乘车的优待政策和处理具体问题的原则及方法，受到了老年乘客的称赞和上级领导的认可。

2.修订服务标准，积极倡导人性化服务

为了统一服务标准和行为规范，集团公司服务部在广泛征求基层服务管理人员和一线员工代表意见的基础上，经过反复讨论研究，对车厢、站台两个标准化服务规范进行了修订和完善，并于4月21日正式下发执行。修订后的车厢、站台标准化服务规范，仍然以使用文明服务用语、倡导文明服务行为和创造文明服务环境为主线，确定了新形势下的车厢、站台服务标准。同时，结合站台秩序巩固年活动的开展和65岁以上老年人免费乘坐公交车优待政策的实施，集团公司配合基建部门完成了33处老年人优先乘车绿色通道的改造任务，使集团公司绿色通道总数达到了65处。在每月11日的排队推动日活动中，通过设立宣传站，组织党团员、青年志愿者到重要站台进行示范引导；组织专业干部、稽查员到中途站进行规范进出站的专项治理，提高站台服务水平，实现了乘客自觉排队候车，维护了良好的乘车秩序。

3.加强专业干部队伍建设，促进服务管理水平提升

3月中旬，集团公司服务部在清河公交党校举办了社会监督主管人员培训班，对各客运分公司、八方达公司及所属分公司各专业社会监督主管人员进行了为期两天的脱产培训。培训重点涉及来信来访、政风行风、服务热线、公交网站、社会监督员等多种渠道质量信息办理规范和公交运营服务质量评价体系实施办法等，对办好社会监督信息起到了指导和促进作用。结合《公共汽电车客运服务规范》等五项地方标准的宣贯和加强服务质量管理、企业精神文明建设及站台秩序管理，12月上旬，集团公司对各客运分公司和八方达公司及所属分公司52名服务专业干部进行了为期两天的培训。培训期间，集团公司还组织参加培训人员就公交如何树立航空服务理念进行了讨论，并进行了办班结业考试。通过培训，进一步拓展了

服务干部的专业知识，为服务管理水平的提高起到了促进作用。

二、扎实开展实践活动，圆满完成国庆交通服务保障任务

1.加强领导，精心组织，确保实践活动有序开展

为传承奥运精神，巩固创建成果，以最佳的工作状态迎接新中国成立 60 周年，制订下发了《落实科学发展观，提高整体服务水平，迎保新中国成立 60 周年实践活动》工作方案，组织召开实践活动启动大会，对此项活动进行专题部署。各单位分别制订了实施细则和考核标准，为实践活动提供了制度保障。同时，为加大宣传力度，集团公司还制订下发了《关于加强迎保新中国成立 60 周年实践活动信息报送的通知》，要求各单位每周向集团公司文明办上报一篇信息。全年各单位共计上报信息276 篇，集团公司刊发《实践活动专刊》42 期。

根据实践活动进度安排，7 月中旬，集团公司组织召开了实践活动转型会，对宣传教育阶段工作进行了全面总结，对竞赛冲刺阶段的各项工作作了专题部署。各单位紧紧围绕竞赛冲刺阶段和“三保一迎”百日安全行动的工作重点，迅速行动、统筹安排，结合自身实际，纷纷召开转型会，加紧安排竞赛冲刺阶段各项工作。

2. 广泛发动，深入动员，确保实践活动有声有色

为提高全员对实践活动的认识，集团公司确定了实践活动宣传口测内容，要求各单位利用宣传栏、黑板报、发放宣传卡片等形式，对全体员工进行广泛的宣传，做到人人皆知。为激发全员参与活动的积极性，各单位认真贯彻集团公司精神，迅速落实、广泛发动，召开了 300 余场次、10 万余人次参加的内容丰富、声势浩大的动员誓师大会，使实践活动深入到每个岗位和每名员工。同时，制订下发了《“传承奥运精神，巩固创建文明行业成果，建设群众满意公交”主题教育活动的安排》，编写了宣讲提纲，开展了以“我让乘客满意”为主题的征文演讲活动。各单位根据集团公司要求，围绕“一保障、一杜绝、一降低”的总体目标，开展了不同形式的系列主题教育活动。此外，在活动期间，集团公司还组织各客运分公司、八方达公司服务专业干部、市级线路司售代表、市级车组司售

代表近700人，采取随车观摩的形式到1路车队进行了神州第一路“十领先”标准的观摩学习。通过一系列活动的开展，使全体员工服务意识得到了明显提升，各项工作掀起了比、学、赶、帮、超的良好氛围。

3.练兵比武，提高技能，增强员工业务素质

根据《公交集团公司关于开展职工职业技能竞赛的通知》精神，全系统服务专业广泛开展了演讲讨论、观摩学习、练兵比武等形式的技能竞赛活动。据不完全统计，各级服务专业共计开展各种培训练兵活动或技能预赛活动200余场次，参加人员近19 600多人次，大大增强了一线员工的业务技能素质。

4.加强检查，监控到位，确保服务水平稳中有升

为确保实践活动取得实效，集团公司先后在实践活动的每个阶段组织实施了多层面、高覆盖的专项检查。一是专业对口检查；二是文明办综合抽查；三是各公司调位互查；四是督导组监督检查。专项检查共出动专业管理人员2 972人次，专职稽查员2 004人次，检查运营线路621条、27 376车次，纠正各类问题1 021件，进一步提高了广大驾乘人员规范服务的自觉性。

5.团结协作，奋力拼搏，圆满完成国庆迎保任务

为确保国庆期间服务工作的万无一失，集团公司服务专业、统筹安排、精心组织，认真落实各项工作措施。交通服务热线根据乘客需求，深入挖潜、增人延时，接点量创出新高。10月1日，交通服务热线共接乘客来电42 936件，比去年同期40 070件上升7.15%。各单位根据节日客流变化，及时调整服务时间，增人加岗，应对客流高峰，确保了站台秩序良好。广大乘务员认真执行规范、热情服务、主动照顾，展现了首都公交员工的良好风貌，受到了乘客的一致好评。2009年全年共计收到乘客表扬44 776件，比去年同期增加5 031件，上升12.66%。

三、加强社会监督和基础管理，建立健全规范可控的管理体系

1.广泛接受社会监督，狠抓持续改进

2009年，在社会监督方面，一是继续坚持乘客投诉督办制度和

各级领导干部和管理人员每月到热线接听投诉电话、现场处理服务问题的制度。全年基层单位服务专业干部和管理人员（共计10批126人次）先后到公交服务热线进行现场办公，认真解决乘客不满意问题，积极为乘客办实事、办好事，兑现公交承诺，取信于民，维护和树立了公交良好形象。二是充分发挥社会监督员作用，对公交服务实行全方位监督。三是走进直播间，直接与市民乘客沟通对话，解答市民乘客关注公交的焦点问题，使公交服务更加开放透明、贴近百姓，让市民群众更加了解公交、理解公交、信任公交，为首都公交的和谐持续发展献计献策。

为充分发挥公交社会监督员的作用，及时了解掌握公交整体运营服务水平，集团公司认真落实社会监督员检查制度，合理安排社会监督员上路进行检查，全年共计检查线路1 469条、3 196车次、89处场站，收到表扬324件，问题166个。各单位对社会监督员反馈的问题高度重视，认真落实整改措施。截至目前，所有问题均已得到合理解决。

2.健全工作机制，加强基础管理

为客观公正科学地评价公交整体服务质量，集团公司建立了以车厢（站台）标准化服务检查情况、乘客投诉、满意度调查、社会监督员评价为核心的公交运营服务质量评价体系；组织各单位投诉主管人员进行专题培训，进一步提高了各单位的重视程度。各单位分别制订了实施办法，加强服务质量管理，积极采取有效措施降低投诉，使全年整体服务水平得到显著提升。同时，集团公司分别聘请社会调查公司和组织稽查员对所属十二个客运单位进行了两次乘客满意率问卷调查，综合满意率为92.9%。

规范站台管理。根据《北京市突发公共事件总体应急预案》和公交集团公司《重特大生产安全事故和突发事件应急救援方案》精神，制订出台了《公交首末站台管理办法》，明确了站台分类、人员配置和管理方式，特别是对应对站台突发问题，制订了应急措施，为公交首末站台管理提供了有力保障。

开展专题调研。制订下发了《关于开展服务专题调研的通知》，围绕如何引入航空式服务理念，如何落实车厢标准化服务规范，如何加强无人售票线路管理以及如何进一步加强服务专业干部队伍建设的四项内容开展了专题调研。积极开展服务干部培训活动，组织各单位服务干部进行服务质量和精神文明建设工作的培训，不断提高服务专业队伍的整体素质。

规范档案管理。结合服务管理的新变化，对服务基础管理台账目录进行了重新归类，确定了八大类、近 30 项的服务管理台账目录。建立了服务专业管理人员库，并对全体服务专业干部的年龄结构、文化程度、从事本专业时间进行了统计、分析，进一步了解掌握了服务专业干部的基本情况。

3.开展专项检查，清理卫生死角

针对新闻媒体批露“部分公交车内扶手座椅藏污纳垢”的问题，集团公司服务部和公交稽查总队先后下发了《关于开展清理车厢卫生死角活动的通知》和开展车辆清洁调位检查活动的“2009 年 2 号稽查令”，在全系统掀起了清理整顿车辆卫的新高潮。4 月 17~19 日，开展了为期三天的卫生大清理活动，各客运分公司和八方达公司共计出动服务专业管理人员 2 972 人次，对所属运营车辆进行了拉网式清理，共计检查运营车 17 089 辆，占总车数的 92.28%，清理车厢各类卫生死角 4 225 项。4 月 20 日、21 日，又出动专职稽查员 1 764 人次，开展了为期两天的调位互查活动，共计检查运营线路 498 条，检查运营车辆 9 087辆，指出纠正各类清洁问题 1 021 件。

为了积极探索建立车辆清洁长效机制，解决好车厢内的卫生死角问题，服务部在开展调研的基础上，制订了保持车辆清洁的长效措施。一是实行清洁专业化的线路，可以通过修订补充合同协议的方式堵塞车辆清洁管理上的漏洞；二是未实行清洁专业化的要形成相关制度，做到落实到位、责任到人；三是加强车辆清洁的检查考核，对执行不力、问题较多的线路要给予通报批评，限期整改。

4.加强行风建设，重新公布车厢“三项规定”

为了加强公交政风行风建设，进一步规范公交乘务员的服务行为和乘客的文明乘车行为，根据人大代表、政协委员的建议、提案以及政风行风热线市民意见，集团公司于9月底，在所有运营车车厢内重新张贴了集《公共汽车电车车票使用办法（节选）》、《乘客文明守则》和《乘务人员工作守则》为一体的“三项规定”标志。同时，要求各单位结合“迎保新中国成立60周年实践活动”的开展以及安全巡查工作的要求，号召乘务员依法依规倡导文明乘车行为，执行服务规范，落实工作守则，兑现服务承诺。公交政风行风热线共接到网民来信3 358件，答复办结3 256件，答复办结率达96.96%，退信35件。信件答复满意率达92.63%，名列全市前茅。

四、加强精神文明建设，营造文明社会风尚

1.深入开展“迎讲树”活动，努力营造良好氛围

为积极推进首都文明办发起的“迎国庆讲文明树新风”活动，营造良好的社会氛围，集团公司下发了《公交集团公司关于开展“迎国庆讲文明树新风”活动方案》，并积极参与首都文明办开展的“双创双评”活动，确定了11处候选站台和16名候选个人。组织各单位积极参与候选站台和个人的宣传评选工作，在33处公交首末站台设立了投票台，设置手机、电脑，方便了广大乘客投票。协调北广传媒、巴士在线在16 000部车载电视上，对“迎国庆讲文明树新风”活动宣传口号进行宣传。同时，各单位充分利用每月11日——排队推动日，在各个重点站台设立宣传站、咨询台，开展便民服务、引导乘客自觉排队，营造了良好的宣传氛围。经过努力，集团公司在首都“迎奥运讲文明树新风”活动中，被首都文明办授予组织奖单位的称号；客七分公司120路左家庄等3处站台、客三分公司5路德胜门站台服务人员马素琴等3名同志分别被授予“我最满意的公交地铁站台”和“我最喜爱的文明引导员”荣誉称号。

2.加强文明单位建设

集团公司制订下发了《关于申报2009年首都文明单位的通知》，对十一个客运单位进行首都文明单位复验。结合首都文明办2009年“首都文明单位”评选申报要求，协同有关部门对初报单位进行审核，最终推荐客六、电车、专线、双层、北汽五个单位参加2009年度“首都文明单位”的评选。

深入开展"集团公司文明单位"争创活动，制订下发了《公交集团公司关于开展文明单位验收（复验）的通知》，对八方达、保修、长途、物业、燃料、广安商贸等12家单位进行了"集团公司文明单位"的验收。目前，八方达公司已成为"集团公司文明单位"，其他11家单位待公示后，正式授予荣誉称号。

3深入开展志愿服务行动

根据《首都国庆60周年志愿者工作方案》精神，集团公司全面启动了公交志愿服务行动，制订了工作方案，成立了领导机构，并组建了公交上会随车志愿者、常规线路安保志愿者和站台义务服务志愿者三支队伍，共计11 500人。为确保志愿者队伍业务水平的提高，对全体志愿者应对突发事件"十八个怎么办"、乘务礼仪、职业道德等进行了专题培训；下发《志愿者工作手册》和《国庆60周年志愿者基本行为规范手册》14 000余册，并为全体志愿者配发了志愿者服装。在国庆演练和活动当天，广大志愿者充分发挥模范带头作用，严格遵守志愿者"四禁"令，以昂扬的斗志、必胜的信心、过硬的作风，把国庆服务保障措施落到实处，确保了各时间节点运营保障任务的完满完成。

五、存在问题和不足

1.专业管理水平有待进一步提高

各单位之间存在不平衡现象，体现为执行力不够，在贯彻落实上级精神意图上不能一杆到底，直接制约了服务整体水平的稳步提高。

2服务一般化问题没有根本解决

执行车厢服务标准还不够规范、统一；无人售票线路驾驶员服务态度问题仍然比较突出；车厢内卫生死角问题较多，外部清洁都能达到要求，但是车厢内的清洁死角成为显而易见的问题。

3服务质量监控力度有待加强

检查形式、覆盖面、频次还需进一步完善。稽查员整体素质、执行力和履职能力有待提高。

点评：这是一份服务专业的年度工作总结。全文总结回顾了2009年服务专业以迎保新中国成立60周年庆典为中心，从加强对员工的培训教育、完善服务规范入手，确保服务水平稳中有升，以加强社会监督和基础管理、建立健全规范可控的管理体系为保障措施，以加强精神文明建设为载体，以扎实开展实践活动为有力抓手，营造文明社会风尚，圆满完成国庆交通服务保障任务。同时，总结了工作中的问题和不足。这份总结重点突出，详略得当，不仅总结了成绩，而且把感性认识上升到理性认识，对今后工作有一定借鉴作用，体现了总结的价值所在。

五、典型经验材料

经验是人们针对某一实践活动，将对成功因素的分析和研究上升为理性认识，从而归纳概括出来的做法、体会、规律。反映上述具有指导性、代表性的做法、体会、规律的文字材料称之为典型经验材料。

从典型范围看，典型经验材料可分为集体的典型经验材料和个人的典型经验材料；从典型性质看,可分为正面典型经验材料和负面典型经验材料；从典型内容的涵盖性上看，可分为综合性的典型经验材料和个案性的典型经验材料。

典型经验材料的特点：只谈典型经验,不言其他；就事论事，实事求是。

（一）典型经验材料的写作

1.标题

标题有多种写法，通常是把典型经验高度集中地概括出来，一般不采用公文标题的写法。例如，公交集团保卫部有一份典型经验材料的标题是《十大超常措施确保平安奥运》。这种集中概括出来的标题，既包含正文中各部分典型经验的内容，又非这些内容的简单重复，是典型经验的主题。

2.开头

一般是展示典型经验的背景材料和突出的成果。背景材料包括典型的自然情况、社会背景等，既要写出典型经验出现的环境，又不能冗长、罗嗦。成果要概括写出最为突出之点，并尽可能与背景材料相映衬。也可以把成果放在材料的尾部来写，这要根据具体材料安排。

3.主体

对典型经验的具体展开，是典型经验材料的核心部分。写作这部分内容，一般是从总体上把典型经验按照一定的逻辑关系分成几个部分。这几个部分都是紧紧围绕标题，服务于标题，说明标题；各部分之间要有内在联系，但不能互相重复，要相对独立地处在一个统一体内。

一般来说，这部分内容的表述既要有思想，又应有具体做法或实例；既要有面上的综合，又应有点上的说明，最好还有一些必要的数字。

4.结语

这一部分是对主体部分的归纳、概括、强调，以达到深化主题的目的。也可以写些自己的差距和不足,表明继续做好工作的愿望。

（二）典型经验材料的难点提示

写作典型经验材料的难点在于对规律的揭示上。主要表现在：一是不知道典型经验材料有什么内在规律；二是不知道如何使总结出来的经验更具有指导性；三是对如何提炼经验观点感到无从下手；四是对选取的经验实例怎样更具有典型性把握不准。

采写典型经验材料，一是要站在时代的高度。要提炼出有时代意义，满足时代需求，以推动社会发展。二是要体现上级精神。党的方针政策和各项规章制度是大家共同遵守的，这是共性要求。哪个单位执行效果好、成效大，推广出来无疑具有很强的指导性。三是要抓住个性特征。要着眼于执行上级精神过程中呈现出的共性问题，找出我们单位或个人是如何结合实际解决这些问题的，使之表现出鲜活的个性色彩。四是要具有推广价值。推广经验不是推广成绩，而是推广典型取得成绩的灵魂——经验之所在，方法之所在。而这种经验还要对别人有指导意义，从中得到启示，值得借鉴。否则，经验再好，也只是摆不到桌面上的“土”办法。

就经验观点的提炼来讲，其思维方向主要有三个：一是提炼一种做法；二是提炼一种作风；三是提炼一种精神。

选用经验实例的方法如下：

(1) 突出时代特色，选择重大的典型实例；

(2) 选择最佳角度，从平凡事例中找出不平凡的实例；

(3) 科学概括，从众多事例中归纳出有说服力的实例；

(4) 排除争议，发现被假象掩盖的闪光实例。

参考范例

十大超常措施确保平安奥运

公交集团保卫部

2008年10月

举世瞩目的2008年北京奥运会（以下简称“奥运会”）圆满结束，北京公交集团公司举全集团之力，圆满地完成了奥运赛事交通、常规地面公交和平安奥运三大任务，实现了万无一失的奋斗目标。集团公司保卫系统以最高的工作标准、最严密的工作措施、最好的精神状态，日夜奋战，顽强拼搏，兑现了“十个确保”工作目标的庄严承诺，胜利收获了平安奥运“金牌”，向党和人民上交了一份满意的答卷。

回顾公交集团在“平安奥运行动”各个阶段的工作历程，在集团公司党政的正确决策和坚强领导下，保卫系统始终把“平安奥运”放在首位，坚持专群结合、群防群治，采取了一系列超常措施，取得了最佳的实效。

一、超常排查化解，实现维稳“双零”目标

集团公司党政始终坚持把维护首都稳定放在首位。奥运会前，郑总、张总全面听取了所属单位党政一把手维稳工作汇报，研究解决重点矛盾纠纷的方法。主管领导杨总、程总多次召开维稳工作联系会，指导、协调、督促各责任单位化解重点矛盾纠纷。为确保实现市委市政府提出的维稳工作“双零”目标，集团公司采取了超常的化解措施：一是在全系统开展了党政领导干部大接访活动。通过接访、约访、下访、联合接访，集中解决了一批重点矛盾纠纷。二是成立了平安奥运和谐稳定保障组，把排查出的各类矛盾纠纷进行梳理，逐一落实责任、落实包案领导和工作措施，全力以赴开展工作。三是按照市委提出的“四个到位”开展工作，即对诉求合理的解决到位，对诉求无理的教育解释到位，对行为违法的配合公安机关依法处理到位，对生活困难的帮扶救助到位，使各类矛盾纠纷得到化解、缓解或达到可控状态，实现了维稳工作“双零”目标。

二、超常防控，车车有人，反恐防爆成效显著

公共交通反恐防爆是奥运安保工作的重点，按照市委市政府要求，从8月1日开始，公交集团全面启动安检工作，每天有4万多名驾乘人员、安保巡查人员佩戴红袖标到公交运营车上维护安全秩序，做到从首车到末车，650条公交运营线路，车车有专职、兼职安保巡查人员，双层车层层有人。

为规范安检工作，公交集团根据国家和本市有关法律、法规规定，印制了1 600份《关于禁止携带易燃易爆危险品乘坐公共汽电车的通告》，张贴在各个公交首末站和枢纽站，制作了“禁止携带易燃易爆危险品目录”卡片7.8万张，每个驾乘人员和安保巡查人员人手一张。为了让外国乘客了解此规定，制作了22 000张“北京公交集团安检提示”中英文双语卡片，做到一车一张。

广大驾乘人员、安保巡查员，按照“逢包必问、可疑必查、违禁拒乘、视情报警”的原则，对乘客携带的物品一看、二闻、三问、四查。奥运会期间，共劝阻乘客携带违禁品上车1 222起。长途公司检查进出站乘客111万人次，检查出违禁品734件。公交安检措施的全面落实，对各类违法犯罪起到了控制、震慑、驱赶、挤压的作用，有效地维护了公共交通的治安秩序。

三、超常宣传发动，推动群防群治工作深入扎实开展

为加强对全体员工的安全防范宣传教育，树立反恐防爆意识，落实各项反恐防爆措施，集团保卫部编写印发了《平安奥运信息员手册》7万本；印制了“十八个怎么办”展板690块，张挂在每个车队的调度室；发放《公交集团安保巡查工作手册》8万册，并且与宣传部共同制作了《驾乘人员运营中遇到治安问题怎么办》和《平安奥运，我们的责任》两部处置突发事件的专题教学片。编写印发如此大量的安保宣传材料，在公交集团保卫工作历史上是空前的。

声势浩大的宣传教育收到了很好的效果。“平安奥运、重于泰山、奥运平安、人人有责”成为公交人的共识，对平安奥运重视的程度、参与的广度达到历史最高水平。“车车有人、逢包必问，可疑必查、违禁拒乘、视情报警”这 20 个字，干管人员、驾乘人员、安保巡查员都能熟记于心，落实于行动。奥运会期间，公交集团驾乘人员共发现和报告各种涉及公交治安的信息 694 件，妥善处置了运营中发生的各类突发事件，公交运营车上没有发生一起重大恶性案件，公交员工为维护首都的安全稳定做出了突出的贡献。

四、超常审查，确保上会人员的政治质量

公交集团承担着奥运交通服务保障任务，为确保上会人员的政治质量，集团公司与公交总队加强协作配合，充分利用公安系统信息资源，采取了超常的政审措施。首先，对直接为奥运会服务的人员进行背景资料审查，进而对所有运营单位人员、乃至全员的背景资料审查。通过审查，及时发现和掌握各类重点人员，确保上会人员政治可靠，使企业对职工队伍有了更加全面的了解，做到情况清、底数明。这种措施是空前的，工作量非常大。对查出的各类重点人员，在进一步核实排查的基础上，各单位都落实了责任人，加强了教育转化力度，采取了有效的控制措施，落实管控责任，确保奥运会期间的安全问题。

五、超常培训，厉兵秣马 提升企业整体防控能力

根据奥运安保工作需要，为提高各级保卫人员和保安警卫队伍综合素质，集团公司和各单位都分层级开展了不同形式、不同内容的培训工作。集团公司两次对全体保卫干部集中培训，还对 176 名安保员进行了集中培训。

各单位按要求对全体保卫人员和安保员进行了集中培训。对全体员工进行了以“十八个怎么办”为重点的培训教育，组织员工学习《公交员工奥运培训手册》，观看“平安奥运，我们的责任”等反恐防爆教学片，使在岗职工教育面达到了 100%。各单位都分别对看车护厂警卫人员进行了奥运安保突发事件处置、警卫人员基本素质、技能等方面的培训。

集团公司和各单位都进行了突发事件处置的演练。公交集团、市消防局、公交总队联合进行了公交车运营中突发事件的演练，市领导和交通委、运输局、集团公司领导通过卫星转播观看了演练。如此大规模的联合实战演练在集团公司尚属首次。二季度，各单位都以不同形式开展了各种应急预案的演练。集团公司各单位共开展与公安机关联合演练 6 次，二级单位综合演练 23 次，基层车队、车间演练257 次，近 2 万人参加了演练。

六、超常守护，确保公交场站实现“三不”

为确保公交场站安全，各单位采取了一系列超常措施：一是加强人防。落实 24 小时守护责任制，每个停车场站夜间有管理人员值班，并有值班驾驶员。奥运会期间，集团公司共增加保安警卫力量364 人。二是稳定保安队伍。坚持以人为本，提高了保安服务费，改善了保安工作生活条件，组织保安积极参加百日安全竞赛和平安奥运竞赛。奥运会期间没有发生保安警卫流失问题。三是加强技防。奥运会前，各单位加大了技防投入，有 65 个场站安装了图像监控系统，升级改造图像监控系统 10 处，安装周界报警系统 85套，安装电子巡查系统 2套。八方达公司和保修分公司新建了图像信息监控平台，进一步提高了防范的技术含量。

为全面落实公交场站 24 小时守护责任制，许多单位克服了常人难以想象的困难。例如，新奥分公司偏远停车场站较多，有的车队的末站无水、无电、无正常值班条件，他们自购帐篷，每天只带一把手电、两瓶水，和保安警卫人员同甘共苦。超常的防控、守护措施，实现了集团公司领导提出的“不着、不爆、不盗”的工作要求。

七、超常整改，安全隐患得到有效治理

为确保运营生产安全，集团公司多次组织开展安全检查，对各类安全隐患进行全面排查，投入巨资进行整改，使各类安全隐患明显减少，确保发现的安全隐患得到有效治理。

一是投资 4 301 万元，电车分公司完成了在市里挂帐的 6 个电车供变电站改造工程；二是彻底解决了在立交桥下用流动加油车加油的重大隐患；三是陆续建成了 180 座撬装式加油站，整改了公交流动加油隐患；四是各单位积极主动治理了一批停车密集隐患，被列为集团公司安全隐患的 17 处停车场站有 11 处完成整改、4 处得到有效缓解、2 处落实了相应的应急安全措施；五是为 1033 部运营车、旅游车、抢修救援车、生产辅助用车安装了自动灭火装置。

八、超常奖励，激励人人当好平安奥运信息员、安全员

为实现“平安奥运”目标，集团公司采取了三项重大措施：一是开展奥运百日安全竞赛，投入资金 1 个亿；二是进行平安奥运专项奖励，再投入 1 亿元；三是落实车车有人，动员一线员工加班、组织二、三线人员上车，按规定发放加班补助费，再投入 1 亿元。为保一项重大赛事平安，开展两项竞赛，投入三亿资金，这在公交历史上是空前的。各单位也拿出奖金，及时奖励平安奥运行动中涌现出的好人好事。奥运会期间，公交集团驾乘人员共发现和报告各种信息694 件，各单位共奖励 153 件，公交总队共奖励 75 件。

8 月 26 日，运五分公司 637 路驾乘人员妥善处置劫持公交车事件。对此，集团公司下发了通报，与公交总队联合召开表彰奖励大会，对驾驶员刘文会、售票员马伟国各晋升一级星级技效工资，并奖励5 000元。在奥运会前，集团公司刚通过《奖惩条例》，晋升一级星级技效工资的首次兑现就用于奖励为平安奥运做出突出贡献的驾乘人员。

九、超常联动，及时妥善处置各类突发事件

在奥运会期间，公交集团与公交总队在信息联通、方案制订、场站守护、宣传发动、安全检查、重点管控、矛盾化解、突发事件处置、表彰奖励等方面都建立了联动机制。公交总队组建奥运场站团队与各运营单位紧密合作，共同维护场站秩序和运营安全秩序。公交开展全面安检，集团公司和公交总队及时奖励妥善处置运营中的突发事件和安检工作中涌现出的好人好事，促进了反恐防爆和安检工作的深入开展。为加强对公交运营车辆的安保巡查工作的指导和快速反应，公交总队向各运营单位派驻了民警。奥运会期间，集团公司和各单位保卫部门与内保支队、公交管辖派出所经常组织开展各种形式的联合检查，促进了安保措施的全面落实。

十、超常努力，保卫系统实现“十个确保”目标

为了向市委市政府上交平安公交这份满意的答卷，集团公司保卫系统付出了超常的努力。为加强现场管理，奥运会期间，各级领导和保卫部门每天都在公交场站进行检查。集团公司开展的奥运“百日竞赛”，对运营单位保卫系统来讲也可以叫“百日夜查”。奥运会期间，运营单位的夜查工作一天没有停止过，每个保卫部门平均只有 4~5 人，这些保卫人员几乎天天值班，经常不分昼夜地工作，非常辛苦。通过各级各单位的反复检查，有效地防止了火灾和各类案件的发生。

奥运会各种排练共 302 次，大型彩排和开闭幕式共计 12 次。为了保证公交车辆停放安全，各有关运营单位保卫部长带队，配备足够的保安警卫人员现场守护。在酷热的夏季，这些保卫人员白天受到太阳暴晒，夜间受到蚊虫叮咬。他们整天在奥林匹克中心场站忙碌着，连开闭幕式的现场转播也没有看到，但他们对此毫无怨言，默默奉献。

回顾奥运期间的保卫工作，“平安奥运”目标的顺利实现，一是集团公司党政正确决策、坚强领导、率先垂范的结果；二是全体公交员工积极参与、群防群治、共同努力的结果；三是与公安消防部门、特别是公交总队相互支持、团结协作、共同奋斗的结果；四是全体保卫人员尽职尽责、顽强拼搏、无私奉献的结果。艰巨、紧张、繁重的奥运安保实践，再次展示出公交保卫队伍是公交企业的忠诚卫士，是一支能打硬仗、默默奉献、勇于拼搏、连续作战的可靠队伍。

我们要认真总结奥运安保经验和方法，把可以“制度化”的经验和措施转化为制度，建立长效机制。对奥运安保工作中暴露出的“短板”要进行补充，全面提升公交集团保卫工作整体防范水平，为公交集团全面、协调、可持续发展创造良好的内部安全秩序。

点评：这篇典型经验材料可以用个四个“新”和两个“突出”来概括，即立意新、思想新、角度新、经验新,突出时代特色、突出公交特色。在总结实际工作的基础上挖掘出他人没有尝试的方法、途径，给人以耳目一新的感觉。经验材料题目新颖，直奔主题,《十大超常措施确保平安奥运》一题让人看了题目就想看内容。每一项措施，就是一个经验。超常的措施取得了最佳的实效：兑现了“十个确保”工作目标,收获了平安奥运“金牌”。在经验的总结中概括提炼出具有普遍指导意义的规律，说他人所未言，起到了解放思想、拓展思路、指导实践的作用。

训练题：

以本公司的名义写一篇简报。简报报道从下列题目中任选一题：

1.报道本公司或本车队（车间）拾金不昧的好人好事；

2.报道本公司或本车队（车间）文明服务的事迹或开展的相关活动。

写作要求：

(1) 自拟标题；

(2) 要求写一个导语；

(3) 使用材料准确,报道内容真实；

(4) 符合公文的文体要求和语言要求,字数在600字左右；

(5) 中心明确、层次清楚、语言简明、字迹工整。

第三节　企业文化

一、企业文化是什么

企业文化的概念是企业为解决生存和发展的问题而树立形成的、被组织成员认为有效而共享并共同遵循的基本信念和认知。企业文化集中体现了一个企业经营管理的核心主张以及由此产生的组织行为。

企业文化就是企业成员共同的价值观念和行为规范。通俗地讲，就是每一位员工都明白怎样做是对企业有利的，而且都自觉自愿地这样做，久而久之便形成了一种习惯，再经过一定时间的积淀，习惯成了自然，成为人们头脑里一种牢固的观念，而这种观念一旦形成，又会反作用于（约束）大家的行为，逐渐以规章制度、道德公允的形式成为众人的行为规范。

企业文化是指企业在实践中，逐步形成的为全体员工所认同、遵守、带有本企业特色的价值观念、经营准则、经营作风、企业精神、道德规范、发展目标的总和。

二、企业文化的内容

企业文化主要应包括以下几点。

（一）经营哲学

经营哲学，也称企业哲学，是一个企业特有的从事生产经营和管理活动的方法论原则。它是指导企业行为的基础。一个企业在激烈的市场竞争环境中，面临着各种矛盾和多种选择，要求企业有一个科学的方法论来指导，有一套逻辑思维的程序来决定自己的行为，这就是经营哲学。例如，讲求经济效益，重视生存的意志，事事谋求生存和发展，就是日本松下公司的战略决策哲学。北京蓝岛商业大厦创办于 1994 年，它以诚信为本、情义至上的经营哲学为指导，以情显义、以义取利、义利结合，使之在创办三年的时间内营业额就翻了一番，跃居首都商界第 4 位。

（二）价值观念

所谓价值观念，是人们基于某种功利性或道义性的追求而对人们（个人、组织）本身的存在、行为和行为结果进行评价的基本观点。可以说，人生就是为了价值的追求，价值观念决定着人生追求行为。价值观不是人们在一时一事上的体现，而是在长期实践活动中形成的关于价值的观念体系。企业的价值观，是指企业职工对企业存在的意义、经营目的、经营宗旨的价值评价和为之追求的整体化、个异化的群体意识，是企业全体职工共同的价值准则。只有在共同的价值准则基础上，才能产生企业正确的价值目标。有了正确的价值目标，才会有奋力追求价值目标的行为。因此，企业价值观决定着职工行为的取向，关系企业的生死存亡。只顾企业自身经济效益的价值观，就会偏离社会主义方向，损害国家和人民的利益，还会影响企业形象。只顾眼前利益的价值观，就会急功近利，搞短期行为，使企业失去后劲，导致灭亡。我国老一代的民族企业家卢作孚（民生轮船公司的创始人）提倡个人为事业服务，事业为社会服务，个人的服务是超报酬的，事业的服务是超经济的，从而树立起服务社会、便利人群、开发产业、富强国家的价值观念。这一为民为国的价值观念促进了民生公司的发展。北京西单商场的价值观念以求实为核心，即提供实实在在的商品、实实在在的价格、实实在在的服务。在经营过程中，严把商品进货关，保证商品质量；控制进货成本，提高商品附加值；提倡“需要理解的总是顾客，需要改进的总是自己”的观念，提高服务档次，促进企业的发展。

（三）企业精神

企业精神是指企业基于自身特定的性质、任务、宗旨、时代要求和发展方向，并经过精心培养而形成的企业成员群体的精神风貌。

企业精神要通过企业全体职工有意识的实践活动体现出来。因此，它又是企业职工观念意识和进取心理的外化。

企业精神是企业文化的核心，在整个企业文化中起着主导地位。企业精神以价值观念为基础，以价值目标为动力，对企业经营哲学、管理制度、道德风尚、团体意识和企业形象起着决定性的作用。可以说，企业精神是企业的灵魂。

企业精神通常用一些既富于哲理，又简洁明快的语言予以表达，以便于职工铭记在心，时刻用于激励自己，也便于对外宣传，容易在人们脑海里形成印象，从而在社会上形成个性鲜明的企业形象。例如，王府井百货大楼的“一团火”精神，就是用大楼人的光和热去照亮、温暖每一颗心，其实质就是奉献服务；西单商场的“求实、奋进”精神，体现了以求实为核心的价值观念和真诚守信、开拓奋进的经营作风。

（四）企业道德

企业道德是指调整本企业与其他企业之间、企业与顾客之间、企业内部职工之间关系的行为规范的总和。它是从伦理关系的角度，以善与恶、公与私、荣与辱、诚实与虚伪等道德范畴为标准来评价和规范企业。

企业道德与法律规范和制度规范不同，不具有强制性和约束力，但具有积极的示范效应和强烈的感染力，当被人们认可和接受后，具有自我约束的力量。因此，它具有更广泛的适应性，是约束企业和职工行为的重要手段。中国老字号同仁堂药店之所以能三百多年长盛不衰，在于它把中华民族优秀的传统美德融于企业的生产经营过程之中，形成了具有行业特色的职业道德，即济世养身、精益求精、童叟无欺、一视同仁。

（五）团体意识

团体，即组织。团体意识是指组织成员的集体观念。团体意识是企业内部凝聚力形成的重要心理因素。企业团体意识的形成使企业的每个职工把自己的工作和行为都看成是实现企业目标的一个组成部分，使他们对自己作为企业的成员而感到自豪，对企业的成就产生荣誉感，从而把企业看成是自己利益的共同体和归属。因此，他们就会为实现企业的目标而努力奋斗，自觉地克服与实现企业目标不一致的行为。

（六）企业形象

企业形象是企业通过外部特征和经营实力表现出来的、被消费者和公众所认同的企业总体印象。由外部特征表现出来的企业的形象称为表层形象，如招牌、门面、徽标、广告、商标、服饰、营业环境等，这些都给人以直观的感觉，容易形成印象；通过经营实力表现出来的形象，称为深层形象，它是企业内部要素的集中体现，如人员素质、生产经营能力、管理水平、资本实力、产品质量等。表层形象是以深层形象为基础。没有深层形象这个基础，表层形象就是虚假的，不能长久地保持。由于公交企业主要是提供服务和保障车辆正常运行，与乘客接触较多，所以表层形象显得格外重要，但这不意味着深层形象可以放在次要的位置。又如，北京西单商场以“诚实待人、诚心感人、诚信送人、诚恳让人”来树立全心全意为顾客服务的企业形象，而这种服务是建立在优美的购物环境、可靠的商品质量、实实在在的价格基础上的，即以强大的物质基础和经营实力作为优质服务的保证，从而实现表层形象和深层形象的结合，赢得了广大顾客的信任。

（七）企业制度

企业制度是在生产经营实践活动中所形成的，对人的行为带有强制性，并能保障一定权利的各种规定。从企业文化的层次结构看，企业制度属中间层次，它是精神文化的表现形式，也是物质文化实现的保证。企业制度作为职工行为规范的模式，使个人的活动得以合理进行，内外人际关系得以协调，员工的共同利益受到保护，从而使企业有序地组织起来为实现企业目标而努力。

三、企业文化的特点

企业文化作为一种文化，具有以下几个特点。

（一）独特性

企业文化产生于不同企业，每个企业有其独特的文化氛围、企业精神、经营理念，有自己的价值观，因此所形成的企业文化也是各不相同的。

（二）难交易性

企业文化是为该企业内部成员所认同的、并用来教育新成员的一套价值体系（包括共同意识、价值观念、职业道德、行为规范和准则等）。例如，A 企业优秀的企业文化，是能被 A 企业成员认同的一套价值体系，能极大地促进 A 企业的发展，但适用于 A 企业，不一定能被 B 企业成员认同，也不一定能适合 B 企业，对 B 企业未必能起到促进作用。

（三）难模仿性

现代企业的核心竞争力、技术创新可以模仿，但企业文化不能模仿。企业文化有其独特性，是一套非常复杂的价值体系。

四、企业文化的作用

企业文化在企业的发展中起了巨大的作用，是企业的灵魂。

（一）企业文化推动企业提高核心竞争力

最近的研究认为，企业竞争力是指在竞争性市场中，一个企业所具有的、能够持续地比其他企业更有效地向市场（消费者，包括生产性消费者）提供产品或服务，并获得赢利和自身发展的综合素质。

国际著名的兰德公司经过长期研究发现，企业的竞争力可分为三个层面：第一个层面是产品层，包括企业产品生产及质量控制能力、企业的服务、成本控制、营销、研发能力；第二个层面是制度层，包括各经营管理要素组成的结构平台、企业内外环境、资源关系、企业运行机制、企业规模、品牌、企业产权制度；第三个层面是核心层，包括以企业理念、企业价值观为核心的企业文化、内外一致的企业形象、企业创新能力、差异化个性化的企业特色、稳健的财务、拥有卓越的远见和长远的全球化发展目标。第一个层面是表层的竞争力；第二个层面是支持平台的竞争力；第三个层面是最核心的竞争力。从这一结论中我们可以看出，企业文化对企业增强竞争力的重要作用。

企业文化的内容简单明确，企业价值观得到组织成员的广泛认同。在这种价值观指导下的企业实践活动中，企业的主要成员会产生使命感，员工对企业及企业的领导人、企业形象将产生强烈的认同感。这是企业文化成为企业发展内在动力的基础。

（二）企业文化促使企业可持续成长

众所周知，物质资源总有一天会枯竭，但是企业文化却是生生不息的，它会成为支撑企业可持续成长的支柱。世界上著名的“长寿”公司都有一个共同特征，就是他们都有一套坚持不懈的核心价值观，有其独特的企业文化。企业文化的本质体现在其核心价值观上，企业可持续成长的关键是其核心价值观要被其接班人确认，接班人又具有自我批判的能力，这样就能使核心价值观在适应技术与社会环境变化的前提下得以继承和延续。近年来，众多企业所提倡的第二次创业，其目标实际上就是可持续成长。第二次创业的主要特点是要淡化企业家的个人色彩，强化职业化管理，把人格魅力、个人推动力变成一种氛围、形成合力，以推动和引导企业的正确发展。

虽说没有好的企业文化的企业也可以成长，但没有好的企业文化的企业却难以实现可持续成长。没有企业文化就好像没有灵魂，没有指引企业长期发展的明灯，从而无法获得牵引企业不断向前发展的动力。文化不解决企业赢利不赢利的问题，文化只解决企业成长持续不持续的问题。从这个意义上说，我国企业能否不断长大成为世界级企业，成为“长寿”公司，与企业文化建设的成败有着密切关系。

如果一个企业没有好的企业文化，它就会失去持续发展的动力，最终走进失败的深渊。国内有一些小企业不注重企业文化的建设，在短期内，企业经营状况可能不错，但是这种状况不会持久，这些企业经不起时间的考验。由于没有企业文化的引导，企业就像失去灵魂一样，最后在竞争中被淘汰。在20世纪80年代，陕西省的黄河电器是一家知名的电器企业，该厂生产的黄河彩电曾经一度畅销，但是由于管理落后，没有形成自己的一套优秀的企业文化，最终在激烈的竞争中销声匿迹。

（三）良好的企业文化是企业网罗人才、留住人才的制胜法宝

在当今社会，知识经济时代的来临使人才成为企业生存和发展的关键。企业取得大量的优秀人才，并留住人才，对企业的发展来说是非常重要的，因为这些是能够推动企业实现升值的人力资本，对这些人才的争夺已经成为当前国际竞争的一个重要方面。

我国加入世界贸易组织后，跨国公司纷纷看好我国市场的发展潜力。在我国本土企业和跨国企业在争夺资源和市场的同时，越来越多的本土优秀人才也成为国内外企业竞相争夺的目标，这就使人才争夺战越演越烈。然而，在这个人才争夺战中，最吸引人才的不

是金钱，而是企业文化。

五、公交企业文化建设的特征

长期以来，公交企业一直把加强企业文化建设、培养和造就符合社会主义市场经济要求的“四有”职工队伍、提高职工综合素质和整体服务水平作为企业发展的重要因素。进入21世纪以后，公交企业在深化改革、加快发展的基础上，把加强企业文化建设作为重要手段，推动各项工作，以素质教育培训为龙头，制订了符合公交行业发展的企业文化体系，形成了具有公交行业特点的企业视觉识别规范、企业行为识别规范和企业理念识别规范，构建了完整的公交企业文化理念。

通过全面导入企业文化CIS系统，讲求经营之道，培育企业精神，塑造企业形象，规范统一企业行为，尊重广大职工的主人翁地位，不断提高职工的思想道德素质和企业综合实力，促进公交企业持续、快速、健康发展。通过探索实践，形成具有首都公交特点的企业理念识别规范、行为识别规范、视觉行为规范，并以此对加入公交企业的职工进行企业文化方面的宣传教育，使之培育企业精神，树立共同理想和价值追求，为促进企业两个文明建设协调发展、建设现代化的首都公交提供智力支持和思想保证。

企业理念识别系统（MI）主要包括：企业目标、企业宗旨、企业精神、企业价值观、企业信条、企业传统、管理原则、服务准则、质量方针、企业作风、企业口号等。

企业视觉识别系统（VI）主要包括：基础设计系统、应用设计系统和环境设计系统。基础设计系统即企业的标志和与之相关的规范设计；应用设计系统即企业标志在车辆、场站、站牌、工装、办公设施等各种地方的应用；环境设计系统即企业标志在公交企业各种生产环境中的应用和体现。

企业行为识别系统规范（BI）主要包括：员工职业道德规范、员工着装举止规范、管理人员工作规范、驾驶员行车规范、乘务员行车规范、调度员工作规范、保修工工作规范、后勤人员工作规范、其他工种工作规范等。

(一) 北京公交集团的视觉识别 (VI) 规范

北京公共交通控股（集团）有限公司（以下简称北京公交集团）是以经营地面公共客运交通为主的特大型国有企业。作为城市生产生活的动脉和精神文明建设的窗口，在北京不断迈向现代国际大都市的进程中，公共客运交通具有极其重要的地位和作用。为适应企业持续、快速、健康发展的需要和创立服务品牌，提高市场竞争力，我们确定了具有企业特点、现代、美观的企业标志及其视觉形象规范。

绿色的椭圆造型源于汽车的转向盘和车轮，具有明确的行业属性。椭圆完整而饱满的造型，寓意着公交人团结凝聚的向心力和宽广豪迈的胸怀，象征着公共交通作为现代城市基础设施建设的重要组成部分，是当今社会文明进步和经济发展的基础。流线型线条、倾斜的方向演绎出明快的动感和速度，展示了北京公交集团正朝着现代化目标发展的风貌。绿色代表着清洁环保，给人一种舒适温馨的感觉，同时又显示着公交事业充满了生机和活力。

跨越在绿色椭圆之上的红色飘带型源于古老的长城，描绘了北京作为名城古都的文化底蕴，宽阔的飘带型还寓意着在现代大都市建设中交通先行、公交优先的深刻含义。这一部分既表现了北京悠久的历史和地域性特征，又把长城这一人类文明的标志与当今社会生活和发展完美地结合在一起，再现了文明的古都、现代的公交。红色代表着热情、开放、坚实，红色飘带贯穿整个标志的中心，阐明了“一心为乘客，服务最光荣”的服务理念，寓意着北京公交集团承传历史、创新未来的宏伟目标。

红与绿两色的搭配使整个标志色彩鲜明、流畅连贯、醒目易辩，充分体现了北京市公共交通控股（集团）有限公司标志的标示性功能。

(二) 北京公交集团的文化本质

北京公交集团的文化本质是“以人为本，乘客至上”的人本文化：以员工为本，关心人、爱护 人、培养人，维护员工利益，促进员工全面发展；以乘客为本，尊重人、照顾人、帮助人，文明礼貌服务，方便乘客出行。

（三）北京公交集团的基础理念体系

1.企业目标

企业目标是建设人文公交、绿色公交、科技公交，使北京公交集团成为适应首都城市特点和功能的一流公交企业。

（1）人文公交

企业文化素质提高、文化品位提升、文化管理到位，为乘客提供安全、方便、舒适、快捷、经济的出行服务；为员工提供发挥聪明才智和创造力的更大空间，构建和谐的内、外部环境。

（2）绿色公交

运用先进的车辆环保技术和清洁能源，节能降耗、控制噪声、减少污染，保持良好的车厢、场站环境，为首都的环境保护做贡献。

（3）科技公交

大力推进车辆技术进步，广泛应用信息化技术，向智能化公共交通迈进。把国际国内先进的管理理念和方法、先进的科学技术应用于企业的经营管理。

2.企业宗旨

企业宗旨是服从公众利益，服务乘客出行。

服从公众利益，以高度的政治责任感和社会使命感，恪尽职守对待工作；企业利益与首都大局、社会大局、乘客利益紧密相连，企业利益寓于公众利益之中，企业利益服从公众利益。

服务乘客出行，是企业的社会价值所在。企业的各项管理及运营、安全、服务、技术、保修、后勤等各项工作，要从乘客的实际需要出发，想乘客之所想，急乘客之所急，帮乘客之所需，把好事办好，为乘客提供满意的出行服务。

3.企业精神

企业精神是一心为乘客，服务最光荣。

一心为乘客是公交人职业道德、职业意识、职业观念在工作岗位上的集中体现，是一心一意为乘客、千方百计满足乘客的实际行动。

服务最光荣是公交人服务乘客出行，奉献社会，体现自身价值，以公交事业为荣、为乐、为自豪的内心写照。

4.企业价值观

企业价值观是乘客利益最大化，员工进步最大化，公交发展最大化。

(1) 乘客利益最大化

即最大限度地满足乘客需要，时刻想到“我因乘客而存在，乘客因我而获益”，体现乘客利益无小事，把全心全意服务乘客作为各项工作的出发点和落脚点。

(2) 员工进步最大化

要让员工不断进步。建设学习型企业，培养知识型人才，为员工的进步和成长筑阶梯、搭平台，在企业效益提高的同时，不断提高员工的收入水平，用事业、感情、待遇凝聚人。

(3) 公交发展最大化

把握发展不放松。发展是质和量的有机统一，速度快必须注重结构合理，规模大更要提高经济综合效益，实践科学发展观，赢得公交大发展。

5.企业信条

企业信条是诚信为本，有诺必践。

领导对员工讲诚信，言出必践、率先垂范，让员工信任；机关对基层讲诚信，深入实际、服务指导，让基层信服；保修部门对运营部门讲诚信，质量可靠、精益求精，让运营放心；驾售人员对乘客讲诚信，尽心尽力、服务周到，让乘客满意；公交对社会讲诚信，履行职能、遵守诚诺，赢得社会赞誉。

6.企业传统

企业传统是艰苦奋斗、勇挑重担、甘于奉献。

(1) 艰苦奋斗

艰苦奋斗是公交人代代相传的优良传统，在新的时期，要继续保持和发扬艰苦创业、勤俭节约、奋发向上的优良传统，不骄不躁，积极进取，为建设现代化公交事业努力奋斗。

(2) 勇挑重担

在各种急难险重任务面前，坚守岗位、听从指挥、严守纪律、团结协作、意志坚强，勇于承担责任，积极维护社会稳定，确保运营生产各项工作万无一失。

(3) 甘于奉献

忠诚公交事业，服务社会，以大局为先，关键时刻不退缩，以强烈的政治责任感和社会使命感在平凡岗位上甘心做贡献。

(四) 北京公交集团的行为、理念体系

1.管理原则

管理原则是基础坚实化，规范全员化，行为标准化，创新人本化。

基础坚实化，即抓基层、打基础，固本强身筑根基；规范全员化，即抓建制、抓规范，全员守规无疏漏；行为标准化，即抓标准、抓考核，统一要求；创新人本化，即抓教育、抓素质，企业兴旺人为本。

2.服务准则

服务准则是规范标准、安全便捷、细致周到、文明礼貌。

(1) 规范标准

严格执行服务工作标准；严格执行服务规程、规范；严格执行和遵守服务纪律，坚持服务全过程的规范、标准、统一。

(2) 安全便捷

为乘客提供安全车、放心车、平稳车，确保乘客安全；方便快捷地运送乘客，最大限度地节约乘客出行时间。

(3) 细致周到

做好服务中的每一件小事，为乘客带来好心情、好感受，做到服务乘客要热心、照顾乘客要细心、理解乘客要诚心、坚持一贯要有恒心。

(4) 文明礼貌

对乘客热忱、诚恳、亲切，语言文雅，举止文明；待乘客一视同仁，无亲疏贵贱之分，切忌任何蔑视乘客和侵犯乘客权益的言行举止。

3.质量方针

质量方针是持续改进，追求卓越。

(1) 持续改进

虚心听取乘客意见和建议，持续不断地查找工作中的差距和不足，持续不断地改进和创新服务，持续不断地完善自我。严格执行质量认证标准，精益求精，永不停止。

(2) 追求卓越

服务坚持高标准。掌握一流技能，提供一流服务，创造一流效率效益，达到优质一流的工作水平。

4.企业作风

企业作风是求、严、快、新。求，即求真务实、落实到位；严，即严明纪律、严谨做事；快，即反映迅速，令行禁止；新，即与时俱进、不断创新。

5.企业口号

(1) 在内宾面前我代表首都，在外宾面前我代表中国；

(2) 岗位做奉献，真情为他人；

(3) 宁愿自己千辛万苦，不让乘客一时为难；

(4) 展示公交窗口形象，履行城市动脉功能。

以上是公交企业文化建设理念识别系统的基本内容，这是在全系统广泛征求意见和有关专家指导下形成的，并于 2005 年 11 月 1 日集团公司党政文件正式发布。按照集团公司《关于企业识别系统发布和实施的工作安排》，要采取强势宣传，营造氛围；实施应用，逐步到位；加强培训，建立实施平台；开展多种载体的实践活动；发挥典型示范作用等多种形式，深入贯彻实施。在实践中，积极探索新思路，创新新载体，不断建设具有时代性、行业性、企业个性的公交文化，引导企业文化向更高水平迈进。

第四节　行包知识

一、行包运输的定义及基本要求

行包是行李与包裹的总称。行李是指乘客自用的被褥、衣服、个人阅读的书、残疾人车和其他旅行必需品。在行李中不能夹带货币、证券、珍贵文物、金银珠宝、档案材料等贵重物品和国家禁止、限制运输的物品、危险品。包裹是指除规定的可按行李托运的物品外，其他适合车内运输的小件货物。

行包运输工作的基本要求是安全、准确、及时运达目的地。运输质量除了包括为乘客提供优质的服务和保障乘客安全以外，还包括行包运输质量。行包运输是乘客运输的重要组成部分。乘客在旅行过程中为了生活和工作的需要，常需要随身携带一些生产或生活的用品，这些物品能否安全、及时运送，直接关系到乘客的切身利益和乘客运输的方便性、适应性程度，在客运工作中占有重要的位置，尤其是对于一些需要中途换乘其他运输工具的乘客更有其突出的重要性。因此，在包工作管理中，应建立健全行包运输制度和操作程序，提高行高运输质量。行包运输总的要求是：保证行包运输安全无误，尽可能与乘客同车到达。而要达到这一要求，就需要做好以下工作：

(1) 做好行包的收托宣传工作，采用多种形式广泛宣传托运行包的各项规定、时间、地点和注意事项。

(2) 做好行包收托的组织工作，督促乘客妥善处理和办理托运，业务人员应做好准备工作，严格承运条件，及时办理手续，确保安全正点。

(3) 严格责任制度，认真履行收托、入库、装卸、运输等过程中的交接手续，明确责任。

(4) 坚持当班的行李随乘客同行，车顶行李架装载不下时，可预留座位装运。

(5) 客车行李架设备要齐全，篷布要完好，绳索要牢固，运行途中要加强检查和整理。

(6) 行李到达后，应及时通知收件人提取，签订送货协议的，应及时组织送达。乘客凭票提取行李时，应仔细核对单证、货签、品名、件数等，并在收回提货单上加盖“领讫”章。逾期3个月仍无人领取行包的，按无法交付行包处理。

二、行包计费收费

行包计费质量以kg为单位。起码计费质量为10kg；计费质量超过10kg的，按照实际质量计费；尾数不足1kg的，实行四舍五入。轻泡行包按体积每0.003m³折合1kg的折算标准计质量。

行包计费具体标准由省级人民政府价格、交通运输主管部门确定。行包运费单位以元为单位，每张运单费用合计尾数不足1元的，实行四舍五入。通过客运车辆运输的小件货物运费，参照零担货物运输收费。国际道路货物运输价格按双边或者多边汽车运输协定，根据对等原则，由经授权的交通运输主管部门协商确定。

当乘客输行李托运手续时，需向乘客出示行包托运收费标准明细及相关资料。同时，就其中的问题进行解释，提醒其行包按照单件质量或体积收费，并告知行包按照普通货物或贵重物品托运（贵重物品输托运时必须购买保险或保值运输）。当发生运输伤亡事故时，赔偿标准不同。

三、行包保管

行包分为托运行包和自理行包。托运行包包括随乘客同行行包和非乘客同行行包；自理行包是指乘客按规定可以免费随车携带的物品。随乘客同行行包是指由客运站受理的超出乘客随车携带的规定质量和体积的物品；非乘客同行行包是指由客运站受理，按与托运人约定的时间、地点送达的无携带人的物品。

行包员应做好安全检查，严防行包内夹带危险品、禁运物品和超限量物品。对受理的行包，按标签到站、班次开车时间安排货位，堆放时应将标签朝外，并做到重不压轻、大不压小。乘客必须对行包的性质、赔偿价值作出声明（包括默许），并且行李包裹的规格必须符合运输要求。承运人必须向乘客开具接受行李的单证，同时向乘客收取规定的运费。保管员应爱护寄存物品，轻拿轻放，将物品摆放合理、整齐，经常保持清洁卫生。如果发现异常情况，如残缺破损等问题，应做好现场记录，及时上报，查明原因，妥善处理。

站务员及乘客上交的丢失物品送交行李保管单位，在笔记本上登记。当乘客认领时核对其相关证件及描述所失物品特征与物品是否相符，经证实后返还给失主。如失物当日无人认领时，可打开行包寻找有关乘客的身份证明或联系方式，通知失主领取所丢物品。站务员应查对到达客车的行包件数与件重，与驾驶员、装卸工办好交接手续，在行包交接清单上签收，入库堆码并及时通知托运人前来提取。乘客提取行包时，工作人员要仔细核对提单和标签，查明件数，交付时要收回行包提取单，并加盖“行包提取”字样的戳记。收回的行包单要按班、日分装成册，以便保存及查询。到达站应妥善免费保管无人认领的行包两天，超过两天，每件核收保管费。逾期 3 个月仍无人领取的行包，可视为无法交付行包，可由车站会同有关人员开启、查验和清点成册后，报请上级主管部门批准，然后向当地有关部门作有价移交。移交所获价款，扣除应付的费用外，在 6 个月内仍无人领取时上缴国库。

四、行包服务

（一）处理乘客遗留行包物品

客运工作人员拾到乘客遗留的物品，必须要妥善保管，并公告限期招领。逾期无人认领时，应按有关规定，进行处理。其处理的具体办法应该如下。

1.上交

客运工作人员在汽车客运站内拾到的乘客遗失品，应送交客运站站长或其指定的客运部门、客运工作人员。在公路汽车上拾到的乘客遗失品，应送交行车人员、客运组长或其指定的客运人员。若当时无人认领，应由上述人员将失物交往前方或最终到达的客运站。

2.检查

客运站在收到交来的乘客遗失品后，必要时要会同公安人员，对遗失物品的内容进行检查。如果失物是加锁或者封固的，除必须了解物品内容外，一般没有疑点的不进行开封检查。

3.查找

乘客无论是在客运站还是在车上遗失物品后，都要及时向站客运人员和行车乘务员将遗失经过情形、物品名称、形状、地点等作口头或书面叙述，请求查找。有关人员接到查找请求时，应积极负责查找。必要时，要会同公安人员共同查找。如请求人要求用电话或电报向有关处所查询时，所需费用由请求人承担。如失物查获，并经验明符合后，应凭失主收据，将原物交还；如失物未查获，应进行登记，待查获后再通知失主。

4.登记

客运站应备置乘客遗失物品处理记录簿，随时登记失物。对其他站或客运车辆转来的遗失物品，也同样需要登记备查。

5.招领

客运站收到乘客遗失物品后，除政府禁止私有或携带的物品和认为与犯罪行为有关的遗留物品外，须及时在客运站站内公告栏上将遗失物品的主要事项公布一定时间。必要时，可以登到当地报纸招领。如知道失主地址，应迅速通知失主本人前来领取。

6.交还

交还乘客遗失物品时，须先由失主填写失物清单或口头说明物品的品名、数量、形状、包装情形、遗失地点及特征等，经审查无误，确认其为失主时，方准出据领取，并在乘客遗失物品处理登记簿上签名盖章。如失物为贵重物品或认为认领者填写的清单或口头说明有疑时，应要求认领者持机关、企业、人民团体的证明信，经证实后，给予发还。

7.保管

每件遗失物品，须拴挂货签放在妥当处保管。如失物为贵重物品，更须安全保管。如失物为鲜货及危险品，因保管困难，可立即移交当地主管部门处理。遗失物品在保管期间，免费保管一个月，超过一个月认领时，应向失主收取保管费和其他发生的费用。如失主请求将遗失物品转送其所指定的地点，客运站可酌情照办理，并按托运行李、包裹费率收取运费及其他必需的费用。

8.提交

下列遗失物品拾得后，应由客运站站长立即填写《乘客遗失物品提交书》，连同物品一并提交当地公安机关处理：

（1）政府法令禁止私有或携带的物品；

（2）认为与犯罪行为有关的遗留品。

9.逾期无人认领拾物的处理

凡乘客遗失的物品自招领后经过两个月仍无人认领，即按逾期无人认领处理：

（1）军用品、历史文物、违禁品无偿移交当地主管机关；

（2）一般物品无偿移交当地公安部门。

（二）处理可疑行包物品

在候车厅内悬挂有“严禁携带易燃易爆危险品上车”的标语牌，乘务员及车站管理员应注意观察是否存在可疑情形。必要时，要求乘客配合进行安全检查（通过安检设备检测）。站务人员在四周巡逻确保安全。

站场保安人员通过闭路电视，对车站内重要位置安全状况进行监视。通过检测器，对可能导致易燃易爆危险性的可疑行李物品进行检查。

对于行驶中乘客丢失物品的情况，首先了解上车地点、丢失地点和丢失时间，然后动员乘客协助查找，一般不能影响正常运营。如乘客发现可疑对象，可向附近派出所或治安队报案；如贵重物品被盗，不要开车门放行，应将车开到附近派出所或治安队报案。

交还乘客遗失物品时，须先由失主填写失物清单或口头说明物品的品名、数量、形状、包装情形、遗失地点及特征等，经审查无误，确认其为失主时，方准出据领取，并在乘客遗失物品处理登记簿上签名盖章。如失物为贵重物品或认为认领者填写的清单或口头说明有疑时，须要求认领者持机关、企业、人民团体的证明信，经证实后，予以发还。

五、行包安全

乘客运输安全性包括乘客和运输者的人身安全、行包安全和运输工具运行安全。其中，行包安全是指在运输过程中，除保证乘客不发生伤亡事故外，尚应保证乘客行包和随身携带的物品不因经营者的责任而发生丢失或损坏。

（一）行包托运安全事项

行李应由托运人包装完整，捆扎牢同，行包单件质量不得超过30kg，体积不得超过 $0.125m^3$（危险品、政府禁运品、机密文件、贵重物品、易碎品等不得夹入行包内托运）。关于中途站行包托运，由于班车在中途站停车时间短，站务人员又较少，为了避免差错及事故，各中途站应提前与始发站或前一站取得联系，以便事先做好准备工作。待班车到达后，先卸后装，从而加快速度，节省时间。

（二）行包发送安全事项

行包的发送作业包括承运、保管和装车作业。装载行包时，应注意每件行包的长度和宽度都不应超过行包架，高度自地面起最高点不得超过 4m。行包在装运时，要软硬件搭配，轻拿轻放，捆扎牢同，盖好篷布，防止甩落、雨淋。

（三）行包到达安全事项

行包的到达作业包括卸车、保管和交付作业。行包自承运时起到交付时止，公路运输部门要承担安全运输责任。在运输过程中，因运输部门责任发生损坏或丢失，应由运输部门负责修理或赔偿。但若因自然灾害而发生损坏、丢失或包装完好但内部物质损坏、变质、减量等情况，运输部门不负赔偿责任。行包在运输过程中要经过很多环节，彼此间应办好交接手续，以便分清责任、防止差错。驾驶员在行包装运和交付时，如发现交付单与货物不符、行包破损或有其他异状时，经确认后应在交托单上注明，由交出方签章，以明确责任。行包运价由各省、市、自治区自行制订。

站务员应查对到达客车的行包件数与件重，与驾驶员、装卸工办好交接手续，在行包交接清单上签收，入库堆码，并及时通知托运人前来提取。旅客提取行包时，工作人员要仔细核对提单和标签，查明件数，交付时要收回行包提取单，并加盖“行包提取”字样的戳记。收回的行包单要按班、日分装成册，以便保存及查询。到达站应对无人认领的行包，妥善免费保管两天，超过两天每件核收保管费。逾期 3 个月仍无人领取的行包，可视为无法交付行包，可由车站会同有关人员开启、查验，待清点成册后，报请上级主管部门批准，然后向当地有关部门作有价移交。移交所获价款扣除应付的费用后，在 6 个月内仍无人领取时，应上缴国库。

六、违禁品

（一）识别“三品”，阻止携带“三品”进站上车

根据我国现行有关客运的法律法规规定，“三品”（或“三危品”）狭义上指旅客随身携带或者在行李中夹带的易燃易爆、有毒有害、有放射性的危险物品；广义上指旅客随身携带或者在行李中夹带的易燃易爆、有毒、有腐蚀性、有放射性等一切可能危及运输工具上人身和财产安全的物品。

携带危险品进站上车将造成重大事故隐患，严重威胁行车安全。当前，客运站场的管理还存在一些薄弱环节和问题，各项安全管理制度还不能得到有效落实，尤其是在控制“三品”进站上车的过程中，一些客运站场把关不严，缺乏有效的检测手段，造成“三品”管控工作存在漏洞。为此，客运站场在今后应该严抓问题，阻止乘客携带“三品”进站上车。各站场应配备检测危险品和爆炸品等的相关设备，检查“三品”管控制度的落实情况。对措施不到

位、责任不落实、隐患不消除的客运站场，坚决予以查处。

(二) 对违禁物品进行处理

安全是旅客运输的头等问题。各类违禁物品是引发安全事故的主要危险源。因旅客随身携带或者在行李中夹带违禁品导致重大安全事故、造成严重后果的例子屡见不鲜。为此，《中华人民共和国合同法》第二百九十七条明确规定：旅客不得随身携带或者在行李中夹带易燃、易爆、有毒、有腐蚀性、有放射性以及有可能危及运输工具上人身和财产安全的危险物品或者其他违禁物品。法律还赋予承运人(车站) 一定的权利：旅客违反前款规定的，承运人可以将违禁物品卸下、销毁或者送交有关部门。旅客坚持携带或者夹带违禁物品的，承运人应当拒绝运输。此外，安全检查义务还包括承运人不得运输拒绝接受安全检查的旅客，也不得将危险品和其他违禁品当作行李托运等。

综上，旅客违反规定携带或在行李中夹带违禁物品的，车站有权根据不同情况分别作出处理：一是在乘运前发现旅客携带或夹带违禁物品的，车站可予以截留，不予运输；若旅客的行为触犯其他法律、行政法规的规定，车站应将旅客和违禁物品交由有关机关处理；旅客坚持携带或夹带违禁物品的，车站可以解除合同，拒绝运输。二是在乘运后发现旅客携带或夹带违禁物品的，车站工作人员可以在任何时间、任何地点将违禁物品卸下、销毁或者送交有关部门处理，由此所产生的额外费用应由旅客承担。

第五节 行车时刻表

一、行车时刻表的概念

行车时刻表又称行车计划，俗称“点”。

行车时刻表是城市公共交通企业管理的重要基础工作之一，它是在现行运营管理模式下根据运营生产特点，全面分析运营生产条件和乘客在现阶段的要求而确定出合理的运营服务水平之后编制的，是用以组织和指导公共汽电车运营生产的全过程，从而保证城市公交系统的基本功能（完成人们在城市范围内的位移）得以充分实现的生产作业性计划。

二、行车时刻表在线路运营中的作用

（一）线路行车时刻表是组织线路运营的具体作业计划，它指导线路各个车组运营生产的全过程

线路行车时刻表表示出：本线路的营业时间、全日计划车次、载客公里；本线路高低峰时间各时组行驶车数，行车间隔和首末站的停站时间；本线路的行车调度方法；本线路低峰停车、晚间驻站的时间、班次和地点。

根据行车时刻表的需求，可编制出需配备的劳动班次、班型、班数、驾售人员数量，规定出每个车组驾售人员进出场（站）时间和上下班的时间、地点。依线路行车时刻表可推算出车辆进出场、中途调度站和车组的各种行车时刻表。通过线路行车时刻表可以把线路上分散、流动的车辆和驾售人员组成一个整体，纳入计划运营的轨道，使之有秩序、有规律地运转。

（二）线路行车时刻表依据客流的不均衡规律，确定营业时间内各时组的行车频率、行车调度方法

由于乘客乘车方向不同、终点站不同，电汽车线路铺设又受到街区道路条件的影响及首末站选址的制约，从而形成了电汽车线路客流量在时间、断面、方向、数量上的不均衡。行车时刻表依据客流时间上的不均衡可确定出各时组车次、配车数，依据客流断面上、方向上的不均衡可确定出行车调度方法，从而保证各时组、各断面运力和运量的平衡，符合满载率的要求。

（三）行车时刻表为提高公共交通的整体服务水平提供了条件

乘客选择公交车作为出行代步的工具，寻求的是候车时间短以及宽松的乘车条件。如果行车时刻表编制的质量高，就能将乘客的要求具体化。通过安全、服务、运营各专业部门的相互配合，共同

执行好行车时刻表，就可以使公交企业整体服务水平达到较高水准，实现运营服务水平和各专业系统的工作目标。如果行车时刻表编制不合理，线路满载率过高，售票员连售票、验票都忙不过来，就很难做到服务周到。

（四）行车时刻表具有计划管理和经济核算的功能

行车时刻表反映出线路对车辆、劳动力、营业公里的需求量，有关部门依据行车时刻表的要求安排劳动力、车辆保养，制订相应的考核指标，如：

①油耗指标的计量单位是：升/百公里；

②故障指标的计量单位是：秒/百公里；

③公里兑现率的计算公式是：实际行驶公里÷计划公里×100%；

④车次兑现率的计算公式是：实际车次÷计划车次×100%。

因此，编制行车时刻表时，要挖掘潜力、提高效率，经济合理地使用车辆，使车辆、劳动力、成本合理地投入，同时取得一定的社会效益和经济效益。

三、行车时刻表的分类

（一）不同季节的行车时刻表

季节的变化，对乘客的乘车需求有一定的影响。根据不同季节客流规律的变化，调整和重新编制行车时刻表。

1.春季点（3月中旬~6月中旬）

春暖花开，旅游客流大幅度增长，游览线路高峰时要加车。

2.夏季间歇点（防暑降温点，6月中旬~8月）

夏季日照时间长，晚间文体活动、消夏纳凉活动多，因此，营业时间长、沿线活动场所多的线路应保证晚二次运力充足。

如郊区线路长度超过30km的，还应选择中途站停车稍歇两分钟。间歇时间可根据天气炎热程度、交接班时间等线路具体情况进行安排。

3.冬运点（11月1日~次年3月）

冬季普通乘客数量减少，月票乘客运量增加，冬季运输的重点是保早晚高峰及高峰前的运输布局。在近几年的冬季运输点里，各线路都安排了一定数量的机动车，弥补了因道路堵塞造成的大间隔，保证了高峰时间的运行秩序。

4.过渡点

根据各路线的特点，在季节转换时还可使用过渡站点，从而体现点、客合一。

（二）不同日期的行车时刻表

不同日期的的行车时刻表主要是根据平日、平日周末、节日、大周末及临时确定的活动日期客流规律的变化而制订的。

1.平日点（周一~周五）

有的线路因计划内专车数量多，在专车单位厂休那天线路另使用一份平日点。

2.平日周末点（周六、周日）

平日周末点高峰时间与平日点不同，主要运送生活客流，即以游览、探亲访友、就医、购物等为出行目的的客流。

3.节日点（国家法定节假日）

节日点高峰起落时间和平日周末点大体相同，但客流量相对更大且更集中。

实行新工时制后，由于假期延长，有的线路节日 7 天用了 4 份不同的行车计划。

4.大周末点（节日的前一天）

节日前购物的人多，一般公交车的客流不大，但道路阻塞严重。到了 17:00 以后，人们都回家吃团圆饭，路面清静，客流明显下降。晚二次运力比平日减少了 50%，线路满载率仍偏低。

5.特殊点

特殊情况下采用的行车计划，如国际马拉松比赛、春节前十天后十天的临时加车点，香山红叶节、植物园桃花节等加车点。有的点虽然只用一两天，但影响面大，尤其是配车数较多的线路，靠临时调整相当困难，不但会使调度员劳动强度增大，而且也容易出现满载。

(三) 不同岗位的行车时刻表

1.线路行车时刻表

线路行车时刻表是行车时刻表的主体，由线路首末站执行。依据首末站行车时刻表，可推算出车辆进出场行车时刻表、中途站行车时刻表和车组行车时刻表。

2.线路车辆进出场时刻表

以线路行车时刻表中每个班次（车辆）的站发、终到的时间、地点为依据，可推算出每个班次的出场、进场时间，排列起来即为线路车辆进出场时刻表。线路车辆进出场时刻表用以检查、监督车组按时进出场，以保证线路运营需要和场内保养、供油等有关计划的落实。此时刻表由分公司（场）调度室执行。

3.车辆中途站行车时刻表

依据线路行车时刻表中各班次首末站的发车时间、中途区段行驶时间，推算出每班车从首末站发车，途经中途调度站的计划时间，即为车辆中途行车时刻表。中途站行车时刻表分为上行时刻表、下行时刻表、计划通过本站的每班次的到站时间，用以检查车组中途正点情况以及行车时刻表的执行情况。此时刻表由中途站调度员使用。

4.车组行车时刻表

每个车组就是线路行车时刻表中的一个班次，从线路时刻表中把每个班次首末站发车时间分解出来就是车组行车时刻表。车组行车时刻表有利于车组掌握计划，按规定的时间运营。

四、行车时刻表的使用和管理

(一) 行车时刻表的管理规定

行车时刻表由车队一级编制，分公司、公司两级审核，公司只对重要时期、重点线路时刻表进行审核。

(二) 行车时刻表的审批要点

(1) 各方向最大断面的小时运力能否满足客流需要；

(2) 全日车次和各高峰配车是否合理；

(3) 各种调度方式是否恰当;

(4) 各个时组的走行时间是否符合标准;

(5) 各个时组的停站时间有无超标现象;

(6) 吃饭时间是否错开高峰和是否符合规定标准;

(7) 首末车时间有无变化;

(8) 平均班公里是否符合标准要求;

(9) 班工时及有效班工时是否符合标准要求;

(10) 早晚间有无超过极限的行车间隔。

(三) 各级管理部门的职责

1.总公司

(1) 向分公司下达各项指标控制数;

(2) 在重要时期对重点线路的行车计划进行审批;

(3) 统计、分析各分公司运营指标的完成情况。

2.分公司

(1) 向车队下达各项指标数以及行车时刻表的编制要求;

(2) 审核分公司线路行车时刻表的编制情况;

(3) 定期组织客流调查和行车时刻表执行情况的检查。

3.车队

(1) 根据分公司运营科下达的各项指标、完整的客流资料以及本期行车时刻表应修改的内容编制线路的行车时刻表。

(2) 行车时刻表和劳动班次表编制完毕后，填写好汇总表，一并交分公司运营科审批。待批准后，拟定出不同岗位的行车时刻表，向车队职工贯彻执行。

(3) 行车时刻表原则上每季度编制一次，但也要依据客流的规律和客观条件的变化，根据有关指标完成情况及时地调整、修改。

(4) 日常对客流规律和运行状况进行观测、记录、统计、分析，并定期上报。

(5) 严格执行行车时刻表，指挥车辆运行，认真记录行车时刻表的执行情况，记录运行情况要真实。要自觉维护行车时刻表的严肃性，行车时刻表一经审定，任何单位和个人不得擅自更改、变动。

应知题：

1.计算机常识。

2.公交IC卡常识。

3.应用文书写作常识。

4.企业文化的涵义。

5.企业文化的内容。

6.企业文化的作用。

7.行包知识。

8.行车时刻表的作用和分类。

应会题：

1.周知性通知的书写。

2.草拟工作计划。

3.撰写工作总结。

4.编写情况简报。

5.妥善处理乘客携带的违禁物品。

第四章

乘务语言艺术

语言是人类最重要的交际工具。公共交通企业的服务对象——乘客是有思想、有感情的人，在车厢这个特殊的空间内，乘务员所提供的服务主要是依靠语言来实现的。乘务员需要运用语言这个工具与乘客交往，因此，乘务员的语言能力对提高车厢服务质量，提高企业的社会效益、经济效益具有重要的作用。

运用语言的艺术是指正确、高效地使用语言工具，这体现在整个社会交往的全过程。本章根据公共交通企业运营生产的需要，重点研究乘务员在出乘过程中如何运用乘务语言，从而更好地为乘客服务。乘务语言侧重于实用性，强调的是表达形式与效果的统一，包括语言的内容、感情色彩、使用的连贯性、选择性以及有声语言与无声语言的一致性等。

第一节　学习乘务语言的必要性

乘务语言是指乘务员为提高服务质量而使用的富有创造性的语言表达方式，乘务员讲究语言艺术的根本目的是追求良好的服务动机和良好的服务效果的统一。

车厢服务的过程是在特殊环境中的人际交往过程，这种交往的主要形式是由乘务员向乘客提供服务，语言则是提供服务的主要手段。语言是一种社会现象，是现代人交际最重要的工具。但是，并不是所有人都能够得心应手地使用语言这个工具，因此，还需要在实践中学习、研究运用语言的方法、技巧。

语言具有社会功能，它产生于社会交往之中，又服务于社会交往。因此，运用语言首先要具有规范性，所使用的语言、词汇、语法要符合社会公认的规范标准，这样才能准确地向对方表达自己的情感、愿望、需求。在实践中，人们希望自己所运用的语言能够产生更好的效果，即不仅让对方听得懂，而且让对方听得容易、透彻；不仅让对方听懂了，而且愿意听，产生兴趣；不仅让对方听进去了，而且让对方信服、感动，产生共鸣，乐于接受。这就需要所使用的语言简练、生动、富于幽默感。如果希望自己所使用的语言产生上述的效果，就必须在运用语言的过程中讲究规范性和艺术性。

一、有利于乘务员与乘客情感的沟通

车厢是一个人员密集、成分复杂、充满矛盾的“小社会”，社会上的各种各样的人、各种现象都能在车厢中出现。在乘车过程中，一些乘客往往会因为这样或那样不顺心的事，出现不愉快的心情。这种心情在乘车时会随时发泄，发泄的对象往往是驾驶员和乘务员。由于彼此都是萍水相逢、互不相识，争执起来往往言词激烈，无所顾忌。这些唇枪舌剑不仅会极大伤害当事人的自尊心，而且还会影响其他乘客的情绪，破坏车厢内良好的气氛和乘车秩序。在这些矛盾冲突中，语言无疑成为宣泄思想感情的重要工具。

广大乘客在乘车过程中都希望有一个能够使自己心情愉悦、文明和谐的乘车氛围，这种氛围的形成要依赖于乘客和乘务员之间相互理解、相互信任、良好沟通，而良好的沟通则要讲究语言艺术。

语言不仅是认识的工具，更是人们调整情绪、解决矛盾的“润滑剂”。有的同志曾形象地比喻：乘务语言可以是导火索，也可以是灭火器。如果乘务员不讲究语言艺术，出口伤人，不仅使人反感、厌恶，而且极易造成矛盾、引起争执。相反，如果乘务员能巧妙地运用语言，可以防止和减少无谓的摩擦和矛盾。亲切温柔的语言能够缩短乘务员与乘客之间的心理差距，沟通与乘客之间的感情。比如，乘车途中经常遇到堵车的情况，乘客心情急躁，常常向乘务员发脾气，乘务员巧妙地答到："您别着急，先消消气，我很理解您和大家的心情，虽然堵车不是我们的责任，但让大家感到出行不便，我们还是很抱歉。大家如果有什么怨气尽管朝我发，只要能帮您和大家消气，我很乐意。"听到这样的回答后，乘客的情绪稳定了，车厢的气氛又恢复了和谐。

二、有利于车厢服务质量的提高

公共交通提供的服务不仅表现在为乘客乘车提供了必要的物质条件，还体现在满足乘客的精神需求上。乘客的精神需求主要靠乘务员运用语言来满足。比如，乘务员在售票、帮助乘客找座、疏导乘客上下车、解答询问时，运用语言工具充分表达出自己为乘客服务的情感，可以使乘客心情愉悦，如沐春风，高兴而来，满意而去。

实践证明，讲究语言艺术是提高车厢服务质量的重要手段，只有恰如其分地运用语言，才能增强服务效果，顺利实现公交企业的服务功能，达到提高效益的目的。实际上，讲究语言艺术本身就是一种科学的服务方法，就是对服务工作客观规律的一种适应。随着人民生活水平日益提高，人们的物质需求和精神需求也日益增长，对公共交通企业服务质量的要求也随之提高。为了适应和满足这个要求，广大乘务员必须全面提高运用语言的能力。否则，空有为乘客热情服务的良好愿望，没有确切、得体的语言表达，是不能达到为乘客服务的目的的，提高车厢服务质量也只能成为空谈。

三、有利于公交职工良好职业形象的树立

在车厢服务过程中，乘务员需要用大量的语言向乘客做宣传解释工作，引导乘客的乘车行为。广大乘客评价公交职工的形象是通过自身感受作出的，乘务员能否用得体、恰当的语言为乘客服务，

体现着乘务员的素质。如果乘务员满嘴粗话、脏话，或者抓住乘客一点差错就连讽刺带挖苦，就难免使乘客认为乘务员，素质太低。相反地，如果乘务员用文明礼貌的语言热情耐心地服务，无疑会给乘客以影响，在客观上起着示范表率的作用，从而达到潜移默化宣传精神文明的效果。讲究语言艺术、用语文雅、寓情于理，同样可以感化乘客的心灵，给广大乘客留下良好的印象，有助于塑造并维护公交职工的形象。

第二节 乘务语言的分类及功能

乘务语言是指乘务员在出乘过程中使用的语言，乘务语言包括规范化语言和使用语言的技巧。本节主要探讨的是乘务服务过程中的规范化语言。

规范化语言是指规范化服务过程中经常而且必须使用的语言，按照服务性质和语言表达形式分别介绍如下。

一、从服务性质上分类

乘务语言从服务性质上区分，可以分为一般服务语言和特殊服务语言两种。

（一）一般服务语言及其功能

一般服务语言是指乘务员在车厢服务中应该使用的规范化语言和乘务语言的一般表达形式，它主要在报站、售票、验票、疏导时使用。目前，大部分线路已将其输入到语音合成器中。一般服务语言的基本功能是使乘客了解乘车过程中的基本情况。一般服务语言包括：

1.陈述说明式用语

主要用于“三报、三宣”，向乘客介绍车辆运营情况，如“本车××路，由××站开往××站，发车时间××点××分，途经××站”等。

2.问询式用语

主要用于提出问题，了解乘客动向以及进行有针对性的服务，如“哪位乘客没票”、“您到哪站下”等。

3 疏导式用语

主要用于调整车厢密度，组织协调乘客上下车，如“现在是上下班高峰，请各位乘客尽量往里走，方便大家上下车”等。

（二）特殊服务语言及功能

特殊服务语言是指为照顾特殊乘客和处理特殊事情时所运用的语言。

1 祈使式

表示请求或命令而使用的语言形式，经常在给特殊乘客找座位和制止违章乘车行为时使用，如“请您给这位老大妈让个座儿”、“请您不要在车上吸烟”等。

2 感叹式

在抒发感情、振奋精神和调解情绪时所使用的语言形式，最常见的是“谢谢”、“感谢您的合作”等。

二、从语言表达形式上分类

（一）口头语

口头语是乘务语言的主要表达形式，具体包括中国语言和外国语言。中国语言包括汉语和少数民族语言。汉语中又包括普通话和方言。在外国语言中，涉及最多的是英语，其次是日语、俄语、阿拉伯语等。

普通话是中国的标准语言，也是乘务员应该使用的语言。为了更好地为外地乘客服务，乘务员除了正确使用普通话，还要在实践中学会方言以及少数民族和外国的一些日常用语。在北京成功获得 2008 年奥运会承办权以后，学习英语已经在北京蔚然成风。作为“窗口”行业——城市公共交通行业的职工，乘务员更要率先熟练掌握基本的英语服务会话。

（二）手势语

在乘务语言中，手势语是指聋哑人使用的手语，是通过面部表情和不同手势表达思想感情的一种语言形式。学习手语可以增强乘务员的服务技能，有助于乘务员与聋哑人的交往，从而更好地为聋哑人服务。

（三）无声语言

表情即无声的语言，是乘务员用自己的面部表情及姿态、动作来表达自己的思想感情或基本态度时所使用的语言。其中，常见的表情有满意、赞同、愤怒、鄙视、愧疚、疑问等。表情语言往往配合口头语言和手语运用，如微笑配合陈述说明式语言，会使人感到和蔼可亲。表情语言是口头语和手势语的补充，应该与口头语和手势语保持一致。

第三节　乘务语言的基本特点和要求

乘务员在车厢服务过程中所使用的语言属于应用性语言，其基本特点表现为掌握的词汇多、句式多，在表达正确、熟练的基础上，能够依据需要得心应手地选用最得体的词汇，构成最合适的语句。在提供服务、宣传道理、反驳错误时，不仅明白流畅，具有较强的逻辑性，而且能够轻重得体、感染人、说服人。使用乘务语言时，要能正确鉴别乘客的语言，应答敏捷，力求收到预期的效果。乘务员所使用的语言的基本特点和要求可以概括为：适合需要、文明礼貌、准确清晰、含蓄委婉、简单生动、富有情趣。

一、乘务语言的基本特点

乘务语言是乘务员在特定的环境、时间和人员中使用的语言，它的基本特点如下。

（一）行业性

乘务语言只限于在公共交通运营车辆的车厢中使用。其使用范围和内容受到一定的限制，呈现出行业的一些特点。如果把这些语言换一个空间、时间使用，就不一定很适宜。

(二) 通用性

通用性，即使用大家都能听得懂的语言。在我国绝大多数城市公共交通的车厢中都使用国家规定的标准语言——现代汉语，即汉语普通话。

(三) 主动性

乘务员在车厢中是以主人的身份提供服务的，对乘客需求要主动满足，体现在主动接待、主动介绍、主动宣传、主动服务上。所使用的语言均侧重于主动，即便在回答乘客询问时，也要主动解答。

(四) 规范性

公共交通企业的运营车辆很多，如每位乘务员都使用自己独特的语言提供服务，乘客会感到很不一致，很难适应。因此，乘务员与乘客交流时所使用的语言应具有规范性。当然，在保持语言规范性（共性）的基础上允许每个人具有各自的特色（个性）。

(五) 平稳性

乘务员使用的语言要适应乘客的需求，在提供服务的过程中不急不躁，表现出一定的耐心。特别是在解答乘客询问时，如果急躁，采用过激的语言，必然难以满足乘客的需要，甚至招致乘客的不满。因此，乘务员使用的语言除个别情况需要艺术处理外，在多数场合的规范服务中应该尽量使用中性词汇，使语言具有平衡性，表现出不急不躁。

(六) 重复性

乘务员出乘过程通常往复循环地进行，行驶路线固定，服务内容基本相同。企业生产的特点决定了乘务员所使用的语言具有重复性。对乘务员来讲，服务用语已经说过千遍万遍，对于经常乘车的乘客来讲也是非常熟悉，他们可能觉得“老是这一套”、“没意思”，甚至有些反感。但是我们也应该看到几乎每个运营车辆的车厢中都有第一次听到这些服务用语的乘客，这些服务用语对他们来说是很有必要的。

二、乘务语言的要求

依据乘务语言的基本特点，乘务员所使用的语言应包括以下要求。

（一）清楚

乘务员所使用的语言是为乘客提供服务的，也是为了表达自己的思想感情、意见、要求，因此，首先应该让乘客知道自己讲的是什么。如果乘务员说了半天，乘客根本不知道其讲的是什么，那怎么可能使自己的语言产生效果呢？因此，清楚是对乘务语言的首要要求。

清楚是指语言的内容明确、表达有序、发音清晰、节奏合理。从乘务员本身来讲，首先自己要清楚说什么内容、为什么要说以及需要达到什么效果。从乘客来讲，出行是具有一定目的的，为了达到自己的出行目的，就需要选择乘车线路、上下车地点和换乘车站，也需知道乘务员介绍的各种情况，了解公共交通企业。无论是对乘务员，还是对乘客，语言清楚都具有重要意义。

要清楚就要做到表达时语句完整、语意明确、发音清晰，表达的内容有头有尾、符合逻辑、易于被乘客接受，绝不能使用含混不清的语言来表达。特别应该强调的是表达应有节奏，语速适中。语速快乘客听不清楚，相反则会显得拖沓。根据经验，正常的语言速度为每分钟 150~180 个字。使用这种语速，人们可以清楚地接到语言信号。

（二）准确

准确是指发音准确，使用的词汇贴切、语法规范，符合人们的语言表达习惯。

发音准确是指使用现代汉语的标准发音，剔除方言发音。少数乘务员平常讲话时带有乡音，应注意学习普通话，练习标准发音，在出乘时必须使用标准发音。选择词汇要贴切，是因为现代汉语表意丰富，要注意词汇的感情色彩，选择最适合的词汇来表达自己的意思，不能不加选择地乱用词汇，避免言不由衷。所谓语法规范，是说符合人们的语言表达习惯，易于被乘客接受。

词汇准确是指运用语言的形式要与思维形式相对应。思维是语言表达的内容，语言是思维的表达形式。“言为心声”告诉我们，要准确表达自己的意愿，就要选择准确的语言形式，避免表达的语言自相矛盾、颠三倒四。

对象准确是指运用的语言要具有针对性，针对不同情况、不同对象，因人而宜、因时而宜地运用适当的语句、语气，并辅之以表情，力求收到最佳的表达效果。

（三）简练

简练是指讲话既要言之有物又要使用最少的语言，避免多余的语句和不必要的重复，同时表达出完整、具体的内容。乘务服务是在车厢有限的运营时间内进行的，特别是与某一位乘客交往，时间更为短暂。所以，乘务工作的特点要求乘务员所使用的语言必须简练。

在车厢服务过程中使用的规范服务用语是经过长期实践、提炼出来并经过反复检验的语言，熟练掌握和运用这些语言就基本上达到了简练的要求。除此之外，在解答乘客询问、处理乘务矛盾时，由于情况复杂，很难提出统一的标准用语，在此只做一般性原则提示，即思维敏捷、斟酌词句、用词适度。

（四）生动

生动是指乘务员使用的语言形象、诙谐，表达方式灵活、自然、富于幽默感。乘务员使用生动的语言可以在车厢内创造一个轻松、愉快的氛围，使乘客乐于接受，特别是在乘客情绪不佳时，使用生动的语言往往能起到缓和僵局的作用。但是，我们也要注意把生动和耍贫嘴区别开来，做到风趣而不失庄重。要想取得语言生动的效果，一方面需要将生动与清楚、准确、简练的要求结合在一起，综合运用；另一方面还需要以表情、手势辅助语言，保持有声语言和无声语言的一致。科学研究表明，一个信息的效果有 54%来自无声语言，即姿态、动作、表情。因此，要确切地表达我们的情感，就要充分运用无声语言的效果。

（五）文明

文明是指乘务员使用的语言文雅、纯洁，不使用非理性语言，特别是不能使用侮辱性、辱骂性语言。乘务员是车厢的主人，在出乘过程中其全部言行都应该以为乘客服务为宗旨，视乘客为上帝，使用文明用语。乘务语言文明还要注意词汇的感情色彩，一般不使用程度激烈的语言。要想做到乘务语言文明，就要在平时注意培养语言习惯，不仅在出乘过程中避免使用不文明语言，而且在日常社会生活交往中也要自觉地培养自己的语言习惯。如果平时我们不注意，养成了一些不良的语言习惯，很容易在车厢服务过程中不自觉地带出来，出现不文明语言，从而使服务效果大打折扣。

第四节 乘务语言规范

一、称谓

乘务员与乘客发生人际交往时，得当的称谓是必需的，特别是对待特殊乘客，在交流前应考虑如何称呼对方。中国古代把称谓看得十分郑重，各种不同身份的人在称谓上各有严格而烦琐的规则，社会成员须恪守不误，因为称谓不当不仅是失礼、丢面子的事，还可能落下不敬的罪名。随着时代的发展，这些烦琐的规则虽已被逐步淘汰，但我们仍应该在人际交往中恰当地使用称谓。

（一）尊称

称呼是代表人身的符号，在称呼上对人表示尊敬，也就是对人身的尊敬。对人的尊称通常有：

（1）对德高望重者，冠以“先生”、“前辈”、“老师”等称呼；

（2）称呼对方的身份时，附加“贤”、“尊”、“高”等；

（3）当对方有行政职位时，下属必须以其职位相称，如“局长”、“处长”、“主任”等。

（二）谦称

对己谦称即为自谦的表示，同时也是对他人的尊敬。谦称一般有以下几种：

（1）直接用含有贬意色彩的词称呼自己，如“鄙人”、“愚”、“不才”；

（2）以辈份低表示自谦，如“小弟”、“小侄”；

(3) 用低下的地位自称，寓自谦之意，如“晚辈”、“前辈”、“学生”；

(4) 直呼自己的名字，不带姓氏。

(三) “同志”的用法

在我国，“同志”这一称呼广泛地运用于不同年龄、不同性别、不同职业、不同职务的人之间。“同志”即志同道合之意。大家拥有共同的理想，平等互爱，反映了社会主义国家所提倡的特殊人际关系的确立和发展。长期以来，人们以“同志”相称，既严肃，又不失礼貌。但是，在乘务工作的具体情境中，“同志”一词的使用也应注意分寸。例如，对于一般的乘客用此称呼是合适的。对工人身份的中老年乘客可称其为“师傅”，对年长乘客可亲切地称之为“大妈”、“大伯”、“大爷”、“叔叔”、“阿姨”等。对某些特殊职业的乘客可按职业称谓称呼，如“老师”、“大夫”、“律师”。对有专业职称的也可按职称称呼，如“教授”、“工程师”等。对于德高望重的学者一般称为“×（姓）老”。同事之间由于接触频繁，彼此熟悉，称呼一般简单随便。若对方相对年长，可在其姓氏前加一个“老”字，如“老李”、“老赵”，年轻者可称为“小李”、“小赵”。在这些具体情境中，如不分对象，一概称为“同志”，会丧失某些尊敬、亲切感。

对于外宾，特别是非社会主义国家的来访者，尤其不能以“同志”相称，而应按照他们的礼节习惯来称谓，如“先生”、“女士”、“夫人”、“小姐”等。

(四) 称谓禁忌

乘务员恰当地使用称谓，可以体现出乘务员的职业文明礼貌；乘务员不能正确地运用职业规范称谓，往往被视为缺乏职业素养的表现。有些称谓在特定的场合使用可能是亲切、自然的，而在公共交通服务岗位上使用，则被认为是无礼或令人不快的，所以应当有所禁忌。

(1) 小名。又叫乳名、奶名。《中国风俗史》有言：“幼小之名谓之小名。长则更名，而以小名为讳。”由此可见称他人小名，权利只在长辈或同辈，而且仅限于家庭范围。乘务员对同事和乘客，忌以小名称谓。此种做法是对对方的不尊重。

(2) 绰号。又叫“外号”、“混号”，是人本名以外，别人根据其特征给他另起的名字，大都含有亲昵、憎恶或开玩笑的意味。绰号命名的方式种类繁多，有的以缺陷命名，有的以被称呼者的个人习惯命名，也有的以生活状况命名。

同事之间互给他人起绰号并公开或私下称呼是不礼貌的行为。运营工作中同事之间更不可以绰号相互称呼。

(3) 雅号。在古代文人雅士多有雅号。雅，即清高之意。现今雅号已不多见，仅限于少数学者，在赠书赠画或藏书中以私人图章的方式出现，在公共场合则不宜提及。所以，在为乘客服务时自报雅号显得有些不伦不类，而称呼乘客的雅号也容易引起他人的嘲笑。

(4) 昵称。昵称即亲热的称呼，一般在长辈对晚辈，朋友、恋人、夫妻之间称呼。大多是采取姓名的后两个字。昵称，在正式场合不宜称呼。

(5) 排行。排行是指一个家庭或家族中兄弟姐妹按长幼排列的顺序号。过去的家庭子女甚多，为了方便，父母常以排行称呼孩子。上学后，大多以学名代替之。这类称呼在家庭亲友以外场合不宜使用。运营工作中同事之间，以排行互相称呼是极不严肃的。

(6) 蔑称、贬称。乘务语言规范的主旨是向乘客表示友好的尊敬；蔑称与贬称则恰恰相反，是蔑视和轻视受听者的一种称谓。例如，称农民为“土老帽儿”、“土包子”，具有讽刺的味道。再如，称外国人和外族人为“洋鬼子”、“番蛮子”，称异地人为“山东棒子”、“东北佬”，称军人为“大兵”、“当兵的”等，都是不恰当的。有些人由于无知或出于好奇而任意使用蔑称或贬称，虽然未必当面称呼，但也会产生负面影响。这种现象应当在乘务工作中加以杜绝。

(五) 称谓忌

称谓忌也就是人们通常所说的讲话中的避讳，是人们在长期的语言交往中形成的一种特殊的风习。它最早以古代的原始信仰为根据。那时，人们通常相信语言具有某种魔力，认为语言神奇而灵异，与它所代表的真实事物之间存在着某种完全同一的效应关系，说“福”便将有福，说“祸”便将致祸。因此，生活中某种事物需要禁忌时，在言语中也要避免提及，或者改换另一种说法。这不外乎是出于礼仪、吉凶、功利、荣辱等各方面的考虑。久而久之，便形成了一些不成文的规矩。现代社会，这些原始观念已经不存在了，语言禁忌已经传统化、习惯化，尽管迷信思想在一部分人身上仍然根深蒂固，但其中的吉凶意识大都转化为表层的礼貌意识。

(1) 称呼忌。中国人素有“尊祖敬宗”的美德，生活中晚辈称呼长辈应以辈份称谓代替名字称谓，如“爷爷”、“奶奶”、“姥爷”、“姥姥”、“爸爸”、“妈妈”等。这类称谓明示着辈份关系，也含有尊敬的意思，不但家族间长、幼辈之间如此，师徒之间也不例外。俗话说：子不言父名，徒不言师为。同辈之间，常以兄弟、姐妹、先生、女士、小姐、同志、师傅相称。在必须问到对方名字时，还要客气地说“请问您贵姓”等。此外，忌讳称他人小名，昵称等的使用也应掌握分寸。

(2) 凶祸忌。人们视死为不吉利，所以尽量去规避。即使真的死了，也要改换说法，称为“谢世”、“逃世”、“去世”、“没了”、“走了”等。例如，在战场上为国家而战死的人，可被称作“捐躯”、“牺牲”等。有的地方甚至讳言其谐音字，在台湾医院里没有四号楼或第四号病房，公共汽车也没有四路，只因“四”与“死”的读音是谐音。过去社会上不同行业的人也都有各自避讳的字眼儿，如船家忌说“翻”，万不得已时还改称帆布为“抹布”。

(3) 破财忌。中国人见面寒暄、年节拜访，爱拱手说“恭喜发财”。可见，财运的好坏直接关系到人们的切身利益，而祝人有好的财运很令人舒心快慰。

并不是所有的人都有“说凶即凶”、“说祸即祸”等一说破财就破财的迷信心理，但由于人们长期形成的心理习惯一时很难改变，讲话中出现不祥的字眼总引人不大愉快。所以，了解和尊重人们避凶趋吉的传统习惯，会使你的语言更显出教养和礼貌。

(4) 亵渎忌。羞耻之心，人皆有之。这种意识使一些带有亵渎意味的词语成为避讳，老百姓把这叫做“矮子面前不说短话”。

(5) 年岁忌。人的年岁也有所避讳。人上了年纪，常常恐惧死亡，谈话中听到“死”字，会引发不愉快的联想。乘务员在工作中也应避免此问题。

二、恭维与赞美

(一) 适度的恭维是人际关系的润滑剂

每个人都渴望得到别人赞赏，获得他人的好评。因此，适当的恭维在人际关系中是必不可少的。乘务员在工作中学会赞美同事、乘客不仅是提高服务质量的需要，更是获得良好人际关系的需要。

(二) 恭维不同于奉承

区别恭维与奉承的关键在于判断赞誉之辞是否发自内心，有些人把赞誉语言当成一种手段，为谋取某种好处到处“拍马屁”，给人戴高帽，这种情形只需稍加留意，便容易识别。因此，乘务员对乘客的赞美只有发自内心、真心诚意，才能激起乘客的共鸣。恭维的根本性质在于发现和肯定他人身上的长处。试问，有哪一位乘客不因被恭维而感到快慰呢？

(三) 给予乘客赞美

乘务员为更好地维护与乘客的关系，学习使用得当的语言给予乘客得体适度的赞美是必需的，如“您的孩子真可爱”。这种赞美能够给乘客留下乘务员善解人意的印象。

(四) 赞美中的禁忌

(1) 不符合事实。有些人往往由于急于求得对方的好感而言过其实，结果往往适得其反、事与愿违。

(2) 虚情假意。乘务员对乘客的赞美应是发自内心的，虚情假意的奉承不会有好的效果。

(3) 千篇一律。赞美中另一个常见的误区是千篇一律。有些赞词似乎放在什么时间说、对什么人来说都放之四海而皆准，但实际上会让乘客觉得乘务员并不是出于真心。

(4) 不合时宜。不合时机的恭维无异于南辕北辙。这样恭维的效果常产生副作用。

三、答谢

(一) 答谢原则

(1) 必须诚心诚意，发自内心。表示确实有感谢对方的真挚愿望，从而使“谢谢”这个词蕴含一定的感情，让乘客听起来不觉虚伪，不感到是一种出于应付的客套话。

(2) 要认真、自然。不要轻描淡写含糊地嘟噜一声，不要为此觉得不好意思，应大方、清晰地说“谢谢您”或“非常感谢”。

(3) 应有明确的称呼。通过称呼被谢人的名字，使道谢专一化。如果要感谢的是几个人，最好逐一地向他们道谢，这样会在每个人的心里引起反响和共鸣，达到感情的进一步交流。

(4) 要选择适当时机。只有选择合适的时机，才能使对方切实感觉到你是在对他的礼貌言行的一种回敬和酬谢。

(5) 要伴随一定的体态。头部应轻松一些，目光应注视着需要感谢的人，以示尊重。

(二) 答谢禁忌

(1) 忌虚情假意，刻板教条；

(2) 忌手足无措，推三推四；

(3) 忌不看对象，千篇一律；

(4) 忌卖弄口舌，夸夸其谈；

(5) 忌过于客套，华而不实。

四、致歉

(一) 致歉原则

(1) 表示自己言行不当，可以说“失礼了”，“对不起”，“太不应该了”，“给您添麻烦了”。

(2) 请求对方的谅解，可以说“请原谅”，“请多包涵”，“望海涵”，“大人不记小人过，宰相肚里能撑船”，“请别介意”等。

(3) 告诉对方你此时的负疚心情，可以说“很抱歉”，“很惭愧”，“不好意思”，“过意不去”，“十分懊悔”，“深感不安”等。

(4) 对待他人的致歉，应以谦逊友好的态度回报，可以说“没关系”，“别客气”，“算不了什么”，“哪里”，“您太谦虚了”，“您太在意了”等。

(二) 不可谦虚过分

致歉语并非表明说话者真的在某件事上有什么过错，有时也是一种礼貌的表达。例如，许多人在公众面前发表演讲时会说“我讲得不好，请大家原谅”。这样的客套应掌握好尺度，因为并不是把自己贬得一文不值就能够显出对别人的重视。在西方各国，如果演讲者在讲话中强调自己“讲得不好，定有许多不当之处”，听众多半会嗤之以鼻：“明知自己讲得不好、有错误，为什么还要浪费我们的时间呢？”再如，乘务员在乘务服务时，已为乘客提供了周到的服务，却说：“我的服务不好，请多包涵！”有时不但收不到良好的效果，还会适得其反。轻则使人莫明其妙，重则会使乘客生气，置疑道：“为什么不提供好的服务给我？”可见，致歉作为一种谦虚的客套时，不应超出必要的限度。

(三) 认错不可夸张

如果乘务员怠慢了乘客，致歉时不可言过其实。夸张到了失实的程度，不但难以使乘客领会你的用意，反而会造成误会。在乘务服务有过失的时候，若不能实事求是地根据具体情况恰如其分地解释，而把错误夸张到极点，将自己说得一无是处，乘客反而不容易接受。

(四) 致歉应适可而止

只要乘客明白了乘务员歉疚的意思，乘务员致歉的使命便告完结了。切忌唠叨个没完，反而会让乘客感到难堪。生活中常有这样的人，一旦由于自己的过错造成他人不愉快，便忐忑不安，一而再再而三地提起此事，结果往往越是道歉，事情越麻烦。

五、戒掉不良用语

乘务语言应文雅、简洁。有些乘务员有这样或那样的不良语言习惯，应该戒除。归纳起来，不良用语不外乎以下三种。

（一）脏话

脏话给人粗野鄙俗、低级下流之感，会给人留下极为不好的印象，不仅降低了讲话者本人的身份和品位，还会使对方大生反感。但是，日常生活中我们仔细加以观察就会发现，有相当一部分人有这种不良语言习惯，应该下功夫戒除。

（二）傲语

“你知道吗”，“我告诉你说”，“我跟你讲”，“我觉得吧”，“你明白吗”，“是不是啊”等均属于傲语。它们往往只是说话者的一种语言习惯，在句子里没有实际意义，不表达任何情绪而反复出现。这种口头禅给乘客一种自以为是、盛气凌人、居高临下、轻视蔑视的感觉，使乘客心理上产生不舒服之感。

（三）口头禅

口头禅是指乘务员在与乘客交流时，下意识地、习惯性地使语言显得拖沓、不流畅，令人厌烦。口头禅大多不自觉地形成，它反映了乘务员身上某些修养的细节。乘务员要想给乘客留下彬彬有礼、谦逊干练的美好印象，必须戒掉不良的口头禅。

（四）滥用幽默

幽默是一个人身上可贵的情趣，有幽默感的人往往比严肃而呆板的人更容易获得他人青睐。幽默的作用是使单调枯燥的人际关系变得丰富多彩，充满活力，令人心情愉快，有时甚至能化干戈为玉帛，让矛盾或紧张的气氛化解、缓和。所以，幽默是现代文明人应具备的优良素质。

幽默应是格调高雅、健康积极的，应是智慧、才能和对工作乐观态度的自然流露，是乘务员精神饱满、心胸开朗的表现。然而，幽默也不可滥用，过分的幽默会给人油嘴滑舌之感。使用幽默语言应把握方寸，忌开庸俗低级的玩笑；忌拿同事、乘客取笑；忌挖苦、讽刺同事与乘客；忌开残疾人和女士的玩笑；不揭同事的隐私；不借机言语攻击他人；不虚张声势、哗众取宠。上述种种言行，只能使乘务员的职业形象在乘客心中大打折扣。幽默一旦超出了职业礼貌基本要求，也就不是幽默了。

六、学好讲好普通话

（一）学好普通话

严肃地说，学好普通话是乘务员应具备的基本职业素质之一。如果乘务员在为乘客服务时能使用标准的语言，可以让乘客更清楚地理解自己的意图，避免给乘客留下“邪腔土调”的印象。北京的公交乘务员绝大多数是北京人，但北京话并不就是普通话。乘务员要走出这个误区，自觉纠正京腔，学好用好普通话。

（二）回避使用生僻的方言土语

方言都有一些特有的词，只在某一方言区使用。例如，“聊天”在东北地区叫“唠嗑”，在成都叫“摆龙门阵”；“南瓜”有的地方叫“北瓜”、“倭瓜”等。有一些方言词语，为丰富普通话的词汇做出了贡献。比如，现代汉语中通用的动词“搞”，过去曾是四川方言中的词语，由于它简便、实用，在普通话里已广泛地运用它来代表各种动态，如“搞学问”、“搞对象”、“搞活动”、“搞材料”……但是，方言土语中有的比较生僻，缺少全民族的共同性，在方言区以外的地方使用，往往使人听不懂。例如，南方某些地方的人问人年龄，不管对方老少，一概说：“你几岁啦?”这话用在北京就会发生误解。乘务员在乘务服务中应尽量避免这些不规范的方言土语。

（三）不可耻笑、歧视有地方口音的人

车厢汇集着来自全国各地的人们，尽管大家习惯用普通话进行交流，但有些人还是克服不掉浓重的地方口音。事实上，任何一种口音都是自然而然形成的，各种口音并没有高低优劣之分，是平等的。乘务员没有理由嘲笑有地口音的人。所以，在车厢服务时乘务员之间以及乘务员与乘客之间，忌以滑稽、搞怪的心态模仿、耻笑对方，这是极不道德的行为。

七、杜绝服务“忌语”

(1) 忌说不礼貌的称谓，如“老冒”、“老头儿”、“当兵的”、

“老外”等。

(2) 忌说容易引起乘客反感的疏导用语，如“怕挤呀？打的去!”“上不来下去!”“靠边点儿，别挡着!”“往里，往里，快点!”

(3) 忌说容易引发乘务矛盾的售、验票用语，如“就这钱，爱要不要!”“没票赶紧买，别等着下车罚款!”“包儿得买票，快拿钱，少废话!”“刷卡、刷卡、刷卡了吗你？”

(4) 忌说不文明的宣传用语，如“把烟掐了!”“看车！看车!”“找死呀，活腻歪了!”“快点！快点！磨蹭什么呢？”

(5) 忌说容易激化矛盾的处理问题用语，如“谁让你不快点上，夹着活该!”“长耳朵干嘛使的？”“就这态度，有能耐你告去，告到哪儿我都不怕!”

(6) 出现坏车、晚点时，忌说的不文明语言，如“车坏了，都下车！我们也没办法!”“嫌慢，打的去!”

(7) 解答乘客询问时，忌说“不知道，问别人去？”“刚才不是告诉你了吗，怎么还问，真烦人!”

(8) 乘客不遵守乘车秩序时，忌说“干嘛呢，别瞎挤，后边排队去!”

第五节　对待特殊乘客的语言规范

一、对特殊乘客的服务用语

(一) 基本原则

乘务员为特殊乘客服务时，应特别注意以下基本原则：

(1) 忌用食指对其指指点点，对方会认为你在议论他或者瞧不起他；

(2) 忌好奇地、长时间地注视对方，这是最不礼貌的行为。

(二) 对聋哑人的服务方法

(1) 称呼聋哑人可用“手语”。因为聋哑人有语言障碍，与之碰面最好用“手语”打招呼，切忌上前拍肩膀，更不要直呼“聋子”或“哑巴”。他们虽然听不见，但可以从对方说话时的口型看出对方说话的内容。

(2) 聋哑人多半性格急躁、执拗多疑，与之交往，态度要诚恳，语气要温和。如果你在与他们交往中，流露出些许不友好的表情，他们就会伸出小拇指，意思是说你“不好”。

(3) 聋哑人与正常人的交往一般惯用手语，因此，乘务员可适当学一些手语。

(4) 有时，与聋哑人交流也可以采用笔谈的方式。但要注意，由于一般聋哑人书面语言能力较差，应多用通俗易懂的语言笔谈，少用抽象费解的词语。

(三) 对精神病人的服务方法

(1) 忌给他们容易伤人、毁物的物品。

(2) 忌歧视他们，不要把他们当作洪水猛兽，他们不发作时，几乎与正常人一样。对他们最好直呼其名，但要注意语气，忌称呼他们为“疯子”。

(四) 对盲人、肢残人的服务方法

盲人虽然看不见，但可以听见。因而，对他们的称呼要格外亲切，切忌称呼他们为“瞎子”、“瘸子”或“路不平”等。

(1) 盲人看不见你的表情，所以，在盲人与你交谈时，忌总是沉默不语。

(2) 盲人在上车后，乘务员应及时询问他们是否需要帮助。搀扶他们的手臂，须事先征得同意。

(3) 盲人、肢残人下车时，乘务员应及时、热情关照他们注意安全。

二、对有生理缺陷的乘客的不当用语

(一) 对有口吃乘客服务的注意事项

(1) 忌对有口吃的乘客提问“你为什么口吃”或“你怎么口吃”等问题。

(2) 忌与有口吃的乘客交谈时突然发笑，令对方难堪。

(3) 忌在有口吃的乘客面前模仿其口吃。

（二）对驼背乘客服务的注意事项

忌对驼背的乘客说“我发现你有些驼背”。这会令对方感到自卑与不快，应避免触及对方的痛处。

（三）对近视乘客服务的注意事项

（1）忌随便议论近视乘客的眼镜。

（2）忌称近视的乘客为“四眼”。

（四）对秃顶乘客服务的注意事项

（1）忌在秃顶的乘客面前说“灯泡”。

（2）忌向秃顶的乘客介绍各种生发用品。

（3）忌触摸秃顶乘客的头。

（4）忌当着秃顶乘客的面，夸耀自己或别人的头发好，或者议论其他秃顶乘客。

（五）对耳背乘客服务的注意事项

（1）忌在耳背的乘客面前说三道四。

（2）忌对耳背的乘客大声嚷嚷。

（六）对侏儒的不当用语

（1）忌与侏儒乘客比身高。

（2）忌以此开不适当的玩笑。

（七）对智障乘客服务的注意事项

（1）忌让智障乘客作滑稽动作。

（2）忌设置圈套，让智障乘客上当。

（3）忌称呼智障乘客为“傻子”。

总之，乘务员应该根据特殊乘客的特点，注意与他们交往的职业礼节。使用文明用语，避免带有攻击性或歧视性的语言，使这些特殊乘客在乘车中感到称心、满意。

第六节　乘务语言禁忌

乘务员与乘客交谈时，由于谈话的内容欠考虑或表达方式不妥，会破坏与乘客沟通的效果，使交谈达不到预期目的。以下是乘务员与乘客交流时，应注意的言语禁忌。

一、忌谈及乘客隐私

谈话内容应避免涉及乘客隐私，一旦张口问及乘客不愿启齿的个人隐私，会置乘客于尴尬的境地，并易引起乘客的反感。涉及乘客的婚恋问题、家庭纠纷问题、经济收入等问题都是乘务语言禁忌。

二、忌议论不在场的第三者

乘务员与乘客交流不应议论不在场的第三者。

三、忌谈论他人的伤心事或缺陷

这些话题会使乘客感到非常刺耳。例如，“你离婚了”、“听说你几天前被领导训了一顿”等语言不但会伤害乘客的自尊心，而且被其他在场乘客听到也会深感不快。

四、忌问不该问的问题

忌问及乘客私人情况，如对方收入、家庭成员的私人问题、住在何处等；对年轻的女乘客，忌询问她们的年龄、婚否、住处，更忌对她们的长相品头论足；对政界人士，不宜询问决策内幕；忌向军人乘客询问军队内部事务及军事秘密。

五、忌没完没了地谈自己的事情

乘务员与乘客交流是必要的，但是如果没完没了地谈自己的事情，不但会令人反感，还会影响正常的乘务工作。

六、忌自吹自擂

个别乘务员在与同事及乘客交流时，常喜欢自吹自擂、语气骄横，如吹嘘自己如何有社会背景、如何办事有路子、如何优秀，以此抬高自己在对方心目中的地位，而实际得到的结果却恰恰相反。

七、忌抱怨不休

遇到共同的话题，人们容易谈得投机，甚至一诉衷肠。但是有些乘务员却抱怨不休，不停地向乘客诉苦。这样的谈话会使乘客感到毫无意义而产生厌烦心理。

八、忌饶舌

个别乘务员口齿伶俐，碰到熟人，常表现欲过于强烈，不管对方喜不喜欢某个话题以及愿不愿听下去，滔滔不绝地说下去，使对方根本没有说话的机会，更难以改变话题。

九、忌以“我”为中心

有些乘务员与相识的人谈话，虽然谈的不是自己的事情，却喜欢频频使用“我”字，如“我以为”，“依我看”，“我才不在乎呢”，“我如何如何”，使整个谈话令对方感到乘务员是以自己为中心，没有对乘客足够的重视。因此，除非对方要求你谈谈自己的事，否则，在与同事相处、为乘客服务时，忌句句不离“我”字，应适当多关心对方，多谈些对方感兴趣的话题。

十、忌沉默寡言

与饶舌不休的人正相反，有些乘务员由于性格内向或自卑心理，在与同事交谈、为乘客服务时，常沉默寡言。这种行为不仅影响了融洽的同事关系，更会影响与乘客的交流及乘务服务质量。

十一、忌打断他人的话

个别乘务员在与同事或乘客交谈时，常不由自主地打断他人的话，扰乱说话者的思路，这是不得体的。还有个别乘务员在同事或乘客说话尚未结束时，为表现自己便随意插嘴，这是极为失礼的。

十二、忌措辞难懂

有些乘务员以为使用别人难于理解的辞汇便可以显示出自己的学识渊博，其实不然。在交谈中，乘务员应该尽量避免使用专门术语或学术用语，以免使乘客产生失落或自卑感。

十三、忌使用不文雅的字眼

乘务员在与同事或乘客交谈时，如语言粗俗或伴有不雅的口头禅，容易给人以俗气满身、市侩味十足的印象。

十四、忌没分寸地开玩笑

乘务员在与同事或乘客交流过程中适度地开玩笑能够活跃谈话气氛，拉近彼此的心理距离，其益处是不言而喻的。开玩笑是用幽默的语言、巧妙含蓄的构思，艺术地进行思想交流和感情交流。但是，如果交谈中开玩笑失去限度，也是不礼貌的。

玩笑中的忌讳主要有以下几个方面：

1.忌男女无别

一般来说，女性对语言情境的承受能力比较弱。让男性感觉无所谓的玩笑若施于女性身上，会使她们十分难堪，甚至不能忍受。

2.忌长幼无序

下级对上级、新员工对老员工等开玩笑时，不能失去对长者的尊重，使其颜面扫地；上级对下级、老员工对新员工等开玩笑时，也要注意充分尊重他们，不能过分。

3.忌以缺陷短处为玩笑对象

人们对自己心理和身体上的缺陷分外敏感。乘务员如果开玩笑时以乘客的缺陷、短处当笑料，会深深刺伤乘客的自尊心。

4.忌不分场合

庄严肃穆的场合忌开玩笑；工作时间不宜开玩笑；集会、仪式场合、同事间忌开玩笑。比较熟悉的人在一起开开玩笑是可以的，与自己不熟悉的同事开玩笑，搞不好会触及对方的隐私或缺陷，从而冒犯对方。

5.忌举止轻浮

讲话时除非需要用手势来加强语气或表示特殊感情，否则忌无意义的举动。说话时手脚胡乱晃动、对人指指点点、同事间拍拍打打、手舞足蹈、举止轻狂、吐沫四溅均是极不礼貌的行为。

6.忌要求乘客重复说过的话

由于自己注意力分散，要求别人重复说过的内容是不礼貌行为。

7.忌连续发问

忌像倾泻炮弹般地连续发问，让人难以招架，产生不快。

8.忌随便解释某种现象

忌为了表现自己很博学而轻率地对某事、某种现象下定义。

9.忌争论不休

不要就某个无关紧要的问题与上级、同事、乘客争论不休，结果很容易导致大家不欢而散。

第七节　运用乘务语言的技巧

运用乘务语言的技巧包含表达形式技巧和语言内容技巧两个方面。吐字清晰、声音优美、悦耳、温柔、委婉都属于表达形式的技巧，而完整、健康、文明则属于语言内容技巧。

乘务语言艺术的标准应该是使乘客获得心理上的共鸣和精神上的愉悦。乘务员运用语言的技巧，从根本上说就是依据客观实际存在的情况、环境、对象以及人们的心境灵活、恰当地遣词造句，从而确切地表达自己的思想感情和意愿要求。乘务员学习运用语言技巧最基本的方法是在实践中不断探讨运用语言的技巧，不断总结运用语言的规律，不断丰富自己的语言表达能力。由于现代汉语具有丰富的表意力，加之乘车过程遇到的情况复杂，乘务员需要用各种各样的语言表达方式来表达自己的意愿，很难准确地提出语言表达技巧的概念、标准或规范，因此，本书只能依据乘务实践对乘务员运用语言的技巧做一些有益的提示。

那么，怎样有礼貌地与乘客交谈呢？

一、态度要诚恳

说话本身是用来传递思想感情的，所以说话时的神态、表情都很重要。例如，当你向别人表示祝贺时，如果嘴上说得十分动听，而表情却是冷冰冰的，那对方一定认为你只是在敷衍而已。同样，当你向别人表示慰问，而神态却显得很不专心时，对方也一定认为你是虚情假意，对方不但不会对你感激，反而会产生反感。所以，乘务员对乘客讲话首先要做到态度诚恳和亲切，让乘客对乘务员的说话产生信赖。

二、用语谦逊文雅

对乘客应多用敬语。比如，可称呼对方为“您’、“先生”等，而对自己则应多用谦语。正在提倡的礼貌用语十个字——“您好”、“请”、“谢谢”、“对不起”、“再见”，就体现了说话文明的基本语言形式。

三、语气亲切

语气亲切是从语音、语调角度探讨运用语言的技巧。语音、语调是语言的重要组成部分，乘务员在出乘过程使用亲切的语气表达，可以增强表达内容的效果，而同样的语言内容用不同的语气表达可以收到不同的效果。

从心理学的角度看，人们在社会交往中都乐于听到优美、亲切、悦耳、温柔的声音，而不愿意听到噪声。在出乘过程中和谐、亲切的声音可以使乘客的心情愉悦、轻松，引起乘客感情上的共鸣。同样是“谢谢”两个字，用不同的语气表达，生硬的语气会令乘客感到乘务员十分勉强、不够真诚亲切的语气可以使乘客感到乘务员是发自内心、诚心诚意的，使乘客乐于接受。因此，语气亲切可以增强语言内容的表达效果，有助于传达乘务员在为乘客提供服务时的热情，创造和谐的乘车气氛。

四、使用商量的口气

乘务员无权对乘客下达各种命令。在提供服务的过程中，乘务员表达语言时应使用商量的口气。

商量的口气表示了对乘客的尊重，容易被乘客接受、得到乘客的支持。特别是在目前乘客乘车行为还缺少法规来制约、仅仅靠“乘客须知”来维持的现状下，商量的口气往往可以减少乘务员处理问题时的尴尬场面，比较容易地变被动为主动。比如，有的乘客携带行李放在门口，影响别人上下车。这时，乘务员用商量的口气询问：“这行李是哪位乘客的，往里挪挪好吗?”采用这种口气一般是不会遭到乘客拒绝的。反过来，如果采取强迫命令式的口气疏导：“这行李是谁的？这么不长眼，堵在这里别人怎么上下车？往里拿”，往往会遭到乘客拒绝，不愿意主动配合乘务员的工作。

五、言词委婉

乘务员在处理乘务问题时运用含蓄委婉的言词表达意愿、提醒乘客，比较容易得到乘客的理解和配合。委婉、含蓄的言词表示了对乘客的尊重，维护了乘客的自尊心，适应了乘客心理的需要。反之，言词直率容易引起乘客的反感，造成乘务矛盾，甚至发展成乘务纠纷。比如，在车厢比较拥挤的情况下，当车辆行驶到站时，车内有一年轻乘客挤住车门，使车门打不开而无法上人。此时，乘务员用委婉的言词诱导道：“这位师傅，请您往里挤挤，要是您在站上等车，好容易盼着车来了，可上不去多着急啊!”这位乘客一般就不会再挤车门了。可见，乘务员虽然没有使用直率的语言批评责怪，但表达了规劝甚至批评的意思，比较容易收到良好的效果。相反，如果乘务员用直率的语言批评到：“你这么做不对，你挤着车门别人怎么上？光顾你自己，不管别人!”这位乘客很可能回答：“这么多人我挤不动，我管不了那么多，敢情你坐在那儿不挤!”如此发展下去，极易引发乘务矛盾。

六、恰到好处

恰到好处是指乘务员语言表达时，应依据不同的情况，掌握好表达的分寸，包括语言使用的多少、语气的轻重、语词的色彩。通俗地解释，就是该说的一句不能少说，不该说的一句不能多说；该亲切的不能生硬，该严肃的不能嘻皮笑脸。至于什么时候该怎样表达，只能依据客观实际确定。比如，遇外地乘客或老年乘客询问乘车线路时，要介绍得详细一点、耐心一点，不能觉得不耐烦。反过来，有的乘客对公交企业的规章制度不了解，乘务员作出解释后，乘客可能仍然会喋喋不休，此时乘务员宜少说话，让其自己去了解。在这种情况下，如果我们坚持争个是非，论个短长，不仅影响了我们的正常工作，还可能由口角发展成乘务纠纷。

七、留有余地

乘务员在提供服务的过程中运用语言要注意留有余地，不能把话讲得太绝对，否则会带来不必要的麻烦。

乘务员与乘客之间因立场不同，看问题的角度不一样，认识上很难保持一致。况且乘车过程中的具体问题都发生在瞬间，乘务员很难全面了解每一个乘客的语言习惯和个性特征，很难做到全面、客观地看问题。为了避免由于自己主观认识有限而产生的失误，就必须在运用语言时留有充分的余地。表面上看留有余地可能会让人感到模棱两可，而实际上这一余地可以使我们自由、灵活地去处理问题、表达意愿。比如，乘务员验票时某位乘客拿不出票，此时乘务员耐心地讲：“您别着急，再找一找。”乘客仍然拿不出票时，乘务员又说：“要是找不到，您照章补票吧！”乘客此时会顺从地补票。我们分析一下，虽然乘务员讲了“您别着急”，可是众目睽睽之下无票乘客能不着急吗？相反地，如果乘务员主观上已经认定乘客就是无票乘车了，说：“瞧你就不像有票的，别装模做样的了，赶快补票！别耽误大家时间！”假若此时乘客真的找出票来，乘务员自己也会哑口无言、陷入尴尬。

八、语言幽默

幽默是语言表达的一种风格。乘务员适度地运用幽默语言可以调节乘客的听觉神经，使乘客感到轻松、愉悦、风趣，让乘客消除旅途中的拘谨和不安，感到乘务员可亲可敬。幽默既不是耍贫嘴，也不是哗众取宠。运用幽默语言要注意场合、气氛，使用要得当，否则难以达到预期的目的。

九、注意自责

乘务员在提供服务时要接触众多的乘客，处理各种各样的问题，由于时间的局限，很难处理得面面俱到。再者，即使乘务员本身做得很好，但由于乘客需求不一，公交企业的服务也难免会出现不尽人意的疏漏。鉴于这种现状，乘务员运用语言时要注意自责。

所谓注意自责，是指乘务员运用语言时，主动承担责任，这样既表现了自己的谦虚谨慎，又容易平息乘客的各种不满，取得乘客的谅解。特别是当一些乘客准备发泄不满时，听到乘务员主动自责，反而不便发泄。可见，注意自责可以有效地防止车厢中的口角，及时沟通乘客和乘务员之间的感情。

十、顾全大局

乘务员运用语言时，要顾全大局。因为我们是车厢的主人，看待问题、处理问题时不能只站在个人的角度，更要站在公交企业的角度，用妥善的语言恰当地表达。特别是遇到国际友人、港澳台胞以及残疾人乘车时，要依据有关法规和企业的规章制度说话办事。运用语言时要防止随意性，掌握适当的尺度，不宜讲超出原则的话语。

十一、因人而异

乘务员语言交流要针对乘客实际情况，察言观色，很好地倾听乘客需求并迅速判断乘客的心理和服务需要。车厢中的乘客构成复杂，职业、年龄、性格各异，要因人而异、区别对待，善于使用不同的礼貌用语，避免语言的平淡、乏味、机械。

首先，因人而异表现在称谓上，依据乘客年龄、性别、职业、装扮，选用得体的称谓。称谓要表示尊重，一般不宜使用指代词语，如“戴帽子的”、“大胡子”、“穿黑衣裳的”等。

其次，因人而异表现在对不同身份的乘客使用不同的语言上。例如，工人喜欢直率、幽默，对待工人不宜装腔做事；知识分子喜爱文雅、和声细语，对待知识分子不宜粗鲁；农民喜爱和蔼、耐心，对待农民不宜生硬；老年人喜爱细致、周到；儿童喜欢被哄逗，对待老人儿童也要耐心、温和。

乘务员运用语言的技巧还有安慰语言、激励语言、暗示语言、意会语言、反驳语言等。根据乘务工作的特点，乘务服务的语言还要简练、通俗、亲切。这些有待于每一位乘务员在乘务实践中去探讨、总结。只要我们广大乘务员注重语言艺术的学习，并通过乘务实践不断丰富自己，那么在公共交通的车厢里就会创造出相互尊重、相互理解、文明和谐的乘车气氛，公共交通企业的服务质量就会产生质的飞跃。

思考题：

1.乘务员在服务工作中讲究语言艺术有什么意义？

2.你认为乘务语言具有哪些特点？

3.乘务员运用语言的技巧有哪些？

第五章

职业培训与演讲

第一节 职业培训

对于高级乘务员来说，除了掌握与自己工作相关的各种基本知识和技能，出色地做好车厢服务工作外，还应具有为公交辅导培养新乘务员的能力。为公交培养新乘务员属于职业培训的内容，企业职业培训是职业教育的源泉，也是现代职业教育体系的重要组成部分。作为一名高级乘务员，把自身的服务经验和技巧传授给新乘务员，为企业培养合格的后备军，是企业赋予其义不容辞的神圣使命和光荣义务。本章就此进行阐述和讨论。

一、职业培训概述

职业培训，广义上是指为适应社会职业的需要，按着一定的标准，对要求就业和在职的劳动者所进行的，旨在培养和提高其素质和职业能力的教育与训练活动；狭义上讲，它指按照职业岗位对劳动者提出的要求所进行的培养和训练，旨在把一般人培养训练成为具有一定道德品质和技术业务素质的合格的劳动者，以适应职业岗位的需要。广义上的职业培训与职业教育并没有严格的界限，应属于同一概念，培训的内容是比较宽泛的职业领域或职业群所要求的知识和技能，要达到这一目标需要较长的时间，一般需要职业学校来完成。狭义上的职业培训是针对某一具体的岗位或工种，对劳动者所进行的一系列对应的培养与训练，具有较强的针对性，也是职业教育的重要组成部分。

二、公交企业中的职业培训方式

公交企业中的职业培训往往采用以下几种培训方式：一种是脱产班培训，即由车队把参加培训的人员抽调出来完全脱产参加培训班。这种培训班的优点是专业性和针对性强、效果好，但是培训成本较高。第二种是半脱产培训，即由参加培训的人员调班换班，然后经车队批准，进入课堂参加培训。这种培训往往是以牺牲参加培训人员的休息时间为代价，无形中增加了参加培训人员的劳动强度。第三种是“师傅带徒弟”的培训。这种培训方式是以一对一的形式进行的，而且是在生产过程中进行的，符合公交企业的生产特点。第四种是由公交企业中、高层管理部门组织的，由先进工作者或行业的突出代表做巡回演讲，由不当班的生产人员参加的培训。这种培训是演讲者结合自身的经历和先进事迹，对生产人员进行演讲。由于这些演讲者往往来自于从事生产的人员，所以这些演讲是非常有权威和说服力的。

三、乘务员的专业辅导与传授——“师傅带徒弟”

“师傅带徒弟”的培训模式，源于20世纪五六十年代的国有企业中。当时，这种“传帮带”的培训模式，在短期内为我国的工业发展培养了大批的技术人才，推动和促进了国内民族企业的发展。实践证明，“师傅带徒弟”的培训模式，在企业培训还没有成熟发展的年代，确实起到了不可忽视的作用。

对于公交企业来说，一般是以车组为单位来组织运营生产的，“师傅带徒弟”的培训方式是对脱产培训的有益补充。

当一个新乘务员在具备执业资格的情况下进入公交企业，经过企业的岗前培训，并通过考核后，即可分配到车队上车实习运营服务。由于岗前培训都是一些书面的理论知识，要把学到的理论知识付诸实践，还需要一个传帮带的过程，也就是俗话说的“师傅带徒弟”。虽然说师傅领进门，修行在个人，但是一个新乘务员如何才能在最短的时间内进行独立操作或者独立的完成工作任务还取决于师傅是如何传授辅导的。只有具备了辅导传授帮教能力的高级乘务员，才能做好带徒弟的工作，所谓“名师出高徒”就是这个道理。具体来讲，辅导过程可以分为以下五个步骤。

(一) 讲解到位

新员工在进入车组（班组）后，很多事物是在社会上或者学校里从未见过的。这时，师傅要变成一个耐心的讲解员，告诉徒弟什么是该做的，什么是不该做的，什么是必须学会的，什么是经常用到的。不需要让徒弟上来就亲自操作，但必须学会用心、用脑、用眼去领悟、去思考、去观察。汽车客运乘务员是一个看似简单的工作，但要想把车厢服务工作做得规范到位、滴水不漏，也不是一件容易的事。师傅要言传身教，就需要有很高的业务水平。

首先，师傅要向徒弟讲清乘务员车厢服务的工作流程，比如如何领取并核对车票、签注私款、签票、签路单；什么是“三报三宣”；怎么进行售票验票、监督刷卡；如何根据读卡机发出的长短声音识别乘客所持公交 IC 卡的种类等。该说的要说清楚，该讲的不能有遗漏。在教授过程中不能有所保留，要摒弃“教会徒弟，饿死师傅”的陈旧观念，要毫无保留地把自己的所知所会全部传授给徒弟。

(二) 做好示范

师傅讲授完毕后，徒弟只是知道了应该做的事情，接下来的重要环节就是师傅的示范了，即师傅亲自作出样子，让徒弟知道要做的事情应该怎样做，如怎样售票、划线，怎样使用报站机，怎样开关车门，怎样监督刷卡，怎样根据读卡机发出的长短音识别不同的公交 IC 卡种类等。做好示范非常重要，师傅怎样做，徒弟就会怎样学。只有师傅的操作规范，徒弟做得才会标准。师傅一定要用自身的好经验、好做法给徒弟打好基础，千万不能误导徒弟，给服务工作埋入隐患。

在做示范的过程中，师傅既要注重操作上的规范，又要说明做好各个动作的要领，让徒弟看在眼里，记在心上，从而受益终身。

（三）实习指导

前两个步骤结束后，即可让徒弟进入实际操作过程。这时，师傅虽然把车厢服务工作完全交给徒弟去做，但是并不意味着师傅就能放手不管了。此时要认真观察徒弟的服务操作，并及时对徒弟存在的问题和不足进行指导和纠正，并在容易出现问题的环节上一遍遍地进行重复讲解和示范。需要注意的是要掌握好方式、方法，最好在车到终点后，指出徒弟操作中的问题和不足，切忌在车厢中当着乘客对徒弟进行批评指责。

（四）总结点评

由于师傅带徒弟的时间有限（一般掌握在一周之内），所以要倍加珍惜师傅带徒弟的机会和时间，对徒弟实习中的表现随时给予点评，对徒弟做得好的地方要给予肯定和表扬，对徒弟做错的地方要给予批评和指正。师徒之间要做好语言和情感方面的沟通，交流做好服务工作的心得，使徒弟树立做好服务工作的信心，为接受验收打好基础。

（五）接受验收

“师傅带徒弟”的过程结束后，这时的徒弟虽然基本上具备了独立上车服务的能力，但还必须通过车队管理人员的验收，给予其上岗前的最后确认。验收人员一般为由车队指派服务专业的管理人员，验收人员跟车观察新乘务员在本线路一个单程的服务情况，确定其验收合格后，新乘务员即可独立上岗。验收过程既是对新乘务员上岗前的认定，也是对师傅带徒弟成果的检验。徒弟验收合格了，“师傅带徒弟”的过程就全部结束了。

第二节　职业技能培训相关教学法

一、教学口语的运用

（一）教学口语的使用范围

教学口语是指教师在课堂上面对学生完成课程教学内容所使用

的口语体式。

课堂既有空间的确定性，又有时间和对象的确定性。它要求教师的语言稳定、清晰，在长达数小时的言语活动中，始终能积极、轻松、有序地表达，做到声声入耳、句句达心。

课程教学内容也有其确定性。教育主管部门制订的备科教学计划、大纲是非常明确的；每一节课的教学任务、目的、重点等又是极其具体的。教师的教学口语要紧紧围绕课程教学内容展开，避免拖沓累赘。

(二) 教学口语的特点

1.思想性

课堂是教书育人的重要阵地，教师要有高度的思想修养、饱满的激情、生动有力的有声语言。

2.规范性

普通话是教师的职业语言，课堂教学必须使用普通话。

3.科学性

概念要准确，判断要周延，推理要严密，表述要合乎逻辑，尽量不用夸张、跳跃的阐述方法。

4.通俗性

化抽象为具体，变深奥成浅显，融意会于言传，用多种方法(如比喻、图示、举例等) 高效率地传授知识信息。

5.针对性

首先，要针对不同内容。对重点、难点反复讲解，多侧面提问，加强语气色彩，以强化学生印象。其次，要针对不同学生。必要时可以单兵教练，由解决一个人的问题达到解决一批人问题的目的。巧妙的回答、幽默的讲述、精辟的评析是提高教学针对性的有效方法。

二、教案的编写

教案是教师根据教材和授课班级学生的实际情况所制订的施教方案，犹如演出的剧本、建筑的设计蓝图，它是教师备课后形成的书面成果，是进行课堂教学的依据。写好教案对提高课堂教学质量具有重要作用。

(一) 教案的常规项目

教案多种多样，最基本的是按课时编制的教案。由于学科的不同、课型的差异等，课时教案的内容与项目有所出入，但这并不排斥教案普遍存在着的共性一面。这些常规性项同大致上包括：

1.课题

课题是教材的章节或课文的题目，如《票务制度的主要内容》。

2.教学目的

这是每堂课教学的宗旨，也是授课之前规定的总要求和授课之后检验成效的总标志。教学目的从内容上看包括基础知识、思想教育和能力培养三个方面，即教给学生什么知识，给学生怎样的思想道德教育与熏陶，培养学生的何种能力。从文字表达形式上看，常常采用“通过……讲述，使学生掌握……（知识），认识……（思想），培养……（能力）”，也可以采用分点表述的形式。当然，教学目的的规定不是机械的，可以只是其中的一项或两项。

3.导入新课

这是激起学生的兴趣并将其引导到即将讲授的内容上来的一种手段，导语要简短新颖，抓住学生的心理，唤起注意力，诱发学生兴趣。导语一定是与本堂课讲授内容相关的，是引导学生跨进新知之门的桥梁。

4.讲授新课

这是教案的主体，占的篇幅最多，决定着授课的成败，教案质量的高低。从内容上讲，讲授新课要根据学生的认识规律，从感性到理性，从具体到抽象，从个别到一般，从简单到复杂，突出重点、解决难点、概念准确、详略得当。从方法来讲，讲授新课要根据教材的内容和学生实际，合理地运用讲述、讨论、朗读、板书、教具、演示实验等手段，优化教学过程，使学生在有限的时间内留下最深的印象。

5.总结新课

一堂课的内容林林总总、有主有次，给以适当的小结，可以提纲挈领、把握全局，也可以延伸扩展、留下回味。

6.布置作业

为了培养学生的能力，应布置适当的作业让学生完成。作业可以是课堂上完成的，也可以是课外去完成的；可以是预复习性质的，也可以是运用性质的。作业的形式应灵活多样、分量适当，作业的要求应明确具体。

（二）教案的弹性项目

与常规项目相对而言的是弹性项目，这些项目虽然不是各学科、备课型共有的，却也是往往要碰到或列入教案的。这些项目大致包括以下内容。

1.教学的重点和难点

重点是在对一堂课的知识要点进行分档排队，弄清它们的逻辑主次关系后确定的，是课堂教学中要予以着力解决的基础知识。难点是指学生在接受知识中将要遇到困难的地方。难点或抽象或复杂，或生僻或深奥。确立了难点，分析了原因之后，授课教师要按此采取适当的方法，让抽象的内容形象化，复杂的内容条理化。

应当指出，并非所有教案都要把教学的重点和难点作为单列出来的一项内容，有的包含在教学目的里，也有的包含在讲授新课里。

2.教学方法

教学方法既包括教法，又包括学法，是师生在教学活动中为达到教学目的的一种方式及手段。常用的是讲解法，即按照知识内容的顺序，一一讲解下去。倘若采用其他方法，如自学法、练习法、讨论法、演示法等，则要根据学科特点、教材实际、学生状况、自身专长等精心地选择。如果从教学效果出发选择了某种教学法，那么整个教案的项目和内容也就要作出相应的调整和变动。

3.板书设计

板书是教师在讲授新课过程中书写到黑板上的文字或图表等。它是教师教学意图的反映，借此引起学生的注意力，从而使学生把握要点、理清层次，也便于学生抄写笔记和复习记忆。板书要精要得当、言简意赅，一般可以在教案的讲授新课部分用大字写出来或彩笔勾示出来，进行总体规则，并在讲解中分步完成。当然，为了突出和把握，也可以在教案里单列为一项。

4.教具

为了增强直观效果，要充分利用教具。教具包括挂图、实物、演示仪器和材料、幻灯、投影、录音、录像等。随着电子技术的发展、电教手段的应用、教学方法的改进，借助教具的情况已越来越多。

5.检查提问

假如上一堂课布置了课外作业，那么在本堂课开始之前，就应该复习、检查、提问。

6.布置预习

为了节省教学时间，培养学生能力，可以在本堂课结束之前，布置预习下堂课的教学内容，或让学生做好必要的准备。

7.其他添加项目

其他添加项目因某种特别要求而设立。比如，师范院校的实习生返校后需要参加教案展览，上公开课需将教案印发给校内外的领导和同行等。为了将教案长久保留，以作为个人从教档案，一般要添加一些项目，如学校、年级、班级、科目、执教者、时间等。

8.教学后记

需要说明的是，教学后记是唯一在上完课之后才写的项目。应趁着记忆清晰的时候，把这堂课的得与失、经验与问题及时反思、及时记载。记载时，有话则长，无话则短。在日积月累之后作一次总的回顾，找出关键性或规律性的东西，从而有效地提高自己的教学水平。

（三）编写教案应注意的问题

1.教案的常格与变格

每门学科都要按照教材逐章逐节地讲解，这是大量存在且经常使用的，由此而形成了教案的常格。但是，各门学科又往往具有自身的特殊性，需要辅之以其他授课形式，据此而形成的教案就属于变格。因此，不能以不变应万变，把教案写成千篇一律，要根据实际情况来调整自己的教案。

2 教案的重点与一般

初当教师的人，要把写教案的主要精力放在讲授新课这个部分。这是知识和能力的综合体现，也是评价一个教案好坏的关键部位。

3 教案的书面形式与文字符号

教案应有详略之分，不管详略如何，都应醒目。为此，在段落方面，每个项目更应分列，不要黑压压地连成一片；在文字方面，对那些重要、关键而不易记忆、容易疏漏的，如概念、定义、定律、公式、数据、人名、地名、时间等，可用红笔书写；在符号方面，对那些基础知识和事实，可用直线、曲线等符号标示出来；在款式方面，在教案纸的一侧可以留下一部分空白，写上提示，如板书、教法、应掌握的时间等；在版面方面，还要注意格式规范，条理清楚，书写整齐。

教案示例见表 3-5-1。

教案示例 表 3-5-1

授课班级	××公司客运乘务员	授课时数	2
授课时间	××××年××月××日	制订时间	××××年××月
课题名称	城市公交发展概述	课题类型	理论
教学内容	第一章城市公交发展概述		
教学目标	1.了解城市公交的发展简史； 2.掌握公共交通的分类方式； 3.熟悉我国城市交通的发展方向		
教学重点	城市公共交通的系统组成、我国城市公交发展现状		
教学难点	城市公共交通系统的三要素		
教学方法	教授		
教具	多媒体计算机		
审批签字	教研组长(签字)： 20 年 月 日		

续上表

教学环节	基本内容	教学方法、手段与时间分配
引入	新学期课程重点、课程要求	5~10分钟
讲授新知	第一节 城市公交发展简史 城市公交经历了5个世纪的发展，逐步向快速化、舒适化、多样化、环保化发展。其发展经历了蓄力动力型阶段、机动型初级阶段、公共汽(电)车阶段、轨道交通阶段。	板书“发展阶段” 30分钟 讲授、图片展示明确不同发展阶段的特点
	第二节 城市公共交通的系统组成 一、城市公共交通系统的三要素 二、公共交通分类 按各种交通方式在城市客运交通系统中的地位，可将城市公共交通系统分为常规、快速大运量、辅助和特殊系统四类 1.常规公共交通系统包含公共汽车、有轨电车、无轨电车。其特点是灵活机动、成本低，是城市公交系统的主体 2.快速大运量公交系统又称为轨道交通系统，包括地铁、轻轨、高速铁路等。其特点运量大、速度快、可靠性高但造价高，是城市公交的骨架 3.辅助公交系统包括出租车、三轮车、摩托车，在城市公交系统中起着辅助和补充作用 4.特殊公交系统包括轮渡、缆车等，在特殊条件下使用 公共汽(电)车和轨道交通是公交系统中最常用的两种形式	板书“公共交通系统分类” 20分钟 讲授重点：公共交通分类 15分钟
课堂小结	1.城市公共交通的发展； 2.城市公共交通的分类	5分钟
布置作业	P16,1~3	
板书设计	要点式，见旁注	
课后分析	本课内容简单易记，学生较好理解，时间较充裕，但学生的学习积极性有待提高	

三、教学笔记

教学笔记是一种在边教边学、边学边教过程中，自觉地提高自己教学水平的文体。

（一）教学笔记的内容

教学笔记是一种因教学需要而设置的笔记，故而涉及教学的方方面面。

1.教材

教材是教师进行课堂教学的依据，因此必须钻研并吃透教材，于是就产生了教材类教学笔记。它包括涉及教材相关知识的笔记、对教材理解和分析的笔记以及对教材中某个问题质疑的笔记等。

2.教法

教师钻研并吃透了教材之后，就得进一步考虑如何让学生掌握它，于是就产生了教法类教学笔记。它包括涉及的心理学、教育学原理、自己的心得和他人的经验，乃至讲授的方法、教具的利用、板书的设计等专项教法笔记。

3.学法

教师教书要目中有人，即有学生。这就要求教师站在学生的角度上，从学生的年龄、心理与生理特点、阅历与知识基础、教材的可接受性等方面予以设想，指导学生有效地进行学习，使学生学得更扎实、生动、活泼，于是就产生了学法类教学笔记。

4.调查

教学调查可以全面而系统地进行，从而形成调查报告，指导教学改革。但作为教师个人，每天都在进行教学，在教学实践中接触学生，了解情况，如果能把其中有典型价值的记录下来就构成一种难得的教学笔记。

5.实验

教学实验可以多方面的，这些年来，教学方法的实验是一个热门。作为教师个人，参加有目的、有组织的实验的机会很少，但自己通过所学所想进行某些零星的实验，却是完全可以办到的，而教师对实验状况的观察、测定、效果变化等的记载形成了又一种教学笔记。

(二) 教学笔记的形式

从教学笔记的材料来源看，无非是别人书面的内容或自己亲历的经验两类。教学笔记的形式有以下几种。

1.符号式

即在原文上标注符号。常用的符号有黑点、小圆圈、直线、曲线、单线、双线、方框、三角、疑问号、惊叹号、单箭头、双箭头。哪个符号代表什么意义，标注者要明确、统一，以便辨认。

2.批语式

即在材料的空白处写上批语。一般来说，空白的地方有限，因此批语要精当。批语是有领悟性质的，有好说好，如“妙”、“精彩”、“深刻”，有坏说坏，如“误”、“不妥”、“欠周”，可以补充，如“遗漏了×××”，也可以导读，如“第一、二、三层意思”。根据需要，想到什么，就可以批注上几个字。

3.摘录式

即在阅读时将材料抄录下来。摘录多少，是部分还是某些语段，如何摘录，是原文还是提要，均根据摘录者今后的需要和如何使用而定。只是一定要注明出处，以便日后查找或核对。

4.心得式

即在读了原作之后的心得笔记。它可以只有三言两语，也可成一短文；可以写感触，也可以写评价；可以作分析，也可以作综合；可以一作一议，也可多篇比较。一切根据记录者的实际状况而定，不拘一格。

5.随记式

即把自己亲历的经验随手记录下来，包括课堂教学、作业批改、听课后的随记等。同时，应注意辨别和选择，不必把所有见闻都记录下来，只需记录有意义的即可。

第三节　演讲的基本方法及技巧

一、演讲概述

（一）什么是演讲

演讲也称演说，是就某一问题或事件在公共场合向听众发表见解、说明的一种有声语言和态势语相结合的口语表达方式。演讲一般是独白式的。公共场合可以是会场课堂，也可以是不直接面对听众的电台、电视台。

（二）演讲的特点

1.针对性

演讲者要提出人们在生活和工作中最关心的问题，并发表自己的意见。针对具体问题带给人们以启示，促成问题的解决。

2.公开性

演讲要当众进行，有听众多少的差别，但不能没有听众。

3.独白体

演讲没有正反方的攻防来往，即使有与听众的交流，也是以我为主、以一个人为主。

4.艺术性

要讲演结合，以讲为主，辅以表情、手势、体态等加强感染力。当然，讲本身就与朗读和私下交谈不同，带有一些表演色彩。

（三）演讲的分类

从内容上分演讲可分为宣传演讲（如宣讲端正社会风气的重要意义等）、礼仪演讲（如婚礼、葬礼演讲等）、知识演讲（如课堂教学、专家讲座等）等。从与演讲技能有直接关系的演讲过程考察，演讲可分为有准备演讲和即兴演讲两类。

二、演讲的态势

(一) 态势的含义

态势又称副语言，是面部表情和肢体动作的合称，是情感和神态的外化，在演讲活动中有重要意义。

态势可使语言简洁，如说“他的头有这么大”，用手一比即可，但单用语言描述就不这么简单。

态势可使语言生动。一些态势能产生声音，如鼓掌、拍胸脯、擂桌子等，能迅速而有效地烘托环境气氛，其作用甚至可以超过语言。

态势可使语言更加明确和准确，比如，表达“你站起来”时，如果用手掌伸开，则显出客气、友好；只伸食指，则显出责令、严厉了。

态势应以简洁、得体为原则，发挥它积极的作用和独特的表现力，并融化到个性中，成为语言风格的一部分。

(二) 表情

表情指面部肌肉和眼、鼻、口等器官的状态。演讲时，对表情的基本要求是积极、有神、灵活、沉着。

眼睛的明亮与否、视线的不同变化、眼睑的开闭程度，有不同的表现力。一般来说，眼神集中、澄亮，反映出积极、敏锐、专注、犀利；反之则反映出散漫、迟钝或和善。平视，反映出坦诚平和；下视，反映出谦逊羞涩；仰视，反映出思索盘算；斜视，反映出轻蔑或不怀好意。眼睛眯缝或视点扩散，往往反映出迷惘；眼睛圆睁，反映出愤怒；对眼，反映出晾恐；眼睛一开一闭或一大一小，可能是漫不经心。

鼻子是呼吸器官又是嗅觉器官。鼓起鼻翼，表示气息清新或精神饱满；而鼻翼紧蹙，多表示厌恶或臭不可闻。

嘴唇牙齿也有一定的表情达意功能。嘴角上扬，呈微笑状，显出愉快谦和；嘴角下收，则显出坚定刚毅。下唇翻出呈撇嘴状，表示小看或不屑。口腔微启，表示专注凝神；口腔大开，则表示惊愕恐惧。牙咬下唇，多表示竭力自控。

每一种表情都是复合的，比如欢喜，既有眉开眼笑，又有鼻翼的平展、面部肌肉的适度紧张和口形的明显变化。练习时，应注意表情和谐、生动、简洁。

（三）动作

动作指手臂的动作。手和臂的动作不外乎掌、拳、指，擂、削、压、指（包括实指和虚指）、数、推、挥、摊、顶、抱等，一般都有约定俗成的含义，如摊开表示惋惜、没有，摆手表示否定，外推表示拒绝等。动作的速度有表意作用，如外推的快慢就显出态度的决绝与否。

臂的活动范围可分为上、中、下三区。肩部以上为上区，胸部以下、腰部以上为中区，腹部以下为下区。臂在不同的区域内活动，与观众的多少、内容的喜悲、态度的爱憎、性格或职业的动静、情绪的高低有着密切的联系。演讲中运用动作，要注意大方、协调、有感染力和个性化，还要注意连贯和简洁。

（四）姿势

姿势主要指躯干的形态，总的要求是积极、松弛、端庄。站的时候，肢体端正，略前倾，目视中央观众。或脚跟靠拢，或双腿稍开，或双腿前后略错，或呈丁字步，但都要直面观众。可以小幅度走动，不可过快。有依托时，不要因腿顶桌子，手臂撑、扒桌面而失去独立性。做到站如松，要挺拔、坚定。

坐的时候，上身如站姿，坐满臀面稍前靠，双脚平稳踏地，做到实在、自如。手臂放在桌面时，不要呈金字塔，也不要呈一个窄条。要坐正，不要斜倚。做到坐如钟，要稳重、自信。

三、演讲的准备与技巧

通常把演讲分为备稿演讲和即席演讲，这是从准备时间是否充裕、有无文字稿件的角度来分的。通常认为，备稿演讲容易发展为背稿朗读或朗诵而失去演讲的特点。实际上，即使时间较充裕，演讲稿也只是线索、提纲；即使时间再紧张，演讲者也会有大致的筹划，形成类似于文字提纲的腹稿。出于这样的认识，我们不做以上的划分，而着重强调演讲的即兴性，演讲者思维的针对性和敏捷性，演讲语言以“讲”为主等本质特点，在对演讲过程的全面考察中致力于对受训者演讲能力的切实提高。

（一）演讲前的考察与分析

为了确定主题，定下演讲的中心思想，并在此基础上划定演讲的基本内容，要进行以下几方面的考察和分析。

1.分析听众

分析听众的人数、听众自身的情况（职业、收入、文化程度、性别、年龄等）、听众现实的反应（对演讲者的了解、对演讲者的态度、对演讲者所讲内容的了解和关心程度、此时的情绪和状态等）。

2.分析情境

分析情境，如会议的地点、环境、目的、可用的设备（讲台、扩音器、写字板之类）、时间（天气情况、你是第一位还是最后一位演讲者、还能讲多久等）、是否有其他活动等。

3.分析自己

分析自己，如分析对这个题目是否有足够的知识和材料、是否有兴趣、是否有权威（如自己的经历、专业等多会被认为是有权威的）等。

4.分析任务

分析任务，即分析是动员还是总结，是批评还是颂扬，是祝贺还是解释等。

（二）选择题目

演讲可以没有题目。如果必须有或有题目效果更好时，应遵循以下选择题目的原则。

1.紧扣内容

紧扣内容，即可以从内容中提炼出一句高度概括中心意思的话，如“我的人生之路”，“心底无私无地宽”；可以找一句诗词、警句之类的现成话，如“蜡炬成灰泪始干”，“一身正气、两袖清风”；可以从反面提问，如“我们班真的没救了吗”，“常在河边走就一定要湿鞋吗”。

2.简洁凝练

演讲主题目应鲜明、突出重点，使听众迅速了解演讲内容。

3.有行动性

有行动性指语言中蕴藏着具体的形象、鲜明的态度、强烈的感情，能有效地刺激演讲者、感染听众。比如，有一篇演讲的题目叫《脚印》，显得模糊、一般化；如果题目改为《热情服务的脚印》，效果会更好。

（三）讲好开头

1.出奇制胜

开头出奇制胜的演讲有《把高校伙食从被告席上请上领奖台的人》，其开头为："伙食工作历来是高等院校后勤工作的老大难问题，很多学校因为伙食差，教师学生埋怨，领导批评，炊食员不愿干。一位领导同志说，谁要能把高校伙食搞好，谁就能当国务院副总理。同志们，今天我就要给大家介绍一位业余的国务院副总理。"

2.动之以情

动之以情的开头如"同志们，今天我来到警察学校，我一上台就发现了一个秘密！你们想过没有，全国十亿人口，有谁有权利在头顶的帽子上缀上我们庄严的国徽呢？你们！只有你们！人民的卫士！"

3.就近取材

加拿大前总理特鲁多在访华的答谢宴会上即席演讲道："昨天我观赏了香山的枫叶，这使我想起了我们国家美丽的秋天。那枫叶也是我国秋天的美景，大家知道枫叶还是加拿大国旗上的图案。我请大家尝尝宴会上的糖果，它是从枫叶上提炼出来的，请大家判断它是不是和北京东风市场上的果脯一样甜蜜。"

4.开宗明义

如毛泽东在作《改造我们的学习》演讲时，这样开头："我主张将我们全党的学习方法和学习制度改造一下。理由如次……"

5.纲举目张

如邓小平在作《精简军队，提高战斗力》的讲话时，这样开头："军队的问题，最近我和一些同志谈过，主要有四个问题。第一是'消肿'，第二是改革体制，第三是训练，第四是加强政治思想工作。"

开头忌讳：故作谦虚，大话套话，离题万里，摆架子训人。

当准备时间极其仓促，演讲者不能形成详细周密的计划时，无论如何要在心里先回答这样几个问题：我要讲什么；我要讲这个问题的原因（列出互不交叉、不重复的几项）；我对这个问题的看法是什么；对这个问题我最主要、最需强调的一点是什么。在明确了这几个方面的问题以后，演讲者可以依此顺序讲下去，开头往往就顺理成章了。

（四）收好结尾

1.首尾照应

如在前文所举《把高校伙食从被告席上请上领奖台的人》一例中，其结尾是这样的："伙食科长王晋德至今也没有当选为国务院副总理，他还在为学校的伙食奔忙着……"

2.余音绕梁

如郭沫若《科学的春天》是这样结束的："春分刚刚过去，清明即将到来。'日出江花红胜火，春来江水绿如蓝'。这是革命的春天，这是科学的春天，让我们张开双臂热烈地拥抱这个春天吧！"

3.期待和希望

如邓小平在《党在组织战线和思想战线上的迫切任务》的讲话的结尾："我相信，只要全党上下重视这项工作，抓紧这项工作，加上全面整党的展开，这方面的现状就一定会大大改观，社会主义思想文化更加繁荣昌盛的新局面就一定会出现。"

4.平等商讨

如毛泽东在《论持久战》的最后说："这个问题值得引起广大的注意和讨论，我所说的只是一个概论，希望诸位研究讨论给以指正和补充。"

结尾忌讳：仓促收兵，拖泥带水，虎头蛇尾。

在正式演讲时，要注意克服紧张，增强自信。开口之前可以用调整姿势或话筒、用目光与观众打招呼等方法稳定一下情绪。开始时，不要长时间地盯着提纲或卡片，要松弛自然地与观众交流。演讲中要避免多余的口头禅，避免躁动不安，注意对现场的控制，不能使用对观众发火、指责、抱怨等方法，学习用声音高低、强弱、等调节观众的注意力和兴趣。演讲结束时，要从容大方，不可草草收场。当有时间限制时，要严格遵守规定。

思考题：

1. 职业培训的含义。
2.公交企业中存在的几种职业培训方式。
3.乘务员培训中师傅带徒弟的方法。
4 公交乘务员培训中所存在的三种心理状况。
5.演讲的含义、特点和分类。
6.演讲的态势含义、表情、动作和姿态。
7.演讲的准备和技巧。

附　录

道路交通标志图

一、主标志

1.警告标志

(1)十字叉路口标志

(2)T 形交叉路口标志

(3)T 形交叉路口标志

(4)T 形交叉路口标志

(5)Y 形交叉路口标志

(6)环形交叉路口标志

(7)向左急弯路标志

(8)向右急弯路标志

(9)反向弯路标志

(10)连续弯路标志

(11)上陡坡标志

(12)下陡坡标志

(13)两侧变窄标志

(14)左侧变窄标志

(15)右侧变窄标志

(16)双向交通标志

(17)注意行人标志

(18)注意儿童标志

(19)注意信号标志

(20)注意落石标志

(21)注意横风标志

(22)易滑标志

(23)傍山险路标志

(24)堤坝路标志

(25)村庄标志

(26)隧道标志

(27)渡口标志

(28)驼峰桥标志

(29)窄桥标志

(30)注意牲畜标志

(31)路面不平标志

(32)有人看守铁路道口标志

(33)注意非机动车标志

(34)事故易发路段标志

(35)慢行标志

(36)左右绕行标志

(37)左侧绕行、注意障碍物标志

(38)右侧绕行标志

(39)斜杠符号

(40)斜杠符号

(41)斜杠符号

2禁令标志

(1)禁止通行标志

(2)禁止驶入标志

(3)禁止机动车通行标志

(4)禁止载货汽车通行标志

(5)禁止三轮摩托车通行标志

(6)禁止大型客车通行标志

(7)禁止汽车拖、挂车通行标志

(8)禁止拖拉机通行标志

(9)禁止手扶拖拉机通行标志

(10)禁止摩托车通行标志

(11)禁止某两种车通行标志

(12)禁止非机动车通行标志

(13)禁止畜力车通行标志

(14)禁止人力货运三轮车通行标志

(15)禁止人力车通行标志

(16)禁止骑自行车下坡标志

(17)禁止行人通行标志

(18)禁止向左转弯标志

(19)禁止向右转弯标志

(20)禁止掉头标志

(21)禁止超车标志

(22)解除禁止超车标志

(23)禁止停车标志

(24)禁止非机动车停车标志

(25)禁止鸣喇叭标志

(26)限制宽度标志

(27)限制高度标志

(28)限制质量标志

(29)限制轴重标志

(30)限制速度标志

(31)解除限制速度标志

(32)停车检查标志

(33)停车让行标志

(34)减速让行标志

(35)会车让行标志

(36)禁止小型客车通行标志

(37)禁止人力客运三轮车通行标志

(38)禁止自行车通行标志

(39)禁止直行标志

(40)禁止直行和向右转弯标志

(41)禁止直行和向左转弯标志

(42)禁止向左向右转弯标志

(43)停车让行标志

(44)禁止车辆临时或长时停放标志

(45)禁止车辆长时停放标志

3 指标标志

(1)直行标志

(2)向左转弯

(3)向右转弯

(4)直行和向左转弯标志

(5)直行和向右转弯标志

(6)向左和向右转变标志

(7)靠右侧道路行驶标志

(8)靠左侧道路行驶标志

(9)立交直行和左转弯行驶标志

(10)立交直行和右转弯行驶标志

(11)环岛行驶标志

(12)单向行驶标志(向左或向右)

(13)单向行驶标志

(14)机动车道标志

(15)非机动车道标志

(16)步行街标志

(17)鸣喇叭标志

(18)准许试刹车标志

(19)干路先行标志

(20)会车先行标志

(21)车道行驶方向标志

(22)车道行驶方向标志

(23)车道行驶方向标志

(24)车道行驶方向标志

(25)人行横道标志

(26)最低限速标志

(27)公交线路专用车道标志

(28)允许掉头标志

4 指路标志

(1)地名标志

黄河大桥

(2)著名地点标志

北 京 界

(3)分界标志

顺义道班 平谷道班

(4)分界标志

(5)方向、地点、距离标志

(6)方向、地点、距离标志

(7)方向、地点标志

(8)方向、地点标志

(9)方向、地点标志

(10)方向、地点标志

(11)方向、地点标志
(适用于互通式立交)

(12)方向、地点标志
(适用于互通式立交)

(13)方向、地点标志
(适用于互通式立交)

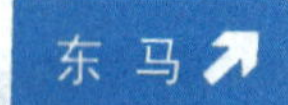

(14)方向、地点标志
(设在互通式立交匝道驶出段的分岔处)

(15)方向、地点标志

(16)地点识别标志

(17)地点识别标志

(18)地点识别标志

(19)地点识别标志

(20)地点识别标志

(21)地点识别标志

(22)地点识别标志

(23)停车场标志

(24)道路编号标志（国道编号）

(25)道路编号标志（省道编号）

(26)通向高速公路入口预告标志

(27)通向高速公路两个方向入口预告标志

(28)通向高速公路一个方向入口预告标志

(29)高速公路入口标志

(30)高速公路起点标志

(31)高速公路终点预告标志

二、辅助标志

1.表示时间

7:30－10:00

7:30 － 9:30
16:00－18:30

2.表示车辆种类

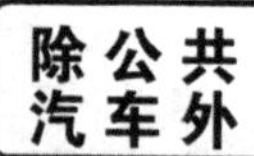

货车
拖拉机

3.表示区域距离

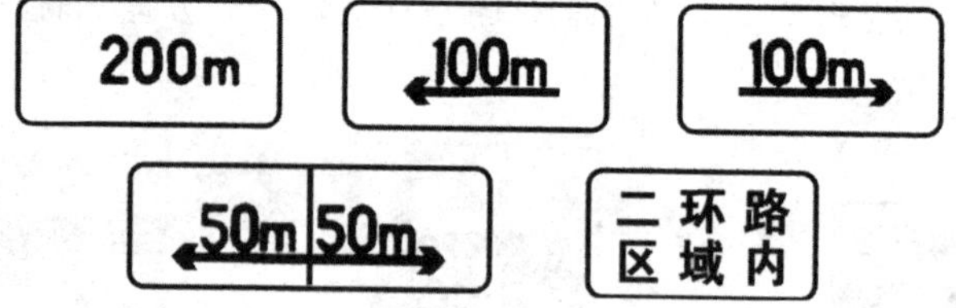

4.表示警告、禁令理由

学 校

海 关

事 故

坍 方

5.组合辅助标志

100m
7:30－18:30

参 考 文 献

[1] 李克东.教师职业技能训练教程[M].北京:北京师范大学出版社,1994.

[2] 王新声.城市公共交通服务管理[M].北京:中国铁道出版社,2001.

[3] 罗柏林.公共电汽车乘务员技能等级培训教材[M].北京:中国言实出版社,2002.

[4] 姜若愚.中国民族民俗[M].北京:高等教育出版社,2002.

[5] 北京市公共交通总公司.公共电、汽车调度员技能等级培训教材[M].北京:中国言实出版社,2002.

[6] 卢小萍,姜蓉.公交乘务英语 100 句[M].北京:北京语言大学出版社,2004.

[7] 李向东,卢双盈.职业教育学新编[M].北京:高等教育出版社,2005.

[8] 北京公共交通控股(集团)有限公司.公交管理人员能力建设读本[M].北京:人民交通出版社,2009.

[9] 交通专业人员资格评价中心.汽车客运服务员(初级、中级、高级)[M].北京:人民交通出版社,2010.